ミリタリー ディテール イラストレーション

Ⅳ号戦車A〜F型

イラスト製作・図解／遠藤 慧

Ⅳ号戦車 短砲身型
A~F型の開発・生産・塗装

第二次大戦でもっとも活躍したドイツ戦車は、ティーガーではなく、パンターでもない、Ⅳ号戦車である。Ⅳ号戦車は1937年11月に最初の量産型A型が完成した。機動性が優先されたため、装甲防御力は十分とはいえなかったが、車体構造は実用性に優れ、搭載機器などはドイツ工業製品らしい高い技術で造られており、Ⅳ号戦車は、当時もっとも先進的な戦車だった。Ⅳ号戦車は、装甲防御の強化、新機材の導入など絶えず改良を重ね、常に第一線級の性能を維持していく。ヨーロッパの戦場を始め、極寒のソ連、灼熱の北アフリカなど様々な戦場で活躍できたことは、何よりもⅣ号戦車の基本設計の良さ、実用性の高さを物語っているといえよう。

◉Ⅳ号戦車の開発着手

第一次大戦後、敗戦国となったドイツは、連合国が定めたベルサイユ条約によって、同大戦で主要兵器だった航空機、潜水艦などとともに戦車の開発も禁止された。

しかし、ドイツ陸軍は、1920年代初頭から秘密裏に戦車の開発を進めていた。1935年2月末に陸軍兵器局は、ラインメタル社とクルップ社に対して支援戦車(BW)の開発を要請。翌1936年の春頃までに両社の試作車が完成する。各種テストの結果、クルップ社の車両が選定され、1936年12月にⅣ号戦車として制式採用が決定した。

◉A型~C型

Ⅳ号戦車初の量産型となったA型は1937年11月に生産1号車が完成する。A型において既にⅣ号戦車の基本形は確立していたが、量産型というよりは、まだ試作型あるいは先行量産型に近いものであった。そのためA型の生産数は極めて少なく、1938年6月までにわずか35両の生産に留まっている。

1938年5月から生産が始まったB型は、基本設計はA型と変わらないが、車体と砲塔の前面装甲厚を30mm（A型は車体14.5mm、砲塔16mm）に強化し、防盾や車長用キューポラの形状を変更するなど防御面の改善が大幅に図られていた。エンジンと変速機も新型に換装、さらに車体、砲塔各部にかなりの変更が加えられている。B型は、1938年10月までに42両造られ、ポーランド戦、フランス戦、さらにソ連侵攻にも投入された。

B型は、生産数が42両と極めて少ないが、使用期間は長く、1944年6月のノルマンディー戦に参加した第21装甲師団第22戦車連隊の第2大隊には少なくとも数両のB型とC型が配備されている。大戦後期ともなると短砲身のB型は既に性能不足だったが、起動輪、転輪などの消耗部品を新規パーツに交換したのみで使用されていた。また、同時期の東部戦線においてもゴメリ付近の後方部隊所属車両として少数が実戦参加している。

1938年10月からはC型の生産が始まる。C型における改良点は防盾開口部の大きさの変更、同軸機銃の装甲スリーブの追加、車長用キューポラの変更、改良型エンジンへの換装などわずかなもので、外見上はB型とほとんど変わらない。A型、B型同様、C型もⅣ号戦車を早期戦列化するための先行量産型的な性格が強く、1939年8月までに134両の生産で終了した。

◉改良型のD型、E型の登場

1939年10月からは、車体、砲塔の各部に大幅な変更を加えたD型の生産が始まる。D型の主な改良点は、車体上部前面装甲板の形状変更、表面硬化型装甲板の採用、側面及び後面装甲板の増厚、外装式防盾への変更などにより防御力の向上が図られた他、前部機銃ボールマウントと操縦手用ピストルポートの設置、機関室側面の吸気/排気グリルの形状変更、出力向上型のマイバッハ120TRMエンジンの採用、新型履帯の導入などであった。

D型は、フランス戦より実戦に参加し、1940年10月までに計232両が生産された。D型は生産途中で、ノテックライトの設置や車体上部前面/側面への増加装甲板装着などの改良が加えられている。

D型に続き、1940年9月からは装甲強化に主眼を置いた改良型のE型が造られる。E型は、車体前面の装甲板を50mm（D型後期生産車は30mm基本装甲＋30mm厚増加装甲板）とし、また車体上部前面には30mm厚の増加装甲板が装着された（生産当初は未装着車両も多い）。さらにブレーキ点検ハッチや操縦手用視察バイザーの形状変更、車長用キューポラの新型化（Ⅲ号戦車G型と同じもの）、砲塔後部の形状変更などが実施されている。また、砲塔上面前面の換気用クラッペと信号弾発射用クラッペの廃止、ベンチレーターの新設、新型の起動輪と転輪ハブキャップの採用、車体後面の発煙筒を装甲ボックスに収納するなどの変更も施された。E型は、1941年4月までに200両(戦車型のみ)が造られている。

◉短砲身型の最終型F型登場

1941年5月から生産に入ったF型では、さらに装甲防御の強化を図り、車体前面のみならず、車体上部前面、砲塔前面、防盾も50mm厚（それ以前は同前面30mm厚、防盾は35mm厚）に、車体側面、砲塔側面は30mm厚（それ以前は20mm厚）となった。さらに車体上部前面は1枚板とし、50mm厚装甲に対応した新型の前部機銃ボールマウントに変わった。装甲強化に伴う重量増加による機動性低下を防ぐために履帯を38cmから40cm幅とし、併せて新型の起動輪、転輪、誘導輪が導入された。

さらにブレーキ点検ハッチに通気口を設けたり、砲塔側面ハッチを2枚式に変更するなどの多くの改良が施されている。F型は、1942年までに470両が生産された。

◉生産中の改良及び仕様変更

Ⅳ号戦車も他のドイツ戦闘車両と同様に量産と並行し、性能向上のための改良や生産効率化が絶えず行われた。また、そうした改良は既に完成している車両に対してもレトロフィットされている。

量産中の変更や生産後のレトロフィットなど主なものは以下のとおり。

■1937年10月

IV号戦車の生産を開始する。

■1937年11月

最初の量産型A型の生産1号車が完成する。

■1938年2月

車体左側面の対空機銃架を廃止した。

■1938年5月

B型の生産を開始。

■1938年6月

A型の生産が終了(計35両)。5～6月に造られたA型は、B型の装甲強化型車体(車体前面に30mm厚装甲板を装着)を流用し、完成している。

■1938年8月

車体後面に発煙筒ラックを設置(A型に対しても実施)。

■1938年10月

B型の生産が終了(計42両)。C型の生産を開始する。

■1939年初頭

C型の41両目からエンジンを改良型のHL120TRMに変更。C型の58両目から操縦手用視察バイザーに雨樋を追加する。

■1939年2月

A型とB型の左フェンダー前部にノテックライト、同後部に車間表示灯を増設。さらにB型の操縦手用視察バイザーに雨樋を追加。

■1939年4月

主砲の下部にアンテナ除けの装着が始まる。

■1939年8月

C型の生産が終了する(計134両)。

■1939年10月

D型の生産が始まる。

■1940年春頃

左フェンダー前部にノテックライトを追加。

■1940年6月

車体前面及び車体上部前面に増加装甲板が装着されるようになる。

■1940年7～8月

D型をベースとしたIV号潜水戦車が造られる(計48両)。

■1940年9月

E型の生産を開始。

■1940年10月

D型の生産が終了する(計232両)。

■1941年1月

30両のD型を熱帯地仕様に改造(機関室上面の点検ハッチに吸気ルーバーを設置)。1～3月にかけて85両のE型がIV号潜水戦車に改造された。

■1941年2月

E型の一部も熱帯地仕様に改造(D型と同じ改造)。A型とB型の車体前面に30mm厚の増加装甲板を装着し、さらに主砲の下部にはアンテナ除けを追加した。

■1941年3月

砲塔後部にゲペックカステンを装着。E型以前の前量産型に対してもレトロフィットされる。

■1941年4月

E型の生産が終了する(計200両)。

■1941年5月

F型の生産が始まる。

■1941年6月

車体後面下部に燃料トレーラーの牽引具を増設。前量産型に対してもレトロフィットされる。

■1942年2月

F型の生産が終了する(計470両)。

IV号戦車の短砲身型A～F型は、総計1,113両が造られ、1942年3月からは、43口径長砲身7.5cm砲KwK40を搭載したF2型(後にG型に制式名を改称)に生産が移行した。

◉火力向上型の開発

IV号戦車に対する火力強化は、独ソ戦以前の1941年2月から始まり、同年10月にはD型にIII号戦車L型と同じ60口径5cm砲KwK39を搭載した試作車両が造られ、テストされた。IV号戦車はIII号戦車よりも砲塔容積、ターレットリングが大きいので、5cm砲の搭載及び操作性には全く問題なかったが、ソ連のKV重戦車やT-34には威力不足ということで、採用は見送られた。

1942年3月に待望の長砲身43口径7.5cm砲KwK40を搭載したF2型(G型)の生産が始まるが、1両でも多くの長砲身型IV号戦車を必要としたドイツ軍は、旧式化しつつあったD型の24口径7.5cm砲を43口径7.5cm砲KwK40に換装することを決定し、1942年7月からD型残存車に対し、換装作業を実施した。

また、火力強化ともに防御力強化も図り、1943年5月には砲塔と車体にシュルツェンが追加装備されている。G型と同等の火力、防御力を持つD型長砲身型は一定数が改造されたようで、イタリア戦線、東部戦線の実戦部隊に配備された他に操縦訓練などを主な任務とするNSKK(準軍事組織の国家社会主義自動車軍団)でも使用された。

◉増加装甲型“フォアパンツァー”

1941年7月7日、IV号戦車の防御力向上案として車体前面のみならず、砲塔前部にも増加装甲板の装着が指示され、D型及びE型、F型の一部の車両に対し実施された。“フォアパンツァー”と呼ばれる増加装甲型は、砲塔の前面から側面の前方部にかけて20mm厚の装甲板を追加装備している。車体前部や側面の増加装甲板の装着方法とは異なり、砲塔前部の増加装甲板は基本装甲との間に隙間を設けて設置し、より防御性を高めていた。

◉英上陸作戦用の潜水戦車

イギリス本土上陸作戦“ゼーレーヴェ(アシカ)作戦”のために特殊な装備を施した潜水戦車が必要となり、48両のD型と85両のE型が改造された。IV号潜水戦車は、海底を走行し上陸できるように砲塔ターレットリングや各ハッチをゴムやコーキング材でシーリングし、主砲防盾、前部機銃、機関室吸気/排気グリルには防水カバーを装着するなど完全な防水措置が施された。海底走行時は18mのシュノーケルホースによって吸排気を行い、車内のジャイロコンパスとシュノーケル先端のブイ上部に取り付けられた無線アンテナにより進路確定を行った。また、主砲と機銃の防水カバーは上陸後に直ちに戦闘できるように火薬で吹き飛ばすことが可能であった。

しかし、“ゼーレーヴェ作戦”が中止となり、IV号潜水戦車の大半は、東部戦線で活動する第18装甲師団や第7装甲師団などに配備され、通常の戦車として用いられた。1941年春、ソ連侵攻時にブーク河やドニエプル河の渡河作戦では、その性能を生かし、潜水渡河を行っている。本来の目的に使用されることはなかったIV号潜水戦車だが、その開発技術は後にティーガーやパンターの開発の際に役立つことになる。

◉IV号戦車A~F型の塗装

第二次大戦前期のIV号戦車の基本塗装はRAL7021ドゥンケルグラウの単色塗装だった。初戦のポーランド戦では、大戦前に制定されたドゥンケルグラウとRAL7017ドゥンケルブラウンの2色迷彩を施した車両も若干見られ、また、東部戦線では、ドゥンケルグラウにサンド系カラーの塗料で迷彩を施したり、白色塗料を上塗りした冬季迷彩も見られる。

北アフリカ戦線では、当初、IV号戦車も他のドイツ車両と同様に基本色ドゥンケルグラウの上にサンド系カラーの塗料を塗布したり、現地の砂を油で溶いたものを塗り付けていたが、1941年3月17日に北アフリカ戦線向けの塗装として基本色RAL8000ゲルプブラウンと迷彩色RAL7008グラウグリュンが制定された。北アフリカ戦線のIV号戦車にも当然この新塗装が施されていた。

1943年2月から基本色をRAL7028ドゥンケルゲルプとし、RAL6003オリーフグリュンとRAL8017ロートブラウンを迷彩色として使用する新しい塗装が制定される。大戦後期まで残存していたIV号戦車短砲身型の中には、この新規定に沿って再塗装された車両が少数見られる。

IV号戦車A~F型 塗装&マーキング

【カラー図はすべて 1/30 スケール】

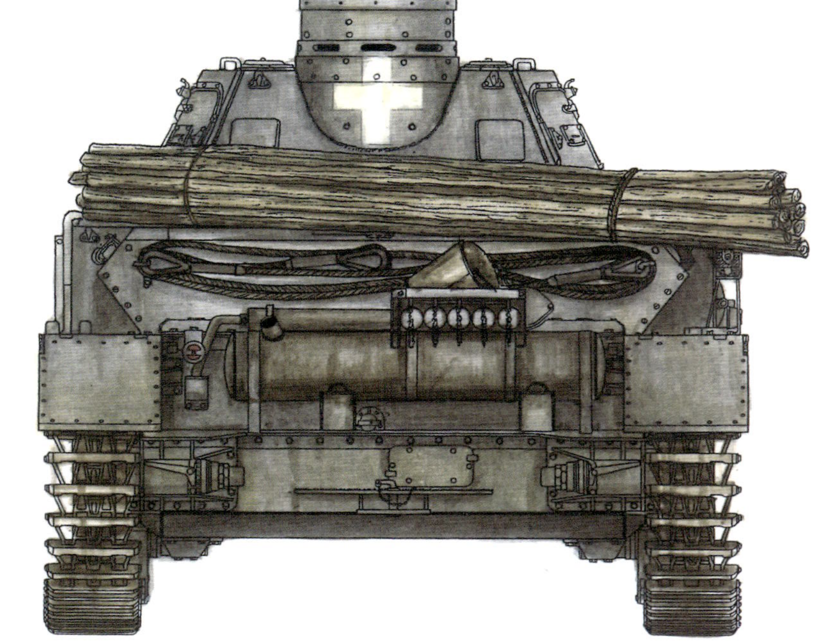

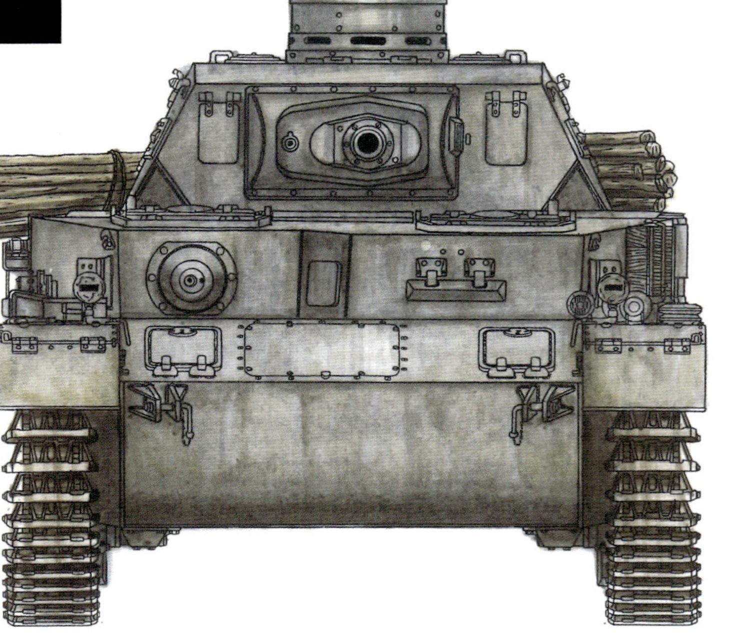

〔図1〕

IV号戦車A型

第 1 装甲師団第 2 戦車連隊 434 号車
1939 年 9 月　ポーランド

Pz.Kpfw.IV Ausf.A
4./Panzerregiment 2, 1.Panzerdivision, No.434
September 1939 Poland

車体は、全面にわたり基本色RAL7021 ドゥンケルグラウを塗布した単色塗装。砲塔側面及び後面に白十字の国籍標識と同じく白色の砲塔番号“434”（第 4 中隊第 3 小隊の 4 号車を表す）を描いている。 また、車体上部(操縦室)前面左側の操縦手用視察バイザーの上には、第 2 戦車連隊所属を示すといわれる、小さい白い点も描かれている。

〔図2〕

Ⅳ号戦車A型

第1装甲師団812号車
1940年5月　ベルギー

Pz.Kpfw.IV Ausf.A
1.Panzerdivision, No.812
May 1940 Belgium

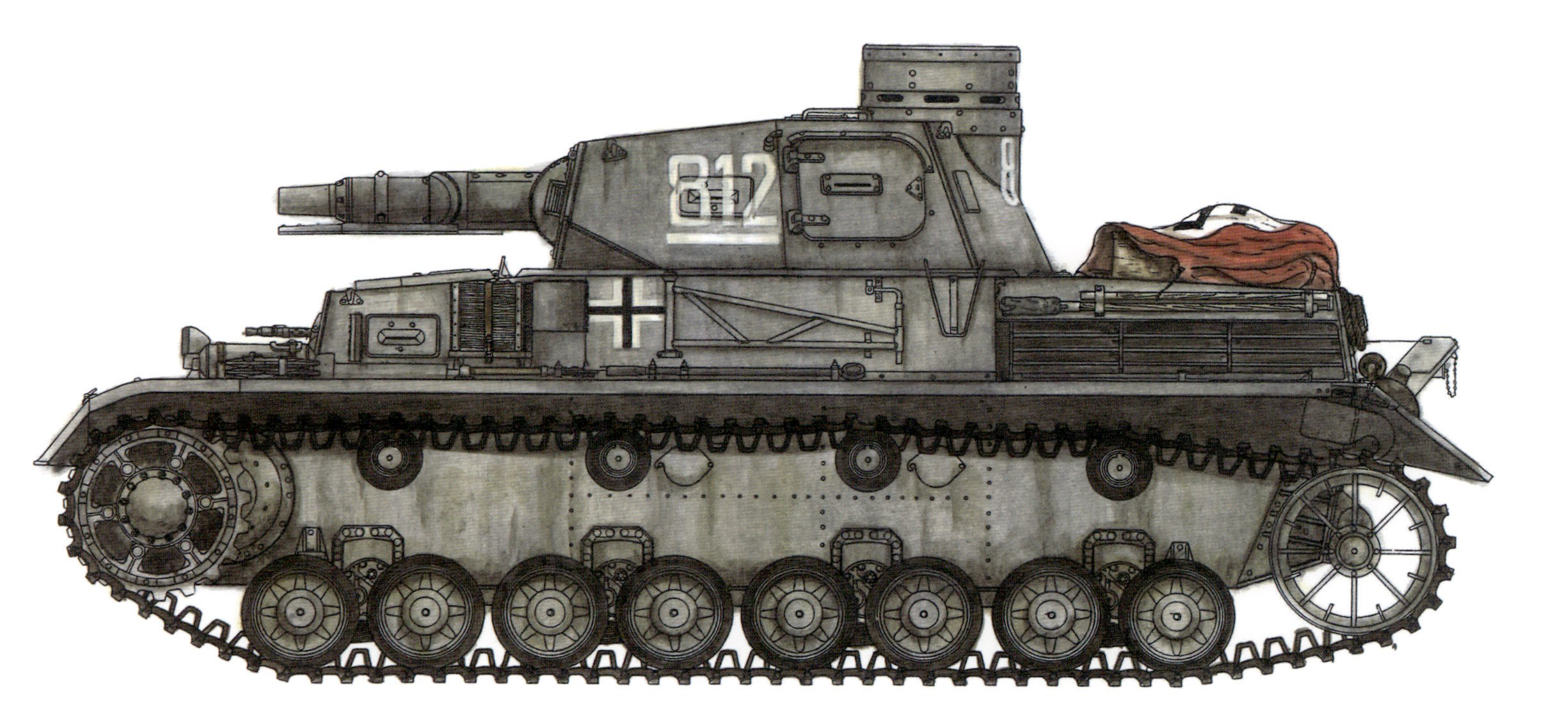
812

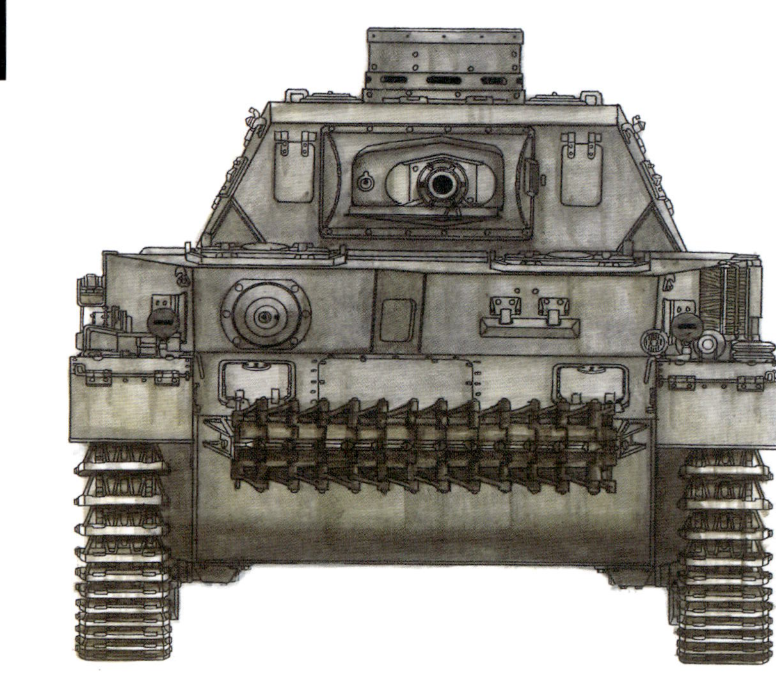

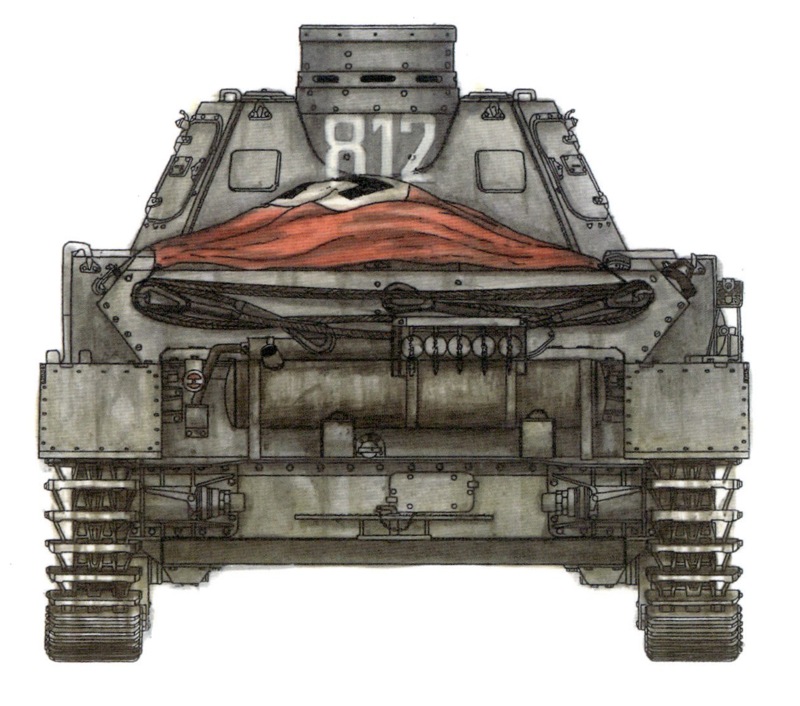
812

基本色RAL7021ドゥンケルグラウの単色塗装。砲塔番号“812”は白色で、砲塔側面と後面に記入。側面の同番号の下には白いラインが描かれている。車体側面の国籍標識バルケンクロイツは標準的な白縁付きの黒十字である。

[図1]

Ⅳ号戦車A型　第1装甲師団第2戦車連隊434号車

Pz.Kpfw.IV Ausf.A 4./Pz.Regt.2, 1.Pz.Div., No.434

車体各部の特徴

標準的なA型で、車体左側に対空機銃架を装備した1938年2月以前の生産車と思われる。生産後、車体後面の主マフラー上部に発煙筒ラックが増設されているが、左フェンダーの前部のノテックライト、後部の車間表示灯は増設されていない。

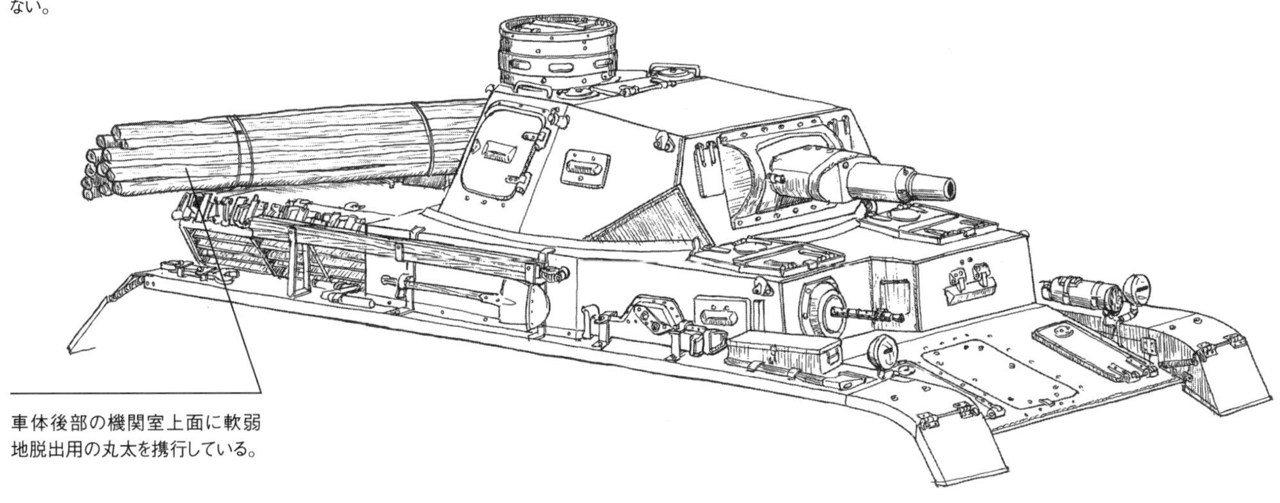
車体後部の機関室上面に軟弱
地脱出用の丸太を携行している。

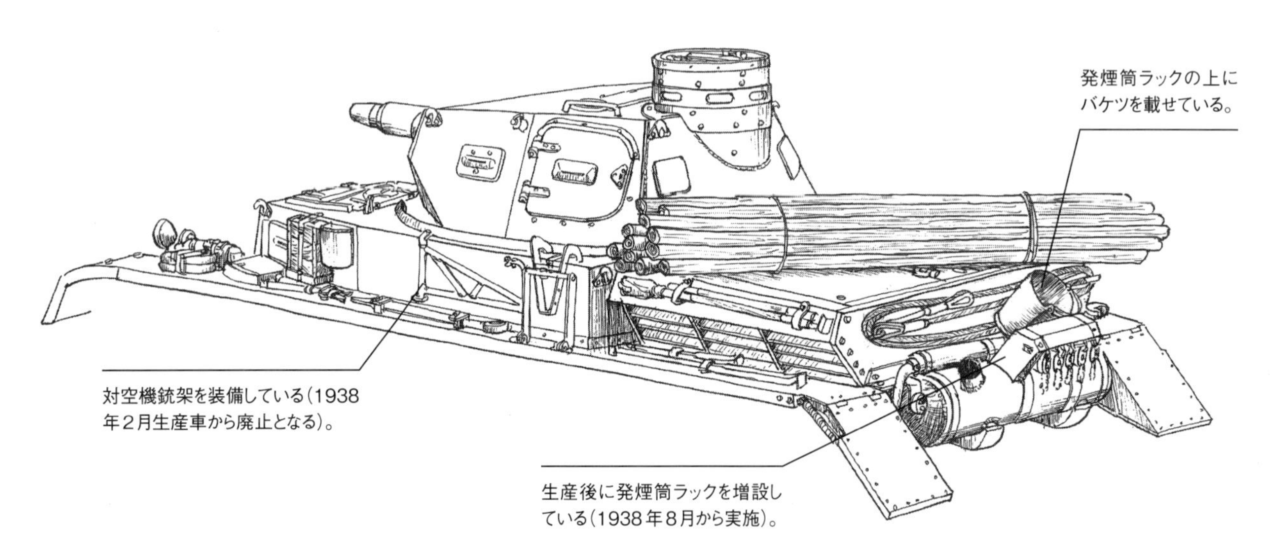
発煙筒ラックの上に
バケツを載せている。
対空機銃架を装備している（1938
年2月生産車から廃止となる）。
生産後に発煙筒ラックを増設し
ている（1938年8月から実施）。

434号車の砲塔後面

A型は、後の量産型とは異なり、左右のピストルポートのカバーは四角形の独特な形状をしている。砲塔後面の砲塔番号"434"はこの位置に描かれていた。

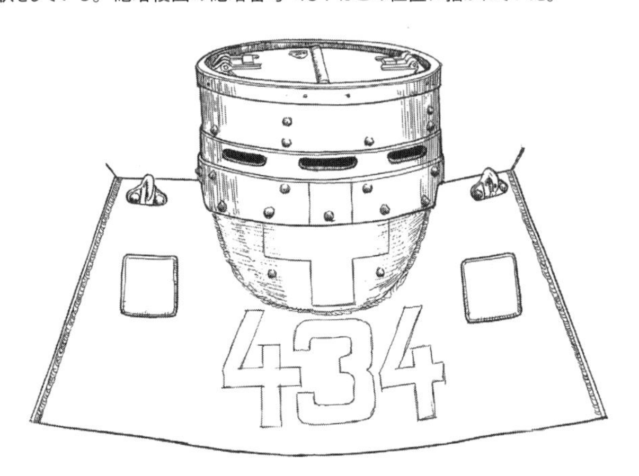
434

A型の車体後面

マフラー上に取り付けられた発煙筒ラックは1938年8月から導入される。ポーランド戦に参加したA型の多くが装備していた。

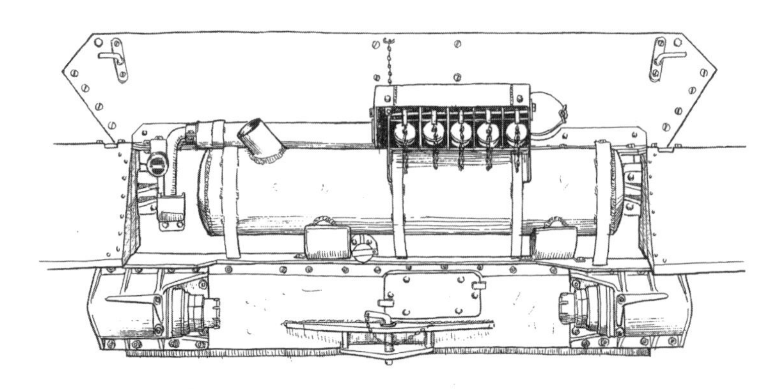

[図2]

Ⅳ号戦車A型　第1装甲師団812号車

Pz.Kpfw.IV Ausf.A　1.Pz.Div., No.812

車体各部の特徴

標準的なA型で、車体左側に対空機銃架を装備した1938年2月以前の生産車。生産後、主砲の下部にアンテナ除け、車体後面の主マフラー上部に発煙筒ラックを増設。左フェンダー前部のノテックライトや後部の車間表示灯は増設されていない。

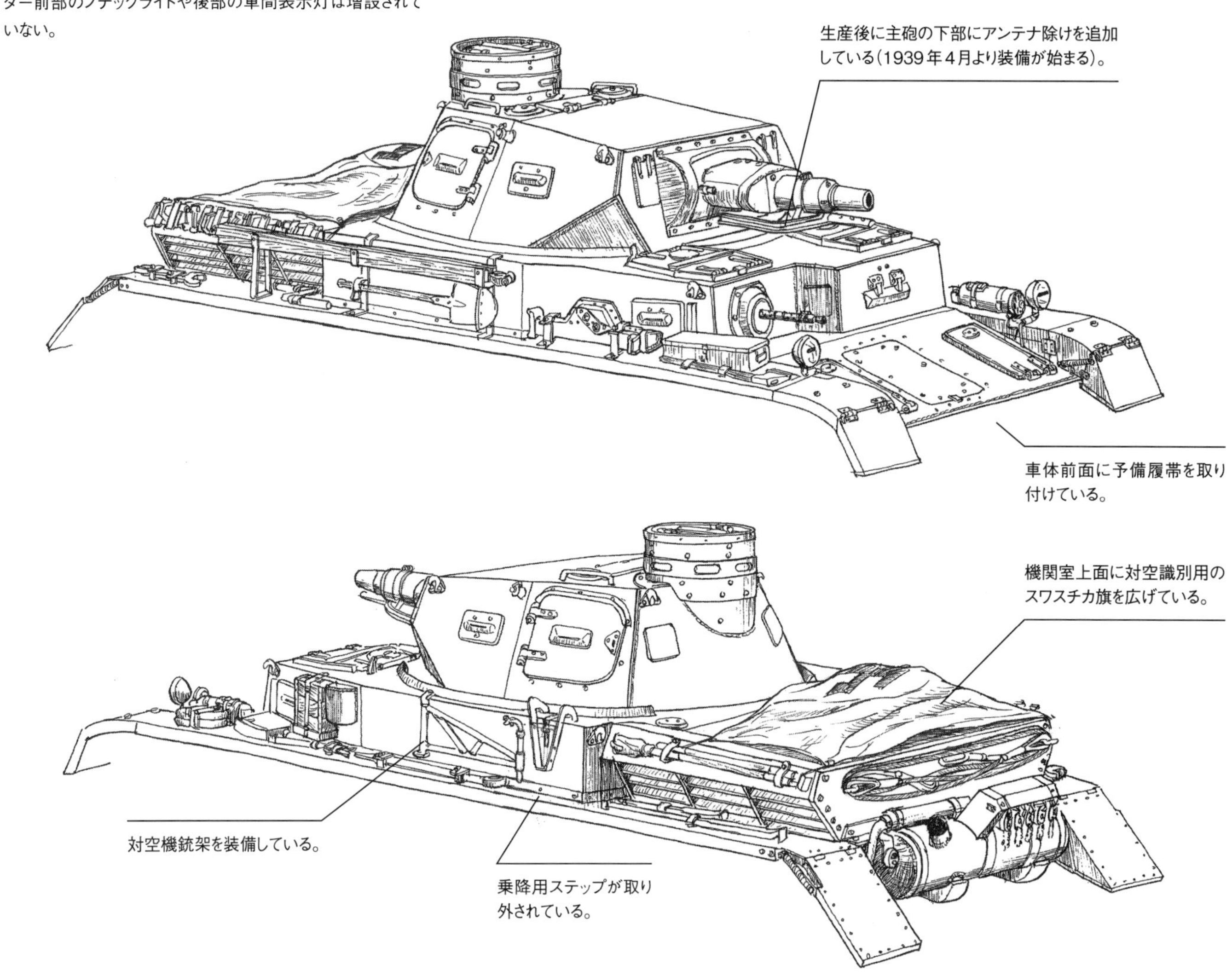

生産後に主砲の下部にアンテナ除けを追加している(1939年4月より装備が始まる)。
車体前面に予備履帯を取り付けている。
機関室上面に対空識別用のスワスチカ旗を広げている。
対空機銃架を装備している。
乗降用ステップが取り外されている。

主砲下部のアンテナ除け

1939年4月から装備が始まり、既に生産を終了していたA型に対しても実施された。左図が標準タイプのアンテナ除けだが、右図のようなパイプ製も見られる。812号車は標準タイプを装着。

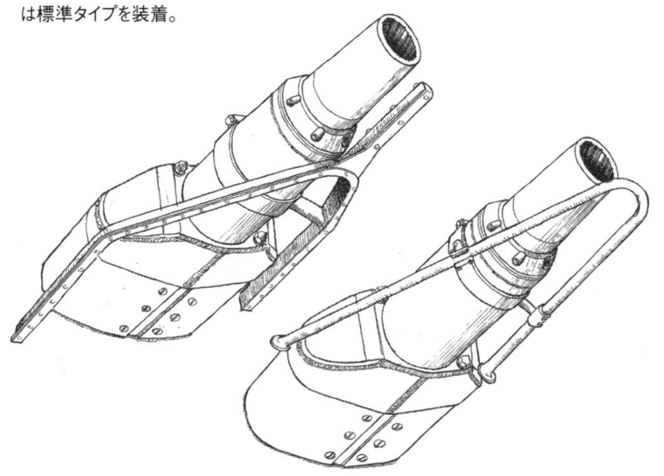

A型の機関室側面グリル

図は、機関室左側の吸気グリル。グリルは縦に3分割、横に4分割されている。右側の排気グリルも同じ形状である。

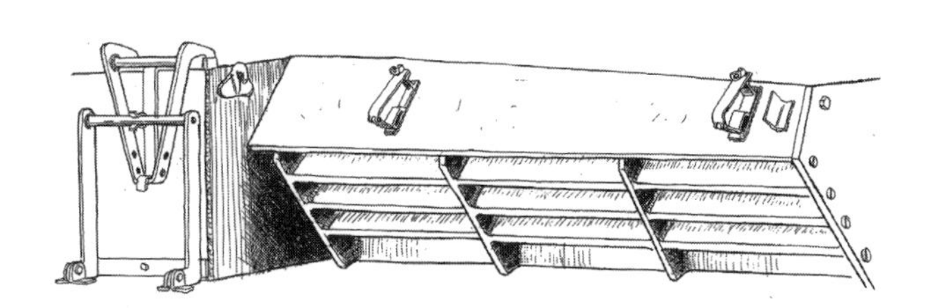

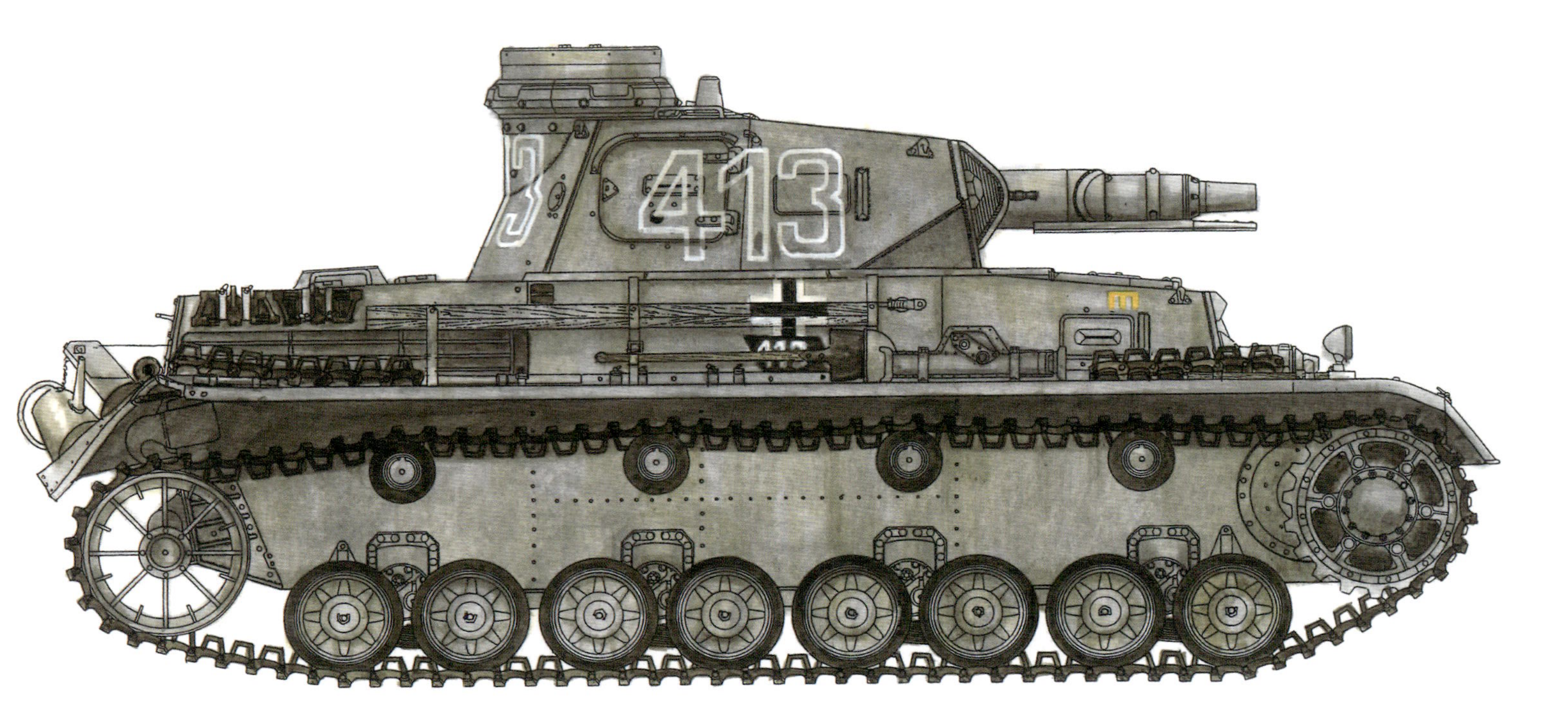
413

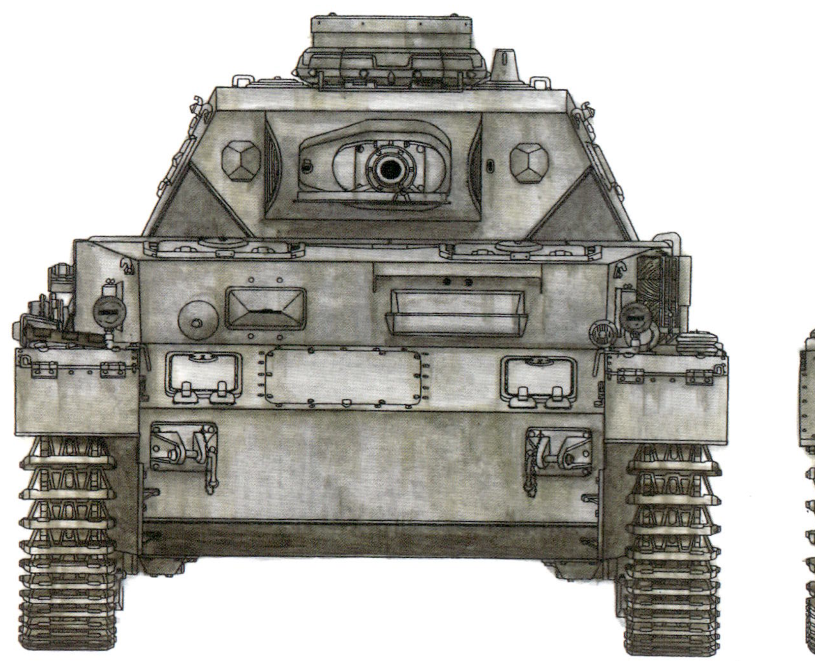

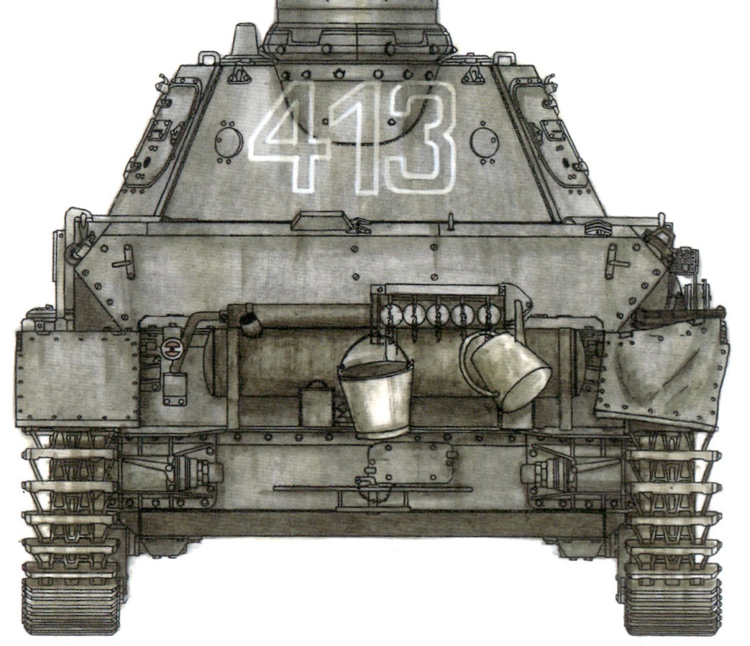
413

〔図3〕

Ⅳ号戦車B型

第3装甲師団413号車
1940年6月　フランス

Pz.Kpfw.IV Ausf.B
3.Panzerdivision, No.413
June 1940 France

基本色RAL7021ドゥンケルグラウによる単色塗装。砲塔側面と後面に大きく描かれた砲塔番号“413”は白縁のみのタイプ。車体側面には、白縁付き黒十字の国籍標識バルケンクロイツを描き、右側の国籍標識の下には白色で砲塔番号を記した黒い平行四辺形のプレートが取り付けられている（車体左側は不明）。また、車体上部右側前部の無線手席側面の視察クラッペの上には黄色の師団マークが描かれているように見える。

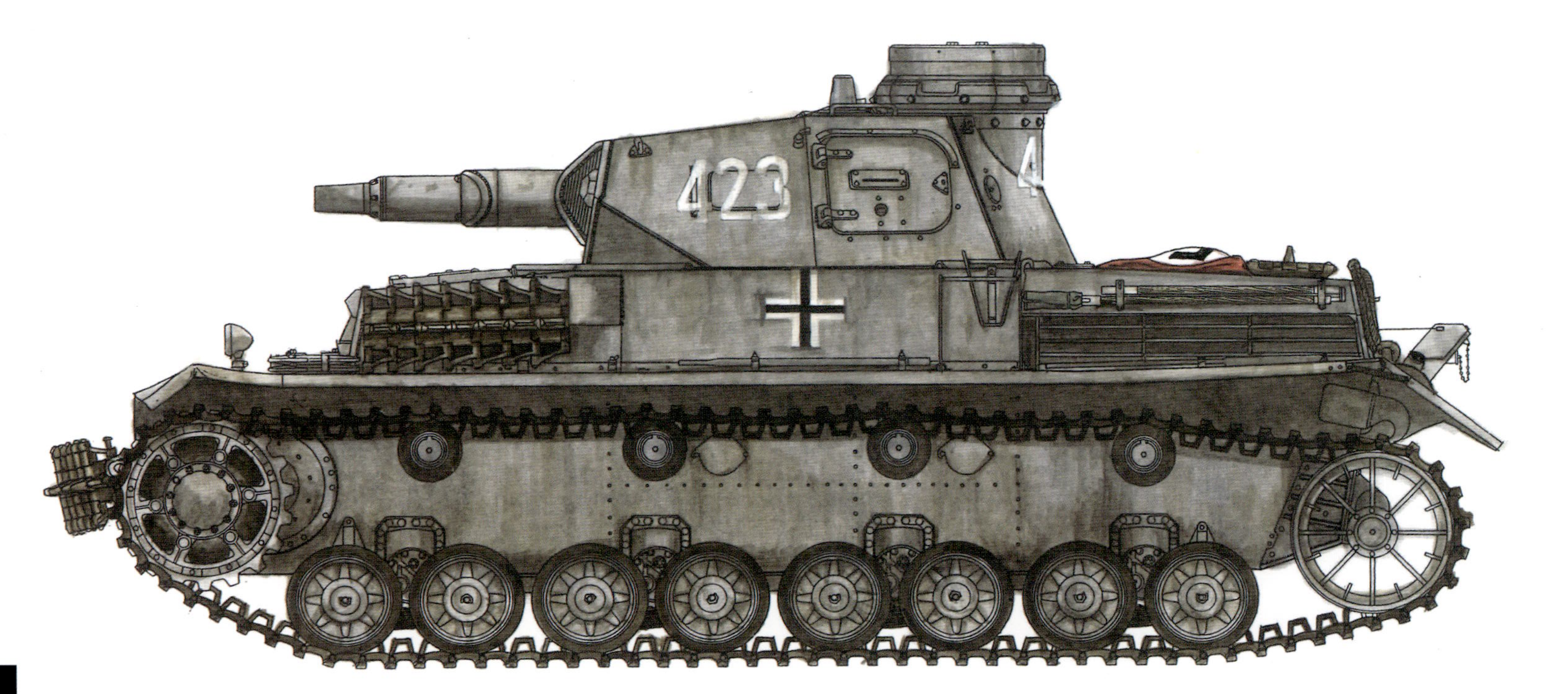

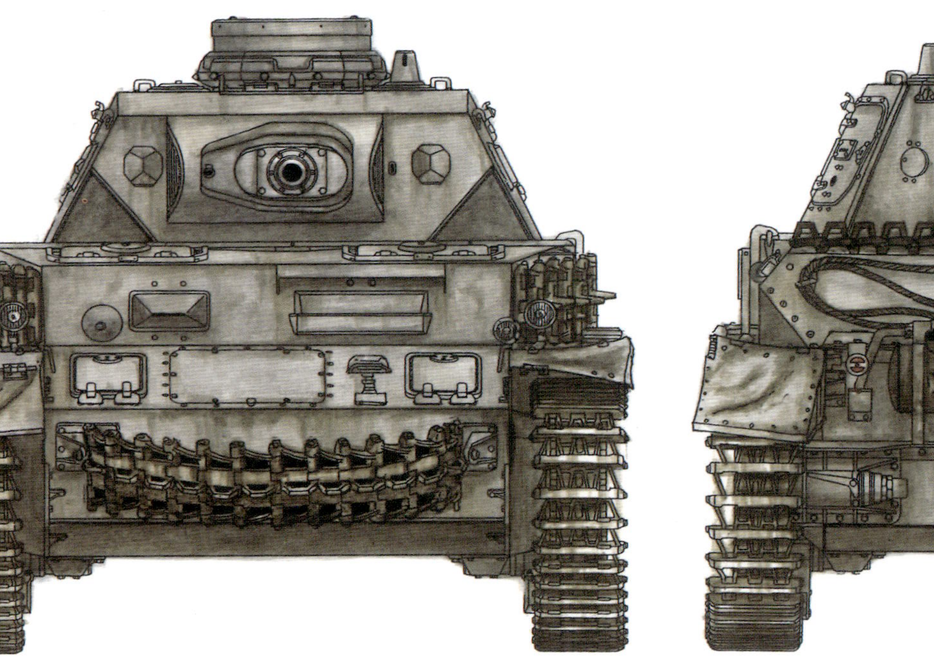

〔図4〕

Ⅳ号戦車B型

第 1 装甲師団第 1 戦車連隊 423 号車
1940 年 6 月　フランス

Pz.Kpfw.IV Ausf.B

4./Panzerregiment 1, 1.Panzerdivision, No.423
June 1940 France

車体全面に基本色 RAL7021 ドゥンケルグラウを塗布した単色塗装。白色の砲塔番号“423”は、砲塔側面と後面に描かれている。車体側面には、白縁付き黒十字の国籍標識バルケンクロイツを大きく描いている。

［図3］

Ⅳ号戦車B型　第3装甲師団413号車

Pz.Kpfw.IV Ausf.B 3.Pz.Div., No.413

車体各部の特徴

B型で、車体後面の主マフラー上部に発煙筒ラックを装備（後期生産車、あるいは生産後に増設）。生産後、主砲下部にアンテナ除けを、操縦手用視察バイザー上に雨樋を増設している。左フェンダーの前部のノテックライトや後部の車間表示灯は増設されていない。

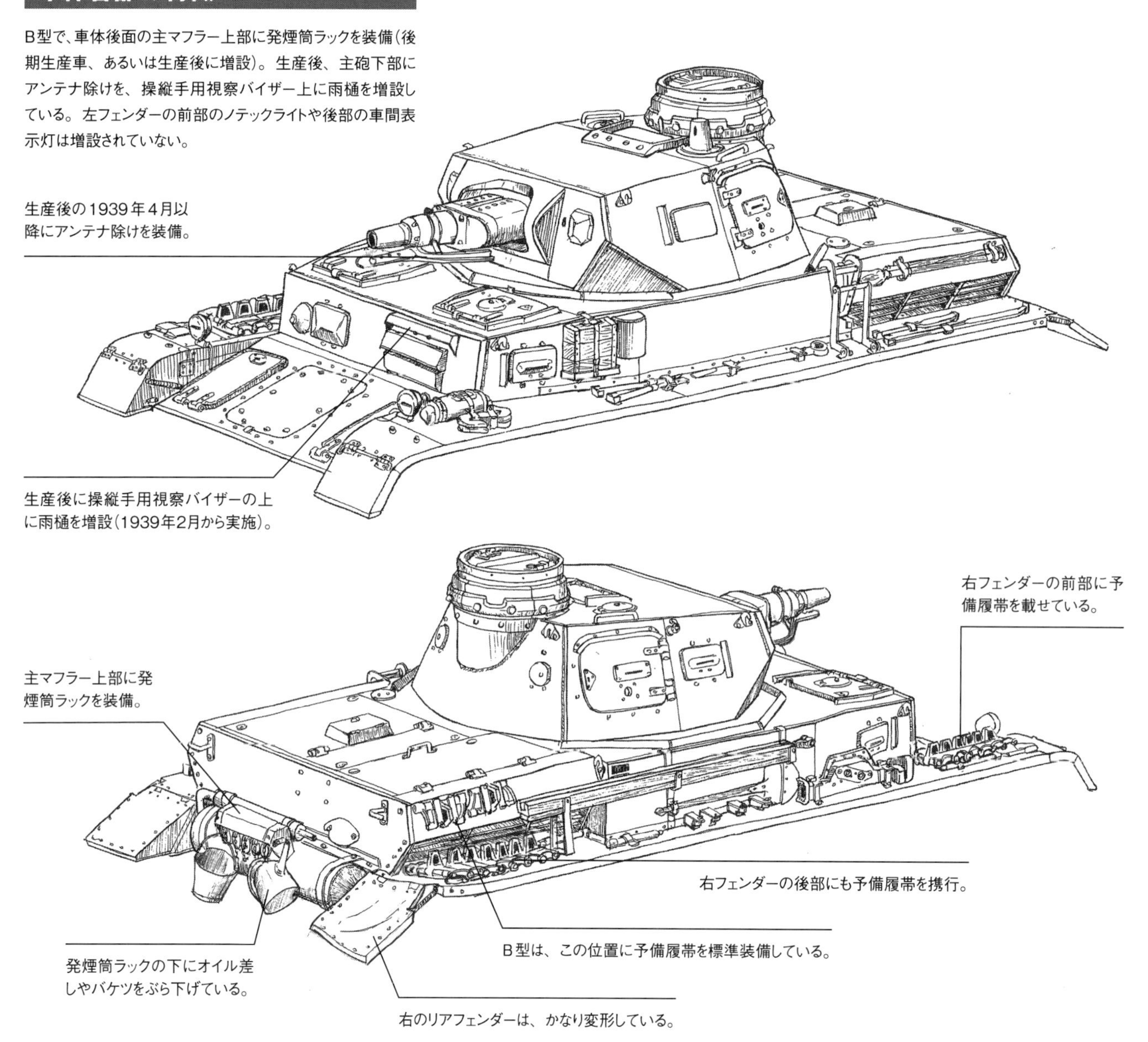

生産後の1939年4月以降にアンテナ除けを装備。

生産後に操縦手用視察バイザーの上に雨樋を増設（1939年2月から実施）。

右フェンダーの前部に予備履帯を載せている。

主マフラー上部に発煙筒ラックを装備。

右フェンダーの後部にも予備履帯を携行。

B型は、この位置に予備履帯を標準装備している。

発煙筒ラックの下にオイル差しやバケツをぶら下げている。

右のリアフェンダーは、かなり変形している。

B型の車体前面

装甲厚がA型より厚くなり（14.5mm厚から上部30mm厚／下部20mm厚に）、A型では1枚板を曲げ加工していた前面板は、上下に分割された板を溶接接合するようになった。牽引ホールドの形状も変更している。

B型の機関室側面グリル

グリルの形状はA型と同じだが、戦闘室（グリル前方）の幅がA型よりも狭くなっており、吊り上げフックの形状もA型とは異なる。図は機関室左側の吸気グリル。

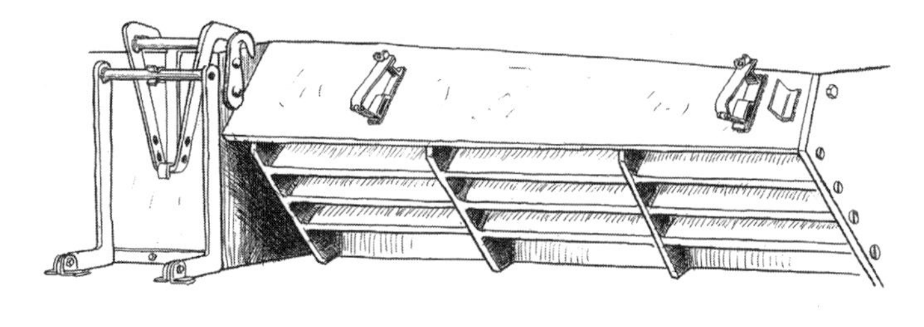

[図4]
Ⅳ号戦車B型　第1装甲師団第1戦車連隊423号車
Pz.Kpfw.IV Ausf.B 4./Pz.Regt.1, 1.Pz.Div., No.423

車体各部の特徴

車体後面の主マフラー上部に発煙筒ラックを装備したB型。生産後、操縦手用視察バイザー上に雨樋、車体前部上面にノテックライトが追加装備されている。

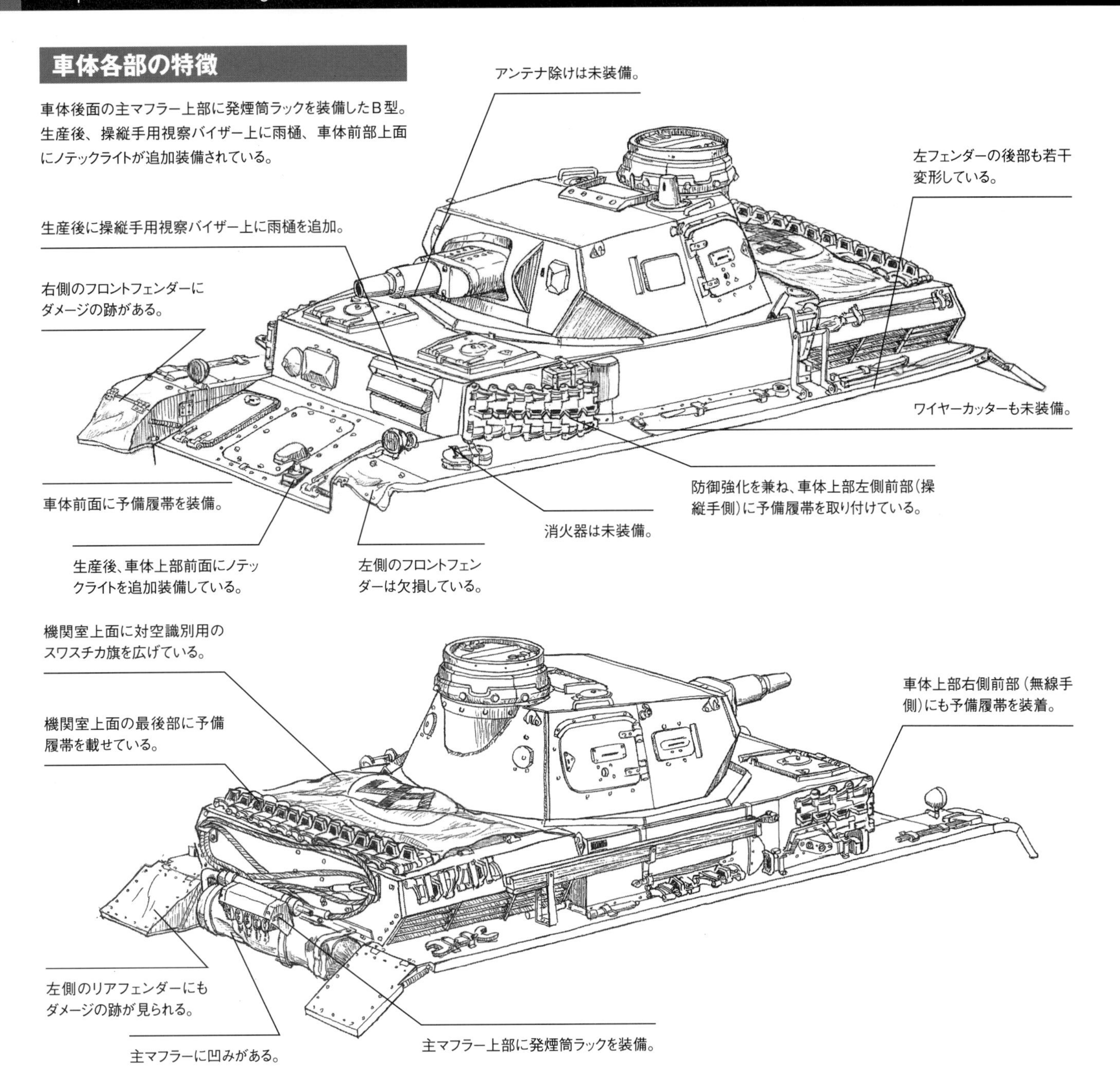

アンテナ除けは未装備。
左フェンダーの後部も若干変形している。
生産後に操縦手用視察バイザー上に雨樋を追加。
右側のフロントフェンダーにダメージの跡がある。
ワイヤーカッターも未装備。
車体前面に予備履帯を装備。
防御強化を兼ね、車体上部左側前部(操縦手側)に予備履帯を取り付けている。
消火器は未装備。
生産後、車体上部前面にノテックライトを追加装備している。
左側のフロントフェンダーは欠損している。
機関室上面に対空識別用のスワスチカ旗を広げている。
車体上部右側前部(無線手側)にも予備履帯を装着。
機関室上面の最後部に予備履帯を載せている。
左側のリアフェンダーにもダメージの跡が見られる。
主マフラーに凹みがある。
主マフラー上部に発煙筒ラックを装備。

423号車のフェンダー前部

左上図は車体右側で、ヘッドライトのみ。右下図は車体左側で、ヘッドライトとホーンが取り付けられている。423号車は、車体前部上面にノテックライトが追加されている。

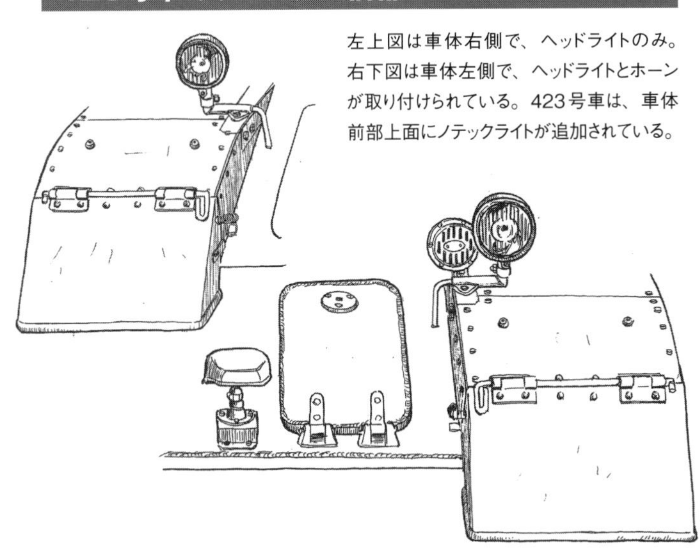

B型とC型の主砲防盾の相違

上図がB型、下図がC型。外側防盾の開口部のサイズはほとんど変わらないが、開口部の上下の角度(削り取り加工の角度)を変えることで、C型の方が防御力が高められている。

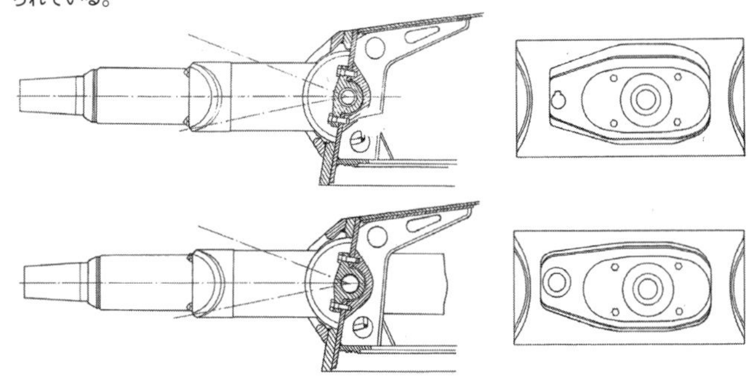

〔図5〕

Ⅳ号戦車C型

第 7 装甲師団第 25 戦車連隊 313 号車
1940 年 5 月　フランス

Pz.Kpfw.IV Ausf.C
3./Panzerregiment 25, 7.Panzerdivision, No.313
May 1940 France

車体は、基本色 RAL7021 ドゥンケルグラウの単色塗装が施されている。砲塔側面と後面に描かれた砲塔番号“313”は白縁付きの赤色数字。砲塔後面上部には（おそらく車体側面にも）白縁付き黒十字の国籍標識バルケンクロイツが描かれている。また、車体上部前面の操縦手用視察バイザーの左横には黄色の師団マークを記入。

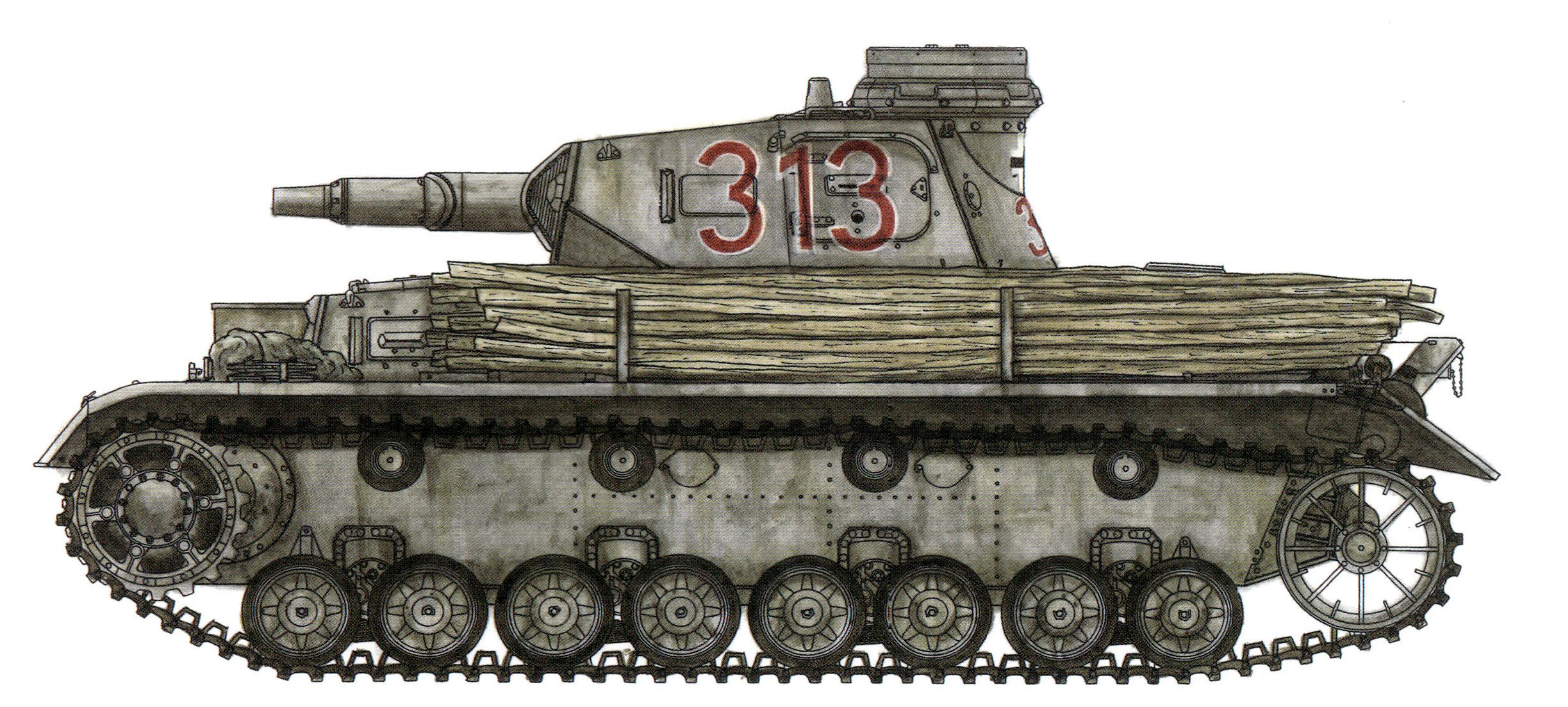
313

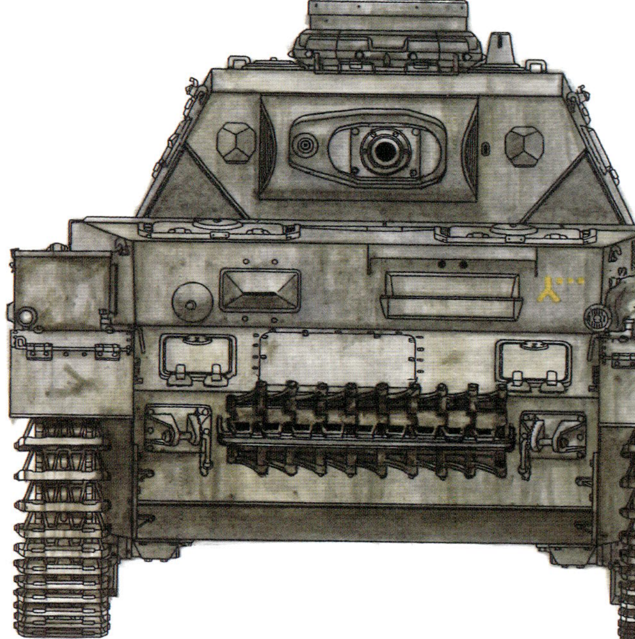

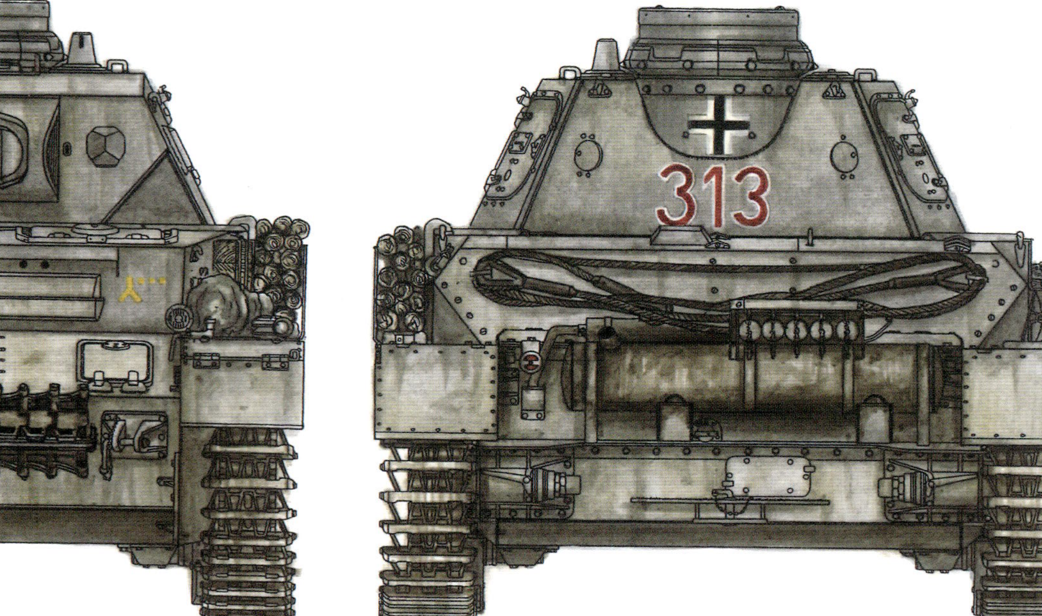
313

〔図6〕

Ⅳ号戦車C型

所属部隊不明 623 号車
1941 年 4 月　バルカン半島（推定）

Pz.Kpfw.IV Ausf.C
Unit unknown, No.623
April 1941 Balkans campaign

基本色 RAL7021 ドゥンケルグラウの単色塗装。砲塔には砲塔番号は描かれておらず、“623”の番号は車体側面と車体後面左端に取り付けられた平行四辺形のプレートに描かれたもののみ。白縁付きの黒十字の国籍標識バルケンクロイツは、車体側面と砲塔後面に描かれており、また、車載工具や木箱などには車体の製造番号“80383”が描き込まれている。

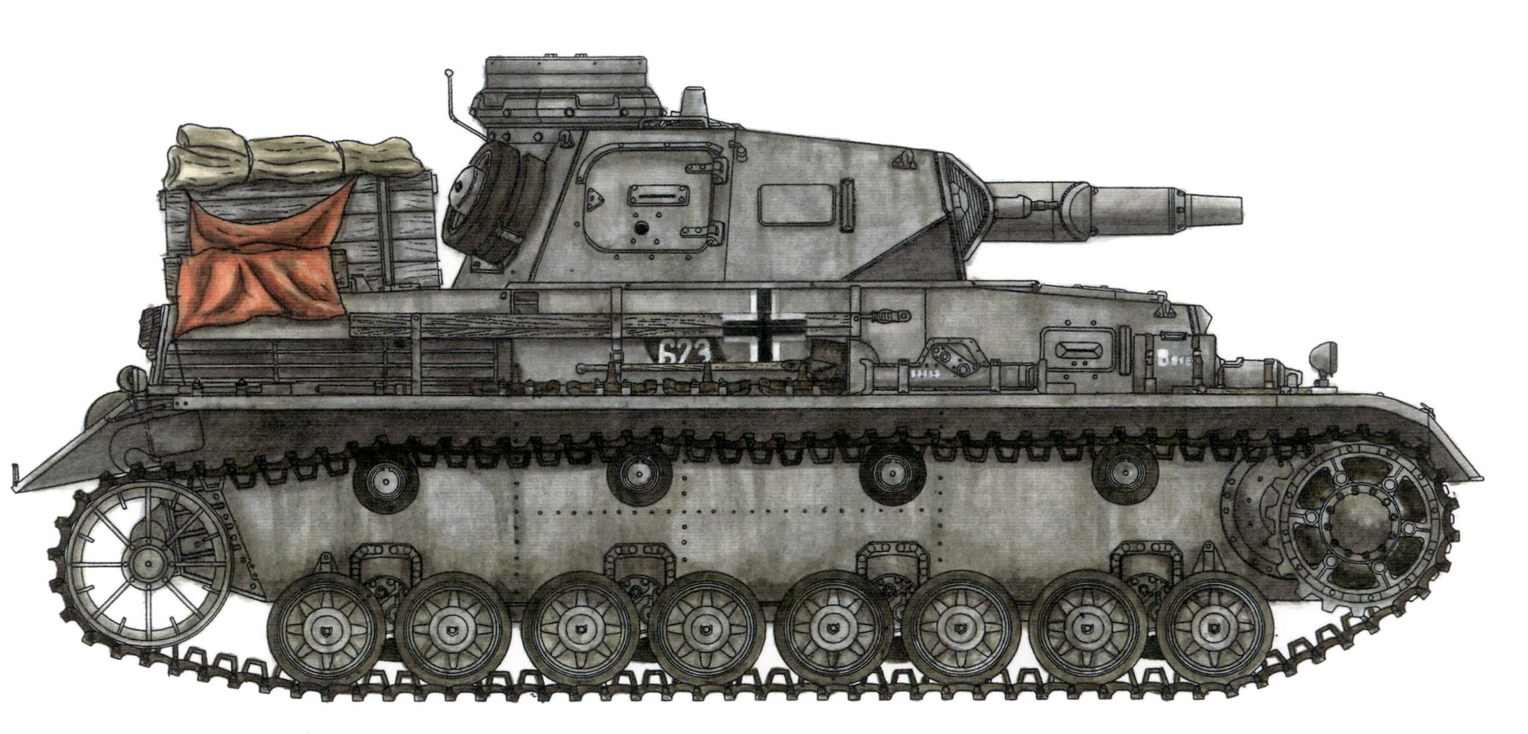
623

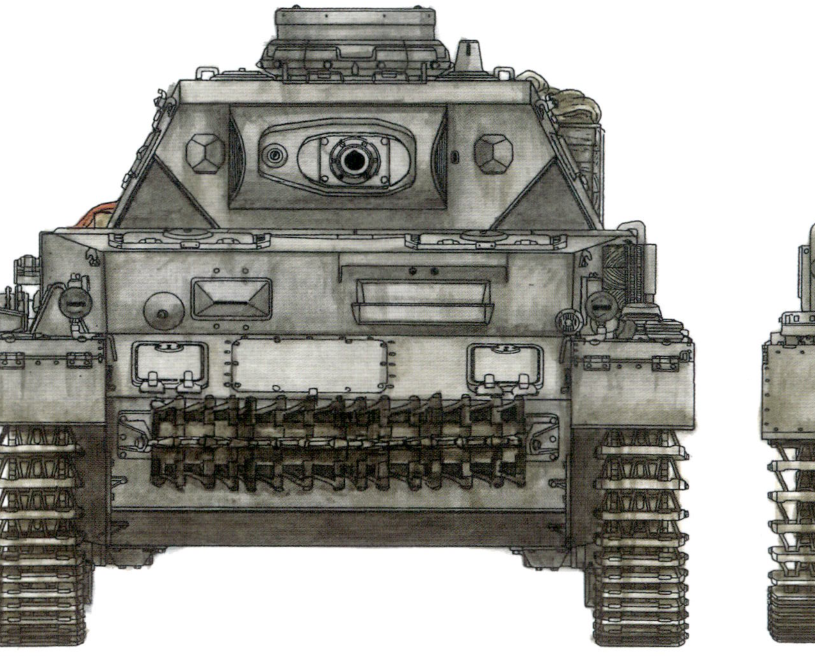

80383
623

[図5]

Ⅳ号戦車C型　第7装甲師団第25戦車連隊313号車

Pz.Kpfw.IV Ausf.C 3./Pz.Regt.25, 7.Pz.Div., No.313

車体各部の特徴

C型の初期生産車。操縦手用視察バイザーの上に雨樋を備えているが、左フェンダーのノテックライトは装備していないので、1939年初頭頃の生産車と思われる。

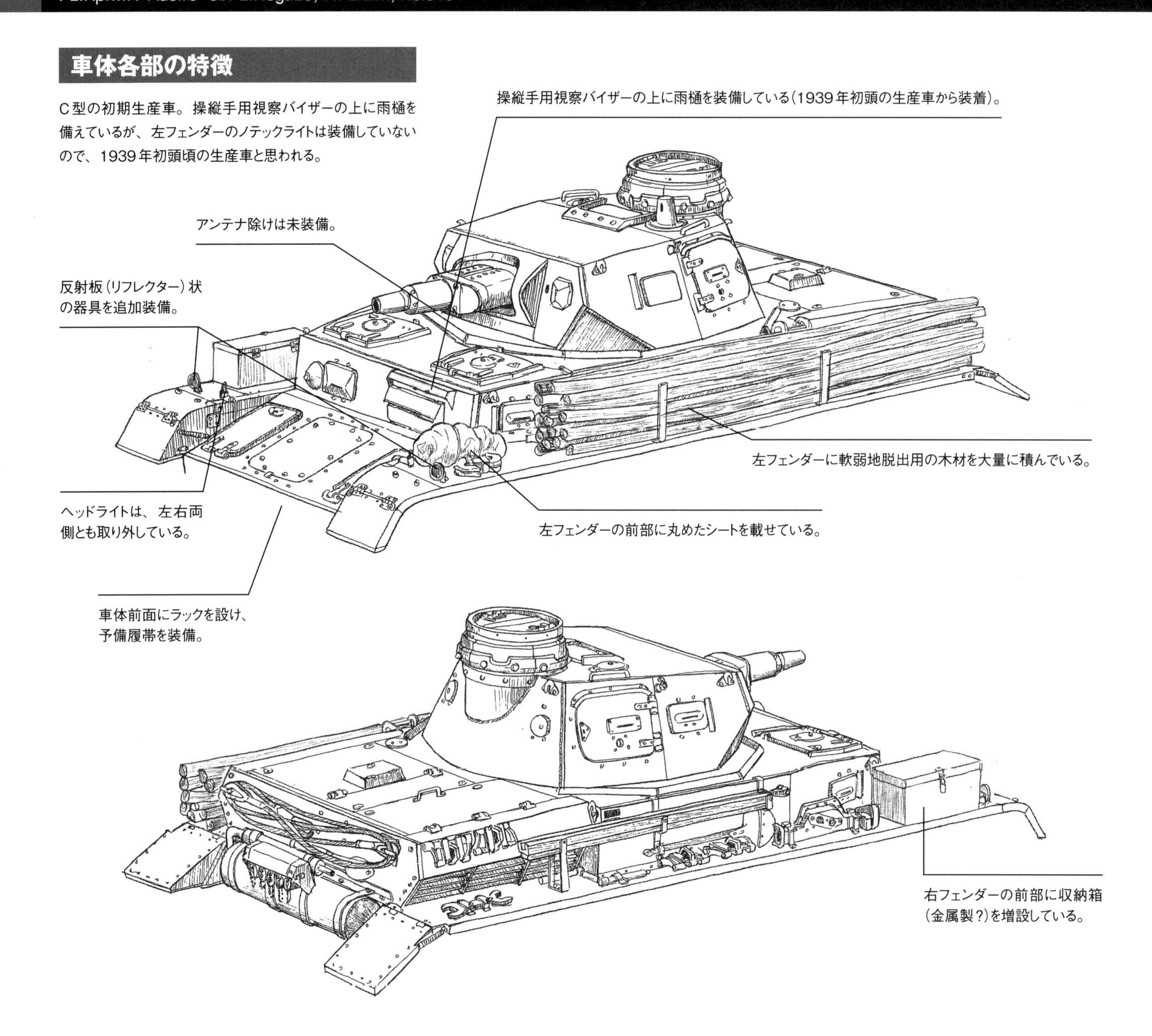

操縦手用視察バイザーの上に雨樋を装備している(1939年初頭の生産車から装着)。
アンテナ除けは未装備。
反射板(リフレクター)状の器具を追加装備。
左フェンダーに軟弱地脱出用の木材を大量に積んでいる。
ヘッドライトは、左右両側とも取り外している。
左フェンダーの前部に丸めたシートを載せている。
車体前面にラックを設け、予備履帯を装備。
右フェンダーの前部に収納箱(金属製?)を増設している。

313号車のフェンダー前部

左上図は車体右側、右下図は車体左側を示す。313号車は、左右のヘッドライトを取り外し、ヘッドライト取り付け基部の外側に、図のような反射板(リフレクター)状の器具を追加している。同じ部隊の他の車両でも装備例が見られる。

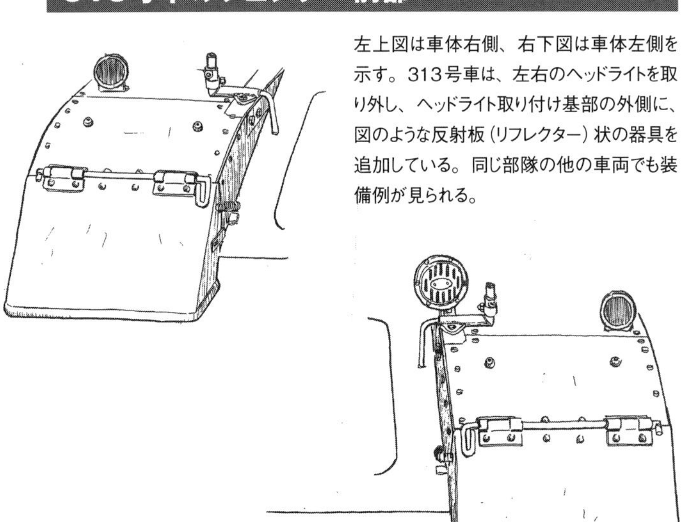

313号車の車体前面

車体前面の予備履帯ラックは、こんな形状のものを取り付けている。

[図6]

Ⅳ号戦車C型　所属部隊不明623号車

Pz.Kpfw.IV Ausf.C Unit unknown, No.623

車体各部の特徴

1939年2～3月頃に生産されたと思われるC型。操縦手用視察バイザー上に雨樋を備え、左フェンダーの前部にノテックライトを、左フェンダーの後部に車間表示灯、さらに右フェンダーの後部には尾灯を装備している。

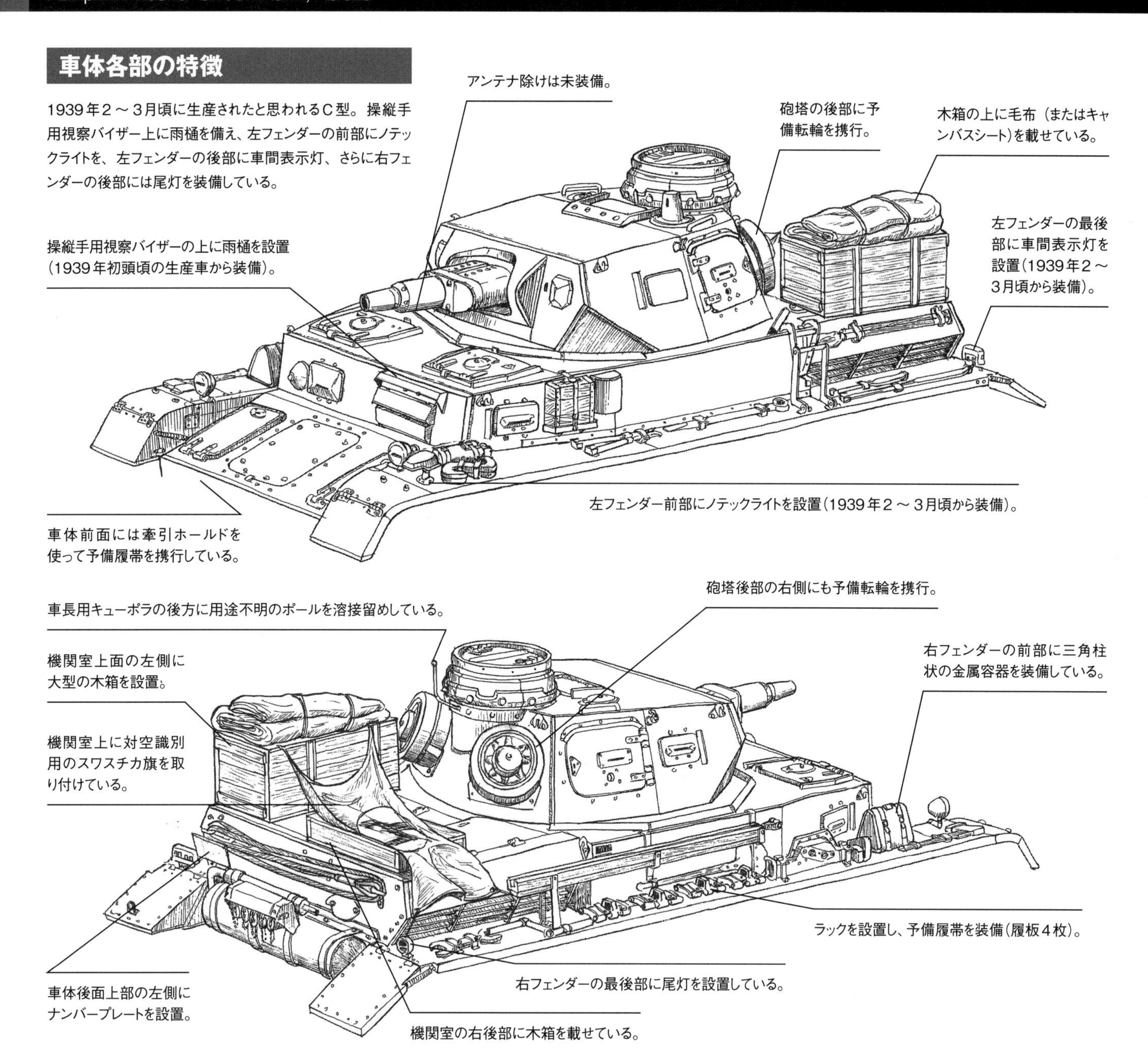
アンテナ除けは未装備。
砲塔の後部に予備転輪を携行。
木箱の上に毛布（またはキャンバスシート）を載せている。
左フェンダーの最後部に車間表示灯を設置（1939年2～3月頃から装備）。
操縦手用視察バイザーの上に雨樋を設置（1939年初頭頃の生産車から装備）。
左フェンダー前部にノテックライトを設置（1939年2～3月頃から装備）。
車体前面には牽引ホールドを使って予備履帯を携行している。
砲塔後部の右側にも予備転輪を携行。
車長用キューポラの後方に用途不明のポールを溶接留めしている。
右フェンダーの前部に三角柱状の金属容器を装備している。
機関室上面の左側に大型の木箱を設置。
機関室上に対空識別用のスワスチカ旗を取り付けている。
ラックを設置し、予備履帯を装備（履板4枚）。
右フェンダーの最後部に尾灯を設置している。
車体後面上部の左側にナンバープレートを設置。
機関室の右後部に木箱を載せている。

623号車の右フェンダー前部

右フェンダーの前部に図のような三角柱状の金属容器を取り付けている。一見、オイル缶のようにも見えるが、用途は不明。また、ジャッキに見られるように、車載工具の多くに製造番号を白で記入している。

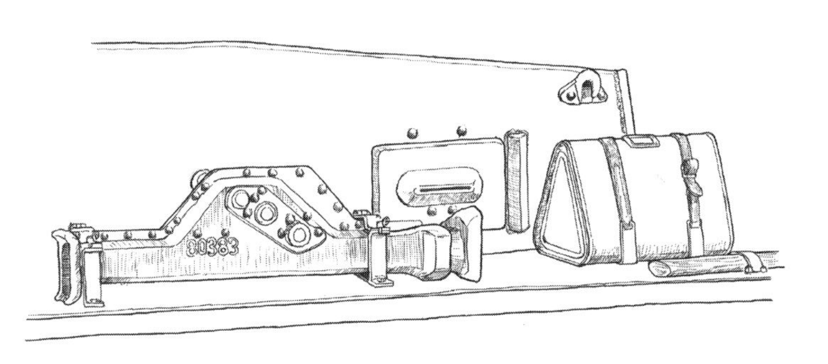

A～D型の転輪

ハブキャップ中央のグリースニップル部分は、図のように2種あるが、623号車は下のタイプを使用している。

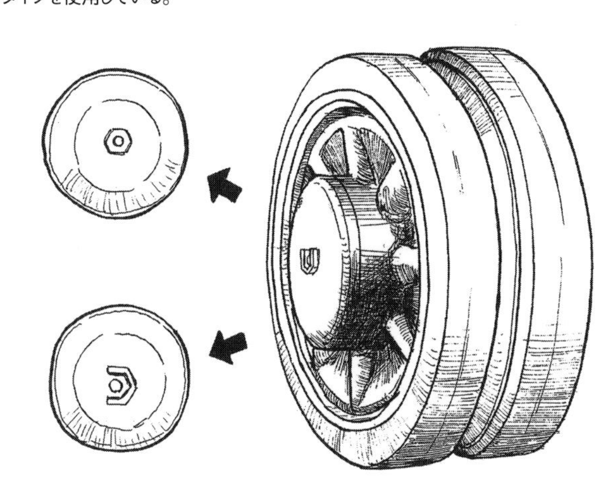

〔図7〕

Ⅳ号戦車C型

第 9 装甲師団第 33 戦車連隊 623 号車
1941 年 4 月　ブルガリア

Pz.Kpfw.IV Ausf.C
6./Panzerregiment 33, 9.Panzerdivision, No.623
April 1941 Bulgaria

車体は、基本色 RAL7021 ドゥンケルグラウの単色塗装が施されている。砲塔番号"623"は白色で、砲塔側面と後面に小さく描かれている。車体側面や砲塔には国籍標識は描かれていないようだ。

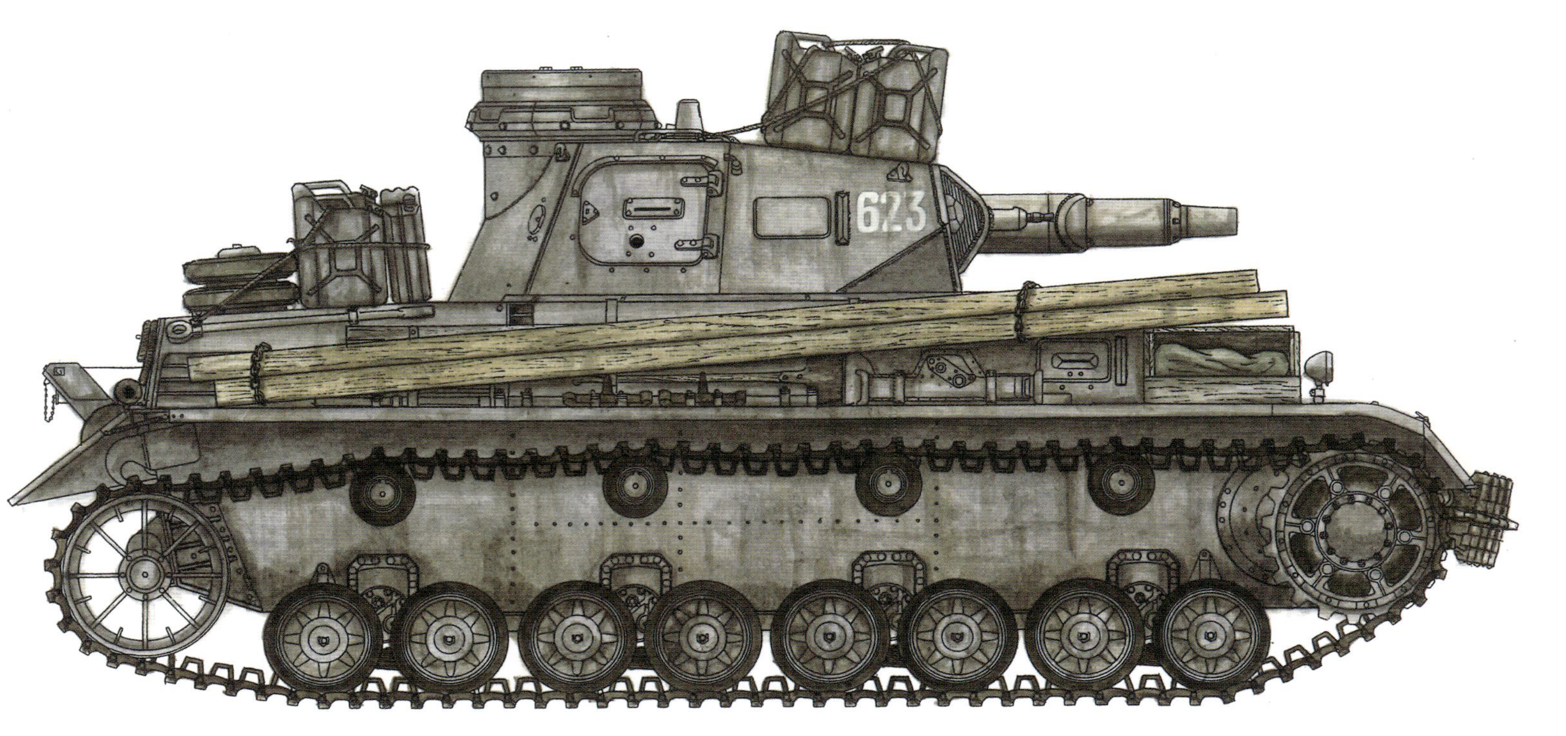
623

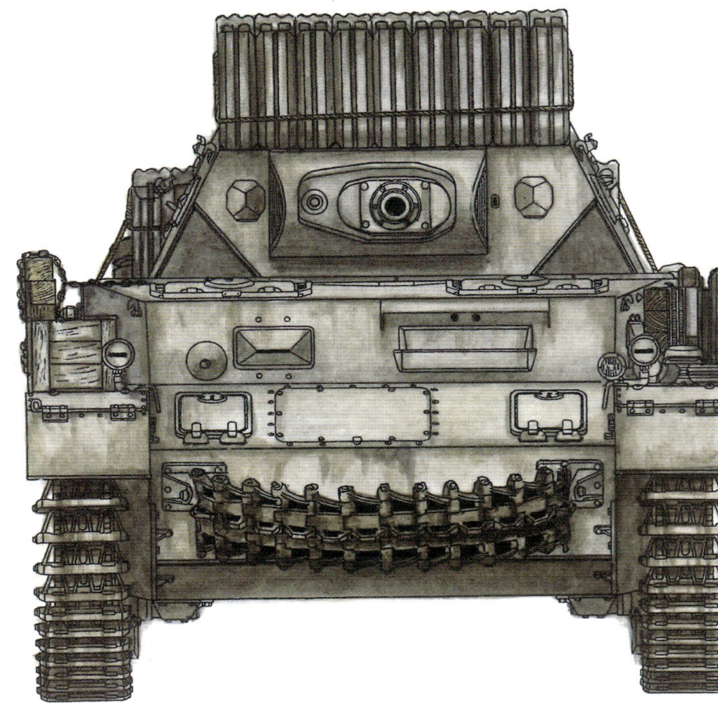

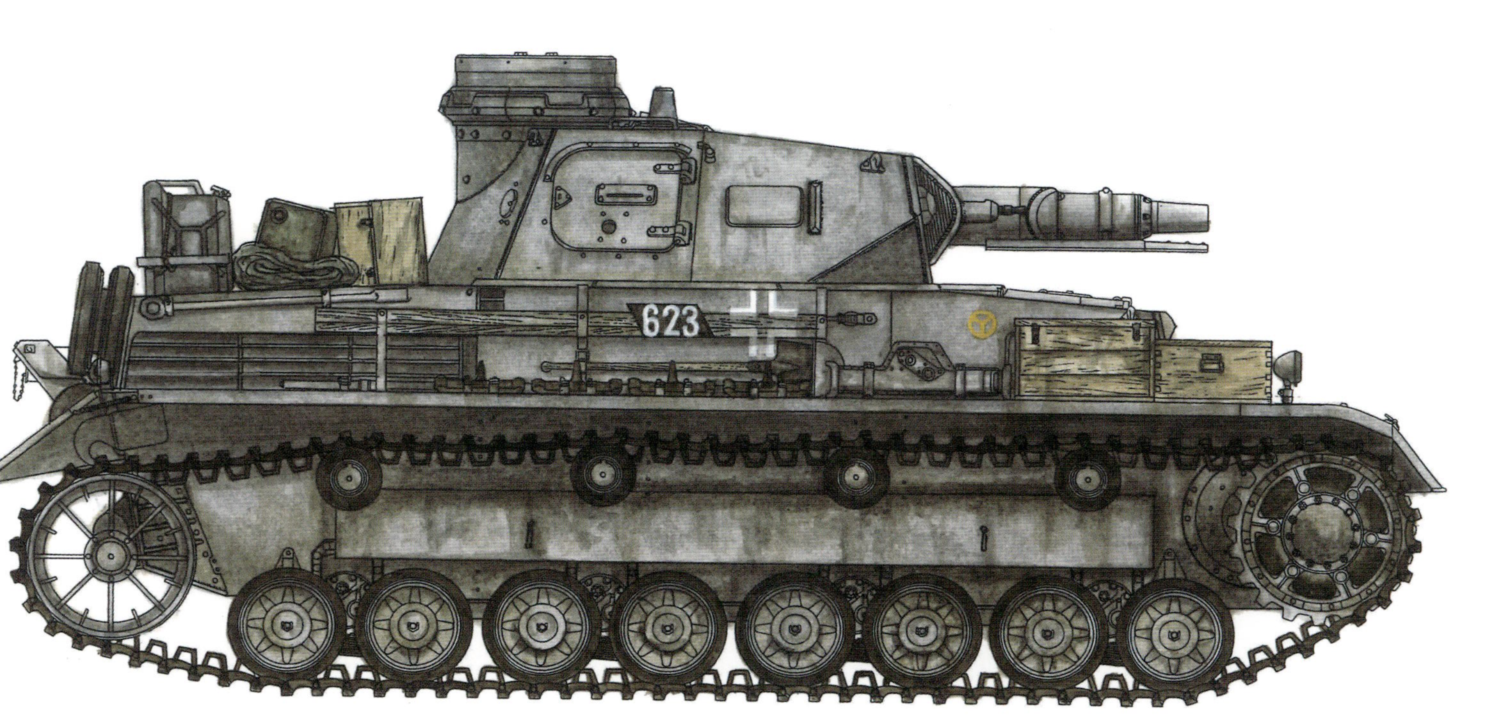
623

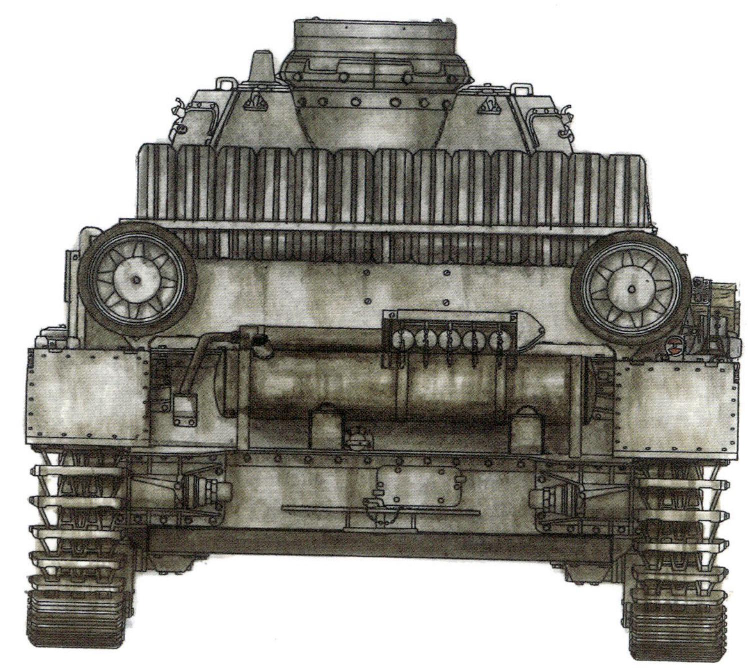

〔図8〕

Ⅳ号戦車C型

第 12 装甲師団第 29 戦車連隊 623 号車
1941 年夏　バルバロッサ作戦（推定）

Pz.Kpfw.IV Ausf.C
6./Panzerregiment 29, 12.Panzerdivision, No.623
Summer of 1941 Barbarossa operation

車体は、基本色 RAL7021 ドゥンケルグラウの単色塗装。砲塔番号“623”は車体側面に取り付けられた平行四辺形のプレートに描かれたもののみ。車体側面に描かれた国籍標識のバルケンクロイツは、白縁のみのタイプ。車体上部側面の前部には黄色の師団マークが描かれている。

[図7]

Ⅳ号戦車C型　第9装甲師団第33戦車連隊623号車

Pz.Kpfw.IV Ausf.C 6./Pz.Regt.33, 9.Pz.Div., No.623

車体各部の特徴

1939年春頃に生産されたC型で、操縦手用視察バイザー上に雨樋、左フェンダーの前部にノテックライト、後部に車間表示灯を装備している。

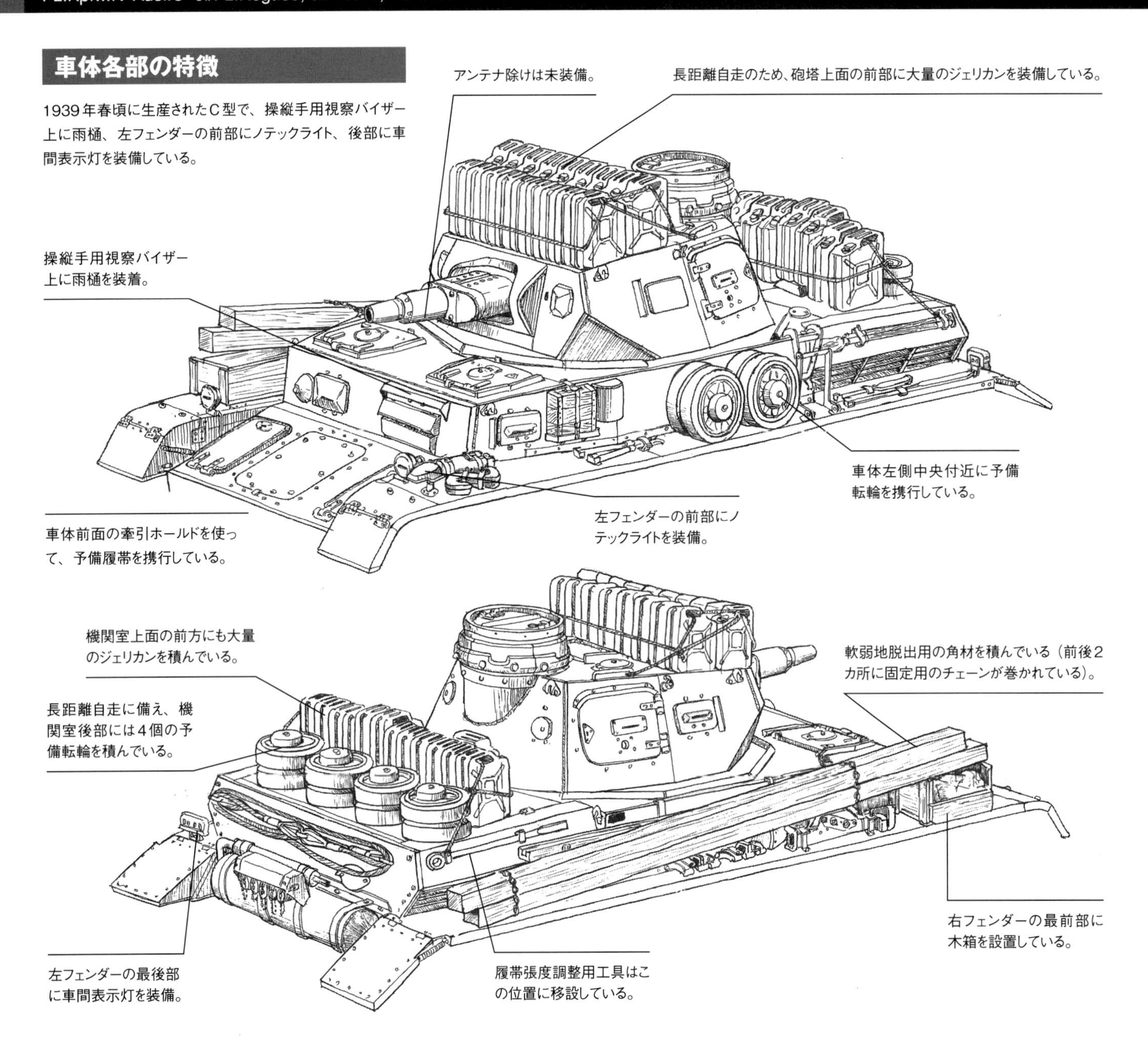

アンテナ除けは未装備。
長距離自走のため、砲塔上面の前部に大量のジェリカンを装備している。
操縦手用視察バイザー上に雨樋を装着。
車体左側中央付近に予備転輪を携行している。
車体前面の牽引ホールドを使って、予備履帯を携行している。
左フェンダーの前部にノテックライトを装備。
機関室上面の前方にも大量のジェリカンを積んでいる。
軟弱地脱出用の角材を積んでいる（前後2カ所に固定用のチェーンが巻かれている）。
長距離自走に備え、機関室後部には4個の予備転輪を積んでいる。
右フェンダーの最前部に木箱を設置している。
左フェンダーの最後部に車間表示灯を装備。
履帯張度調整用工具はこの位置に移設している。

B型/C型の車体前部

B型とC型の車体上部（操縦室）前面装甲板は段差がない1枚板。右側には前部機銃ではなく、ピストルポートが設置されているのが大きな特徴である。

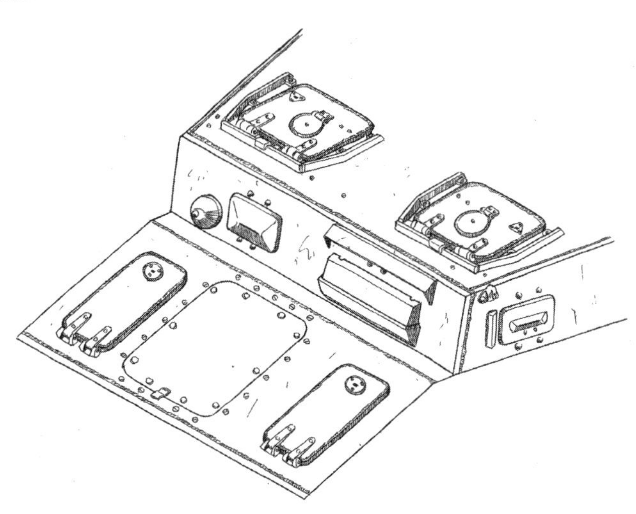

623号車の右フェンダーの前部

木箱はこのような構造。その上に載せられた角材は、チェーンで固定されているが、車体側の固定方法は不明。またヘッドライトのカバーは金属製のものを使用している。

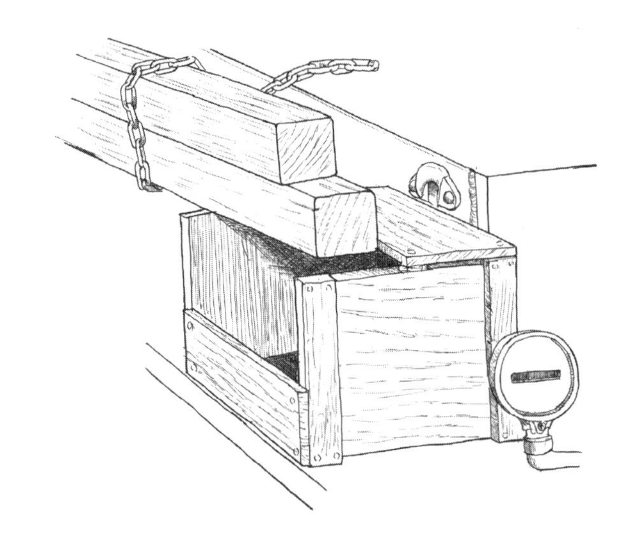

[図8]

Ⅳ号戦車C型　第12装甲師団第29戦車連隊623号車

Pz.Kpfw.IV Ausf.C 6./Pz.Regt.29, 12.Pz.Div., No.623

車体各部の特徴

1939年4月以降に生産されたと思われるC型。操縦手用視察バイザー上に雨樋、左フェンダー前部にノテックライト、右フェンダー後部に尾灯、さらに主砲下部にアンテナ除けも装備。生産後に車体前面部のみに増加装甲が取り付けられている。

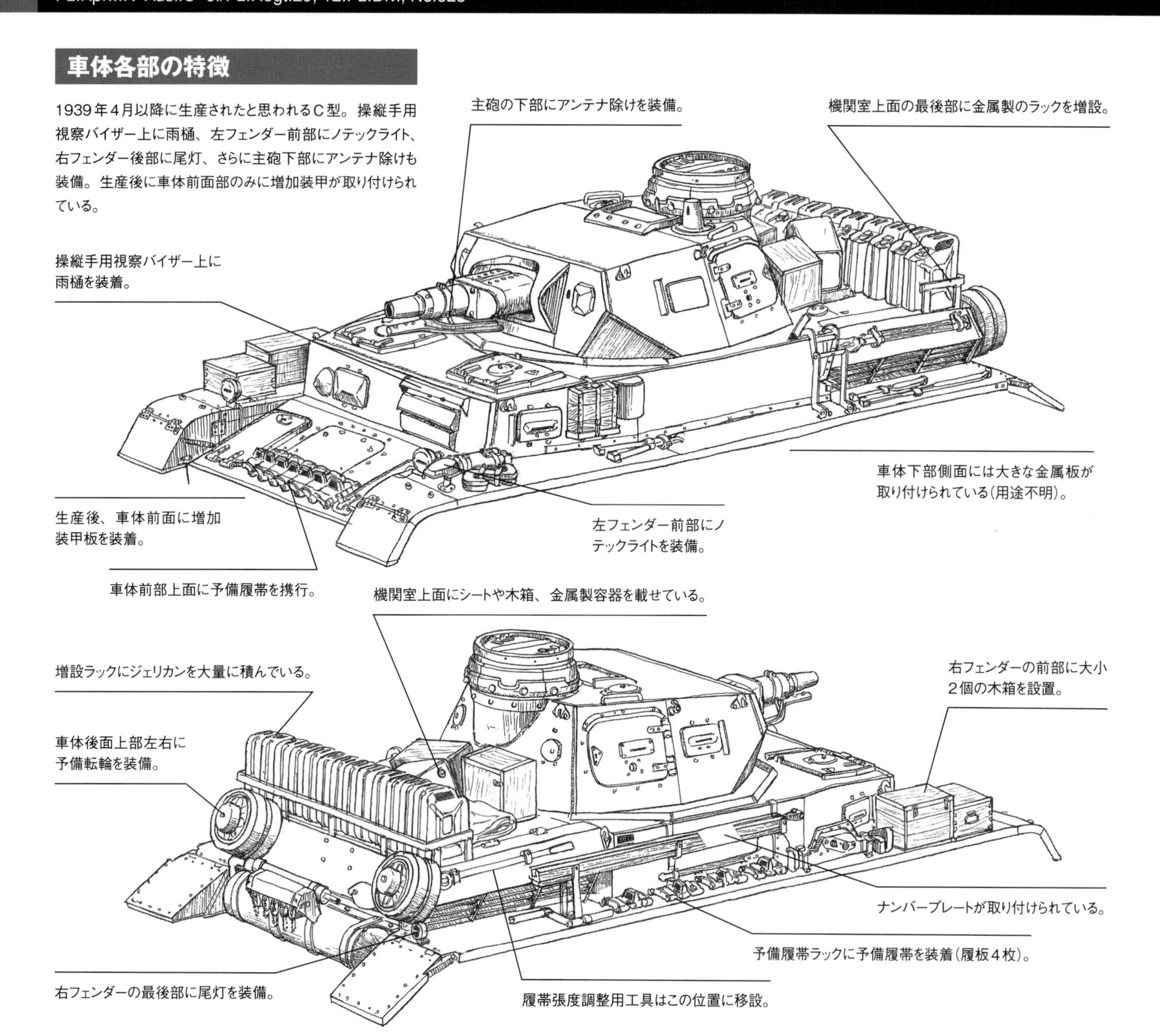
主砲の下部にアンテナ除けを装備。
機関室上面の最後部に金属製のラックを増設。
操縦手用視察バイザー上に雨樋を装着。
車体下部側面には大きな金属板が取り付けられている(用途不明)。
生産後、車体前面に増加装甲板を装着。
左フェンダー前部にノテックライトを装備。
車体前部上面に予備履帯を携行。
機関室上面にシートや木箱、金属製容器を載せている。
増設ラックにジェリカンを大量に積んでいる。
右フェンダーの前部に大小2個の木箱を設置。
車体後面上部左右に予備転輪を装備。
ナンバープレートが取り付けられている。
予備履帯ラックに予備履帯を装着(履板4枚)。
右フェンダーの最後部に尾灯を装備。
履帯張度調整用工具はこの位置に移設。

623号車の車体前面

車体前面に装着された増加装甲板のディテール。装甲板の接合部に補強板が溶接されているのが特徴。

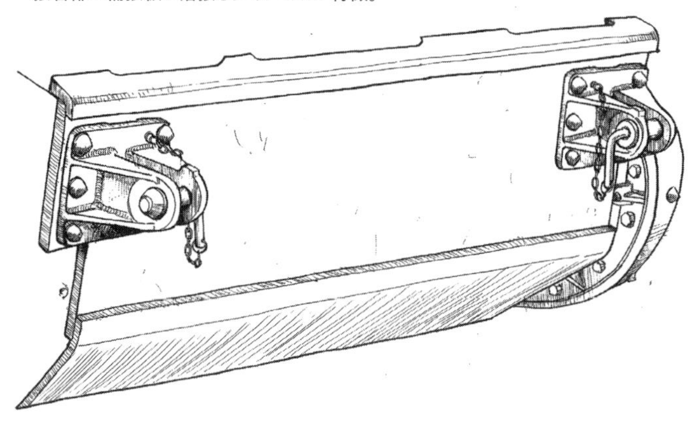

623号車の車体下部側面

車体下部側面に追加された板はこんな感じに取り付けられている。非常に薄い金属板なので、増加装甲板ではなく、泥除けの可能性もあるが、用途は不明。装着例は、623号車のみではなく、同じ部隊の他の車両でも確認できる。

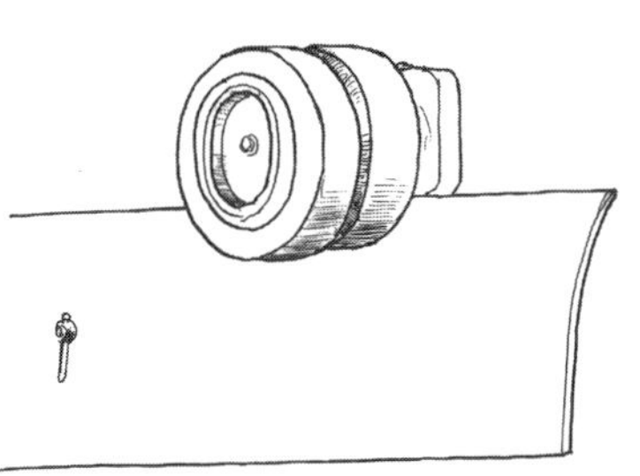

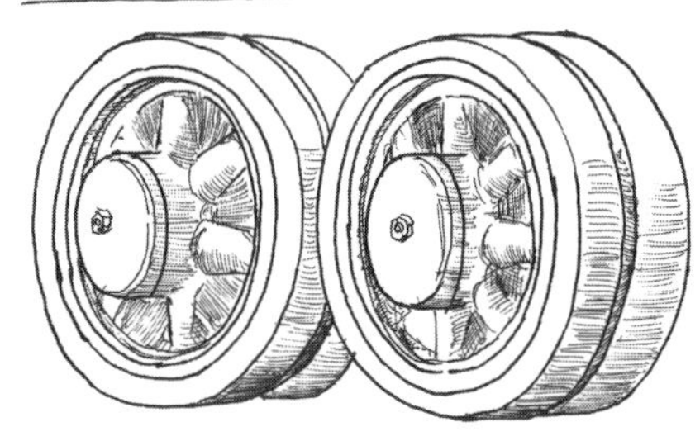

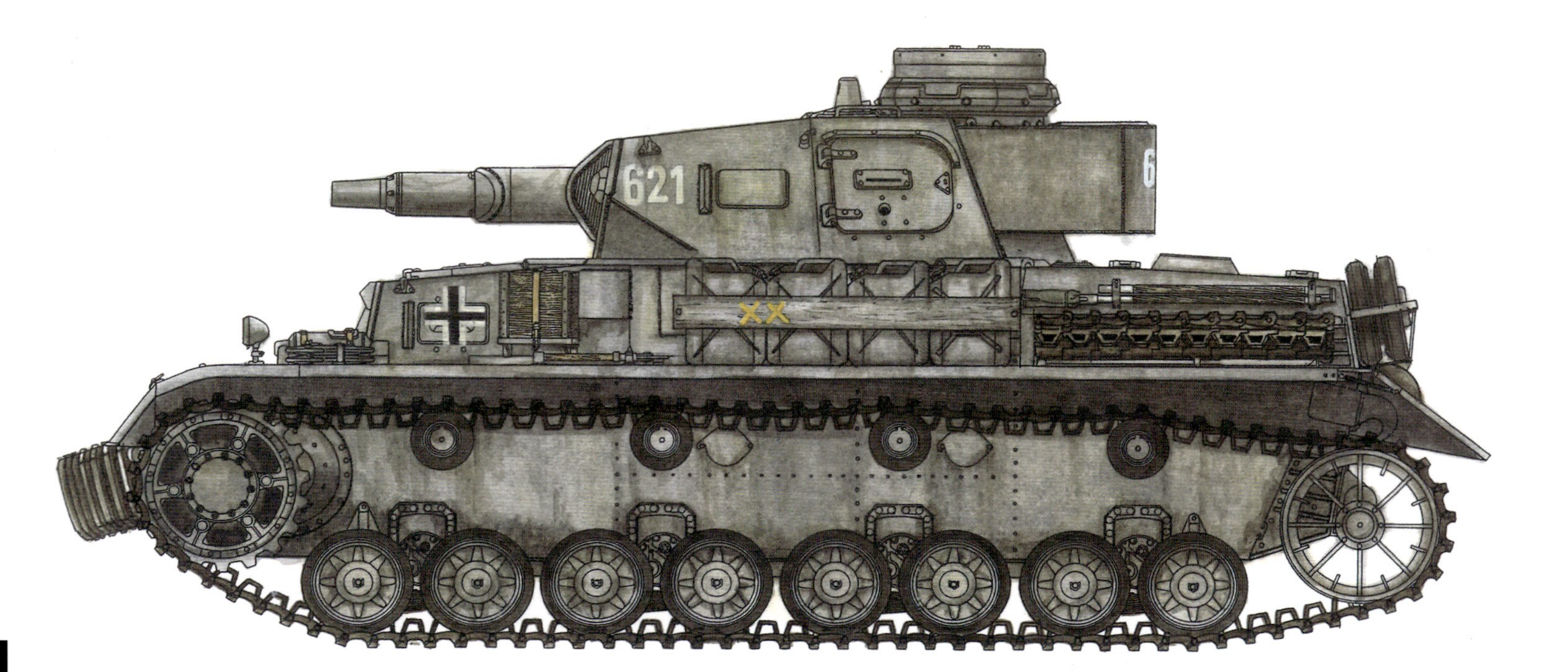

〔図9〕

Ⅳ号戦車C型

第6装甲師団第11戦車連隊621号車
1941年夏　東部戦線／中央戦区

Pz.Kpfw.IV Ausf.C
6./Panzerregiment 11, 6.Panzerdivision, No.621
Summer of 1941 Eastern Front/ Central sector

車体は、基本色RAL7021ドゥンケルグラウの単色塗装が施されている。砲塔番号“621”は、砲塔の側面とゲペックカステン（現地部隊作製）の後面に白色で小さく記入。車体上部側面前部に描かれた国籍標識のバルケンクロイツは標準的な白縁付きの黒十字で、車体上部前面の左端と車体側面には黄色の師団マークも描かれている。

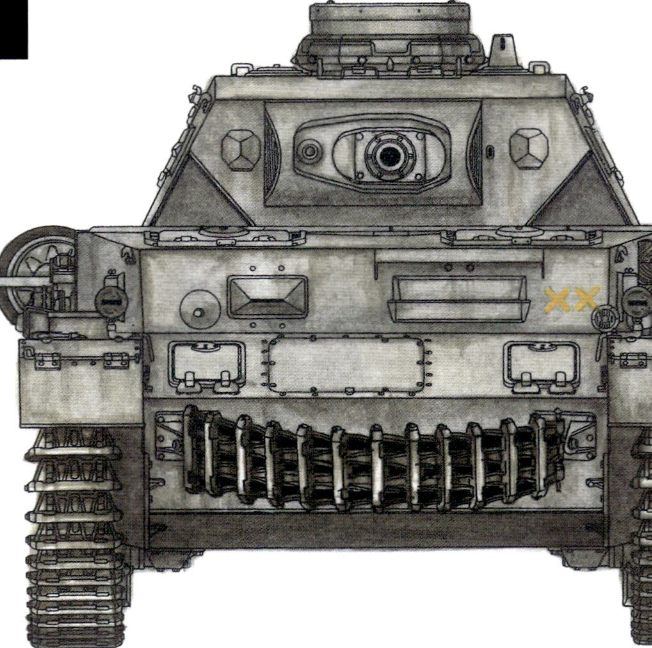

〔図10〕

Ⅳ号戦車C型

第 6 装甲師団第 11 戦車連隊 423 号車
1941 年夏　東部戦線 / 中央戦区

Pz.Kpfw.IV Ausf.C

4./Panzerregiment 11, 6.Panzerdivision, No.423
Summer of 1941 Eastern Front/ Central cector

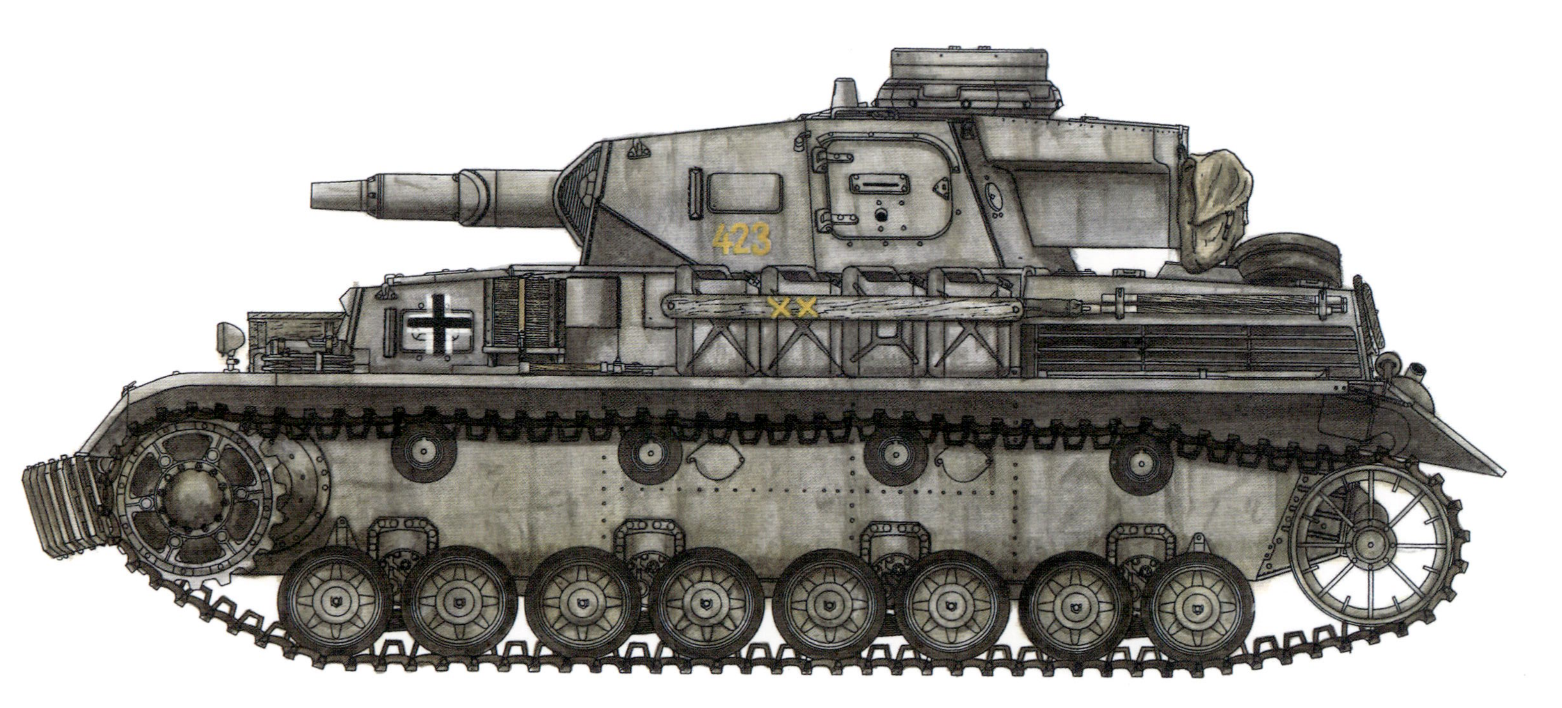

423

車体は、基本色 RAL7021 ドゥンケルグラウの単色塗装。砲塔の側面とゲペックカステン後面に黄色の砲塔番号“423”を小さく描いている。国籍標識バルケンクロイツは白縁付きの黒十字で、車体上部側面前部に記入。車体上部前面左端と車体側面に黄色の師団マークも描いている。

[図9]

Ⅳ号戦車C型　第6装甲師団第11戦車連隊621号車

Pz.Kpfw.IV Ausf.C 6./Pz.Regt.11, 6.Pz.Div., No.621

車体各部の特徴

1939年初頭頃に造られたと思われるC型。操縦手用視察バイザー上に雨樋が取り付けられている。主砲下部のアンテナ除け、左フェンダー前部のノテックライトは未装備。

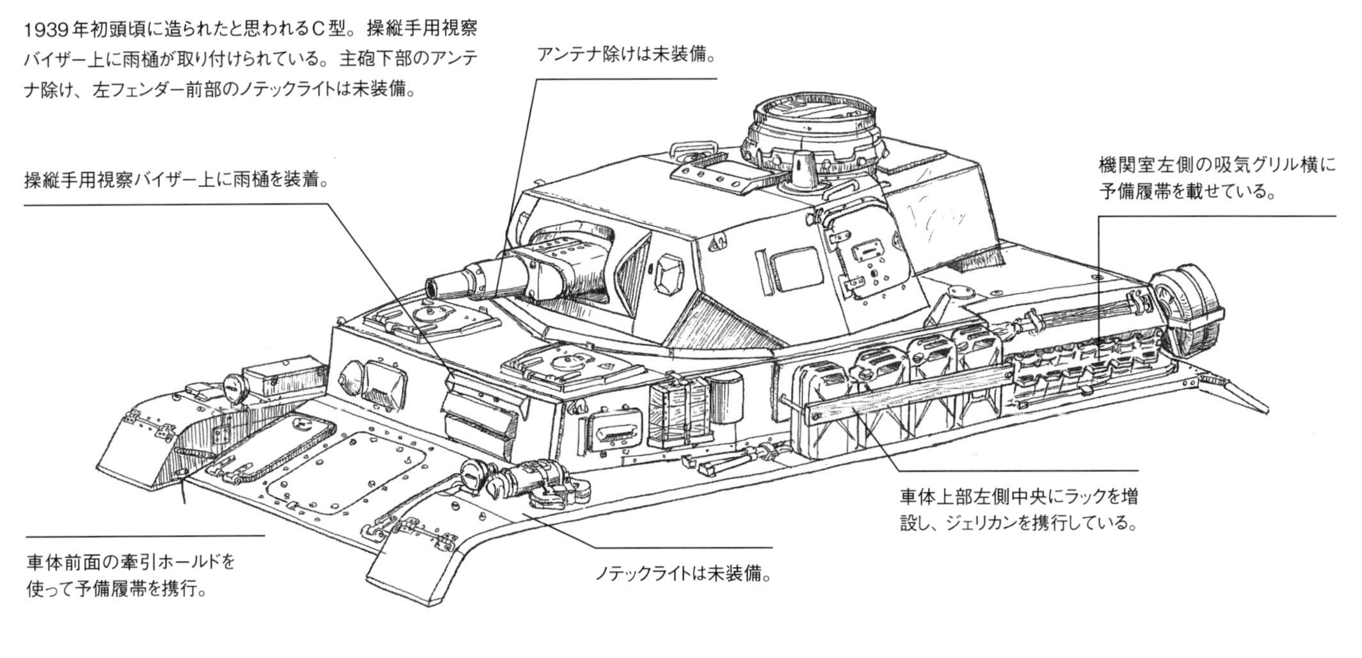

アンテナ除けは未装備。
操縦手用視察バイザー上に雨樋を装着。
機関室左側の吸気グリル横に予備履帯を載せている。
車体上部左側中央にラックを増設し、ジェリカンを携行している。
車体前面の牽引ホールドを使って予備履帯を携行。
ノテックライトは未装備。

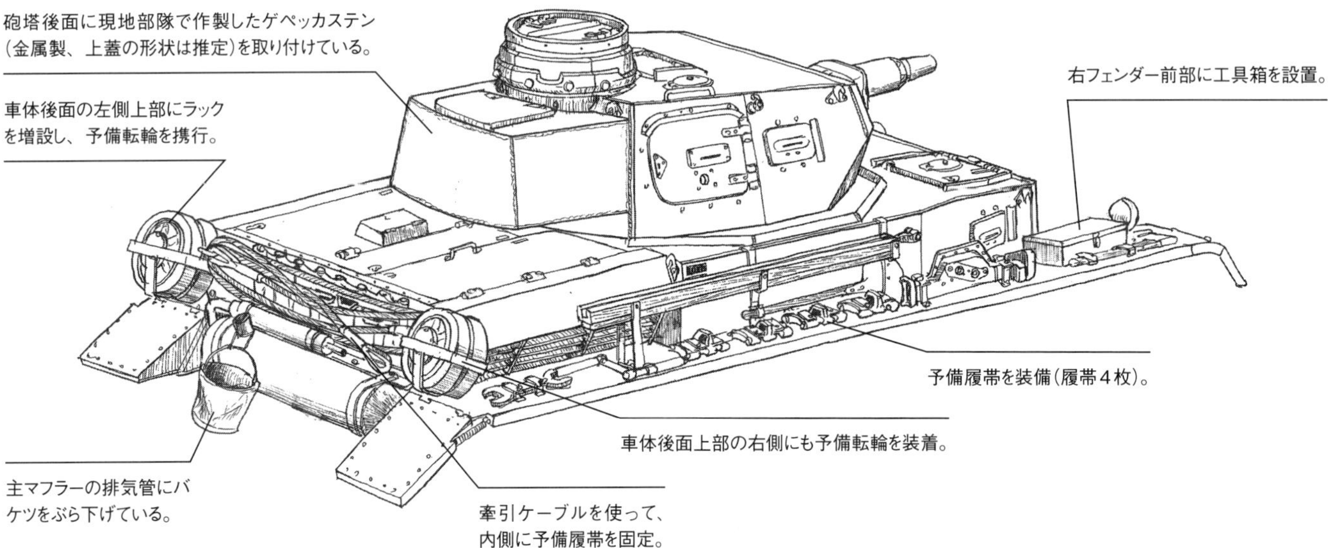

砲塔後面に現地部隊で作製したゲペックカステン（金属製、上蓋の形状は推定）を取り付けている。
車体後面の左側上部にラックを増設し、予備転輪を携行。
右フェンダー前部に工具箱を設置。
予備履帯を装備（履帯4枚）。
車体後面上部の右側にも予備転輪を装着。
主マフラーの排気管にバケツをぶら下げている。
牽引ケーブルを使って、内側に予備履帯を固定。

621号車の車体上部左側に増設されたジェリカンラック

左側面に金属板を溶接し、そこに金属ロッドを取り付け、ジェリカンを固定する木製板をボルトで取り付けているようだ。このジェリカンラックは、621号車のみならず、同じ部隊の他の車両にも共通して見られる特徴。

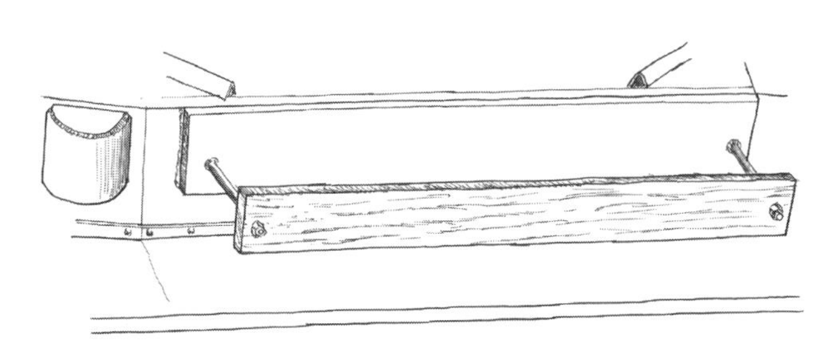

621号車の車体後面に増設された予備転輪ラック

車体後面上部左右に取り付けられた予備転輪ラックはこのような造りと思われる。

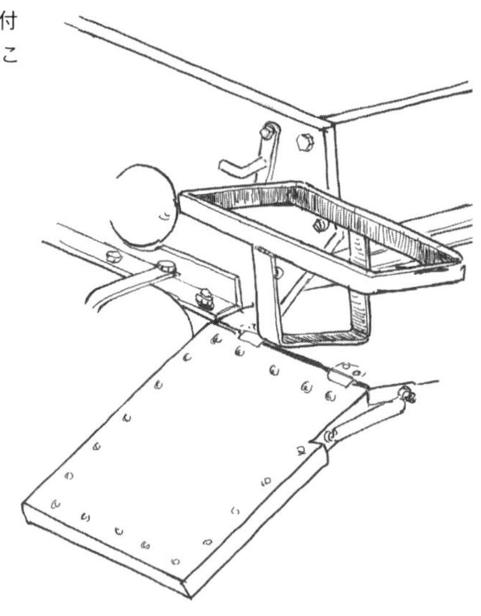

[図10]

Ⅳ号戦車C型　第6装甲師団第11戦車連隊423号車

Pz.Kpfw.IV Ausf.C 4./Pz.Regt.11, 6.Pz.Div., No.423

車体各部の特徴

1939年初頭頃に造られたと思われるC型。操縦手用視察バイザー上に雨樋が取り付けられている。主砲下部のアンテナ除け、左フェンダー前部のノテックライトは未装備だが、1941年3月以降に砲塔後面にゲペックカステンが取り付けられている。

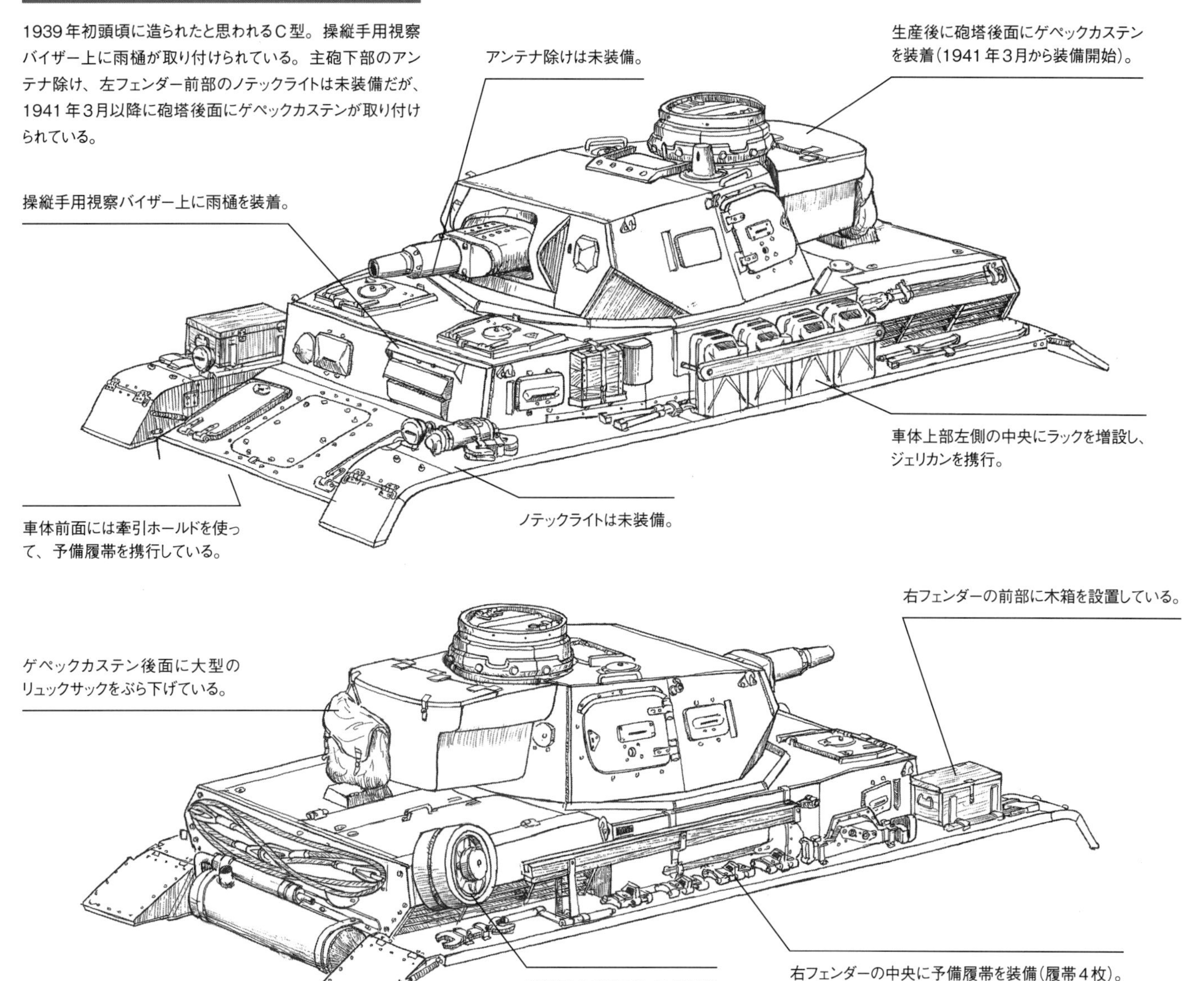
アンテナ除けは未装備。
生産後に砲塔後面にゲペックカステンを装着(1941年3月から装備開始)。
操縦手用視察バイザー上に雨樋を装着。
車体上部左側の中央にラックを増設し、ジェリカンを携行。
車体前面には牽引ホールドを使って、予備履帯を携行している。
ノテックライトは未装備。
右フェンダーの前部に木箱を設置している。
ゲペックカステン後面に大型のリュックサックをぶら下げている。
右フェンダーの中央に予備履帯を装備(履帯4枚)。
機関室右側後部に予備転輪を取り付けている。

423号車の車体上部左側のジェリカンラック

基本的な造りは前ページの621号車と同じだが、外側の木製板の形状が、少し異なっている。板の形状は、車両によって違いが見られる。

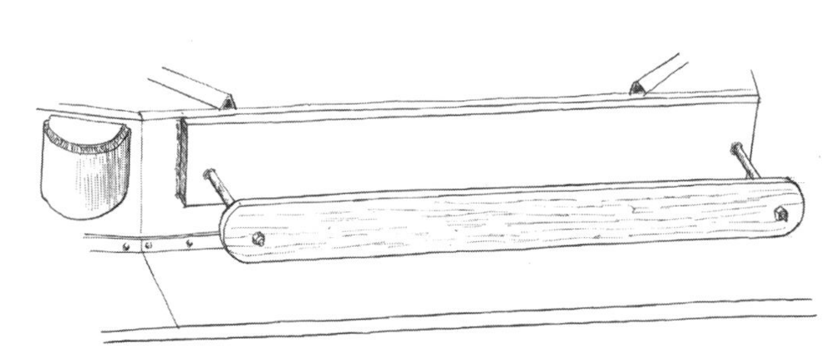

A~E型で使用された誘導輪

左図は極初期のタイプ。右図が標準的なタイプで、リム部分が強化されている。

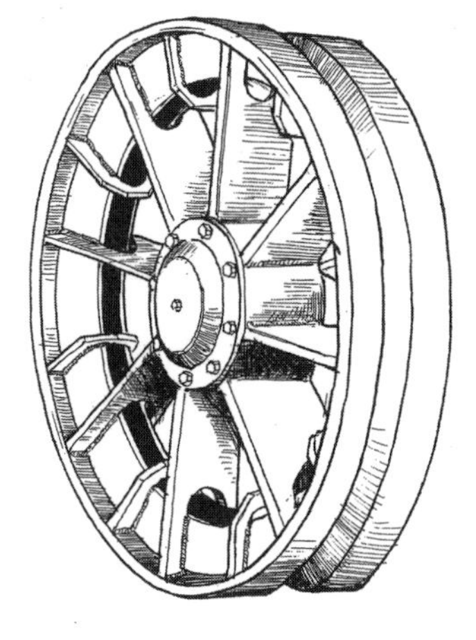

〔図11〕

IV号戦車D型

第 7 装甲師団第 25 戦車連隊 323 号車
1941 年 6 月　フランス

Pz.Kpfw.IV Ausf.D
3./Panzerregiment 25, 7.Panzerdivision, No.323
June 1941 France

基本色 RAL7021 ドゥンケルグラウの単色塗装。砲塔側面と後面に描かれた砲塔番号“323”は、白縁付きの赤色数字。国籍標識バルケンクロイツは標準的な白縁付き黒十字で、車体側面と砲塔後面に描かれている。また、車体上部前面左端と車体上部側面前部には黄色の師団マークも確認できる。

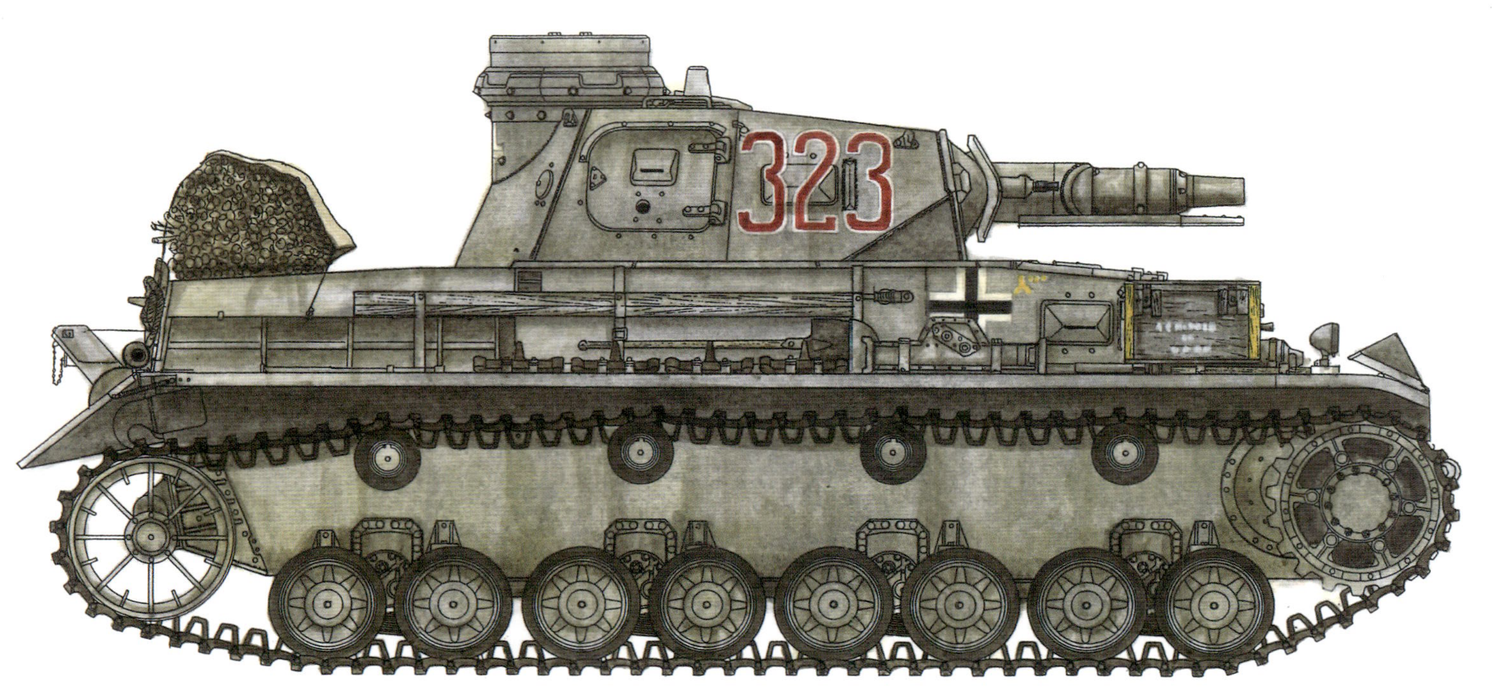
323

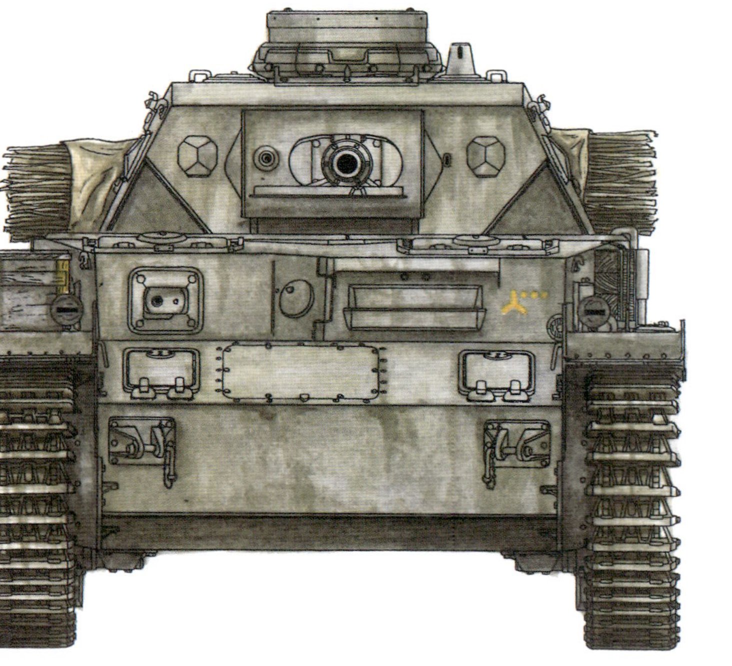

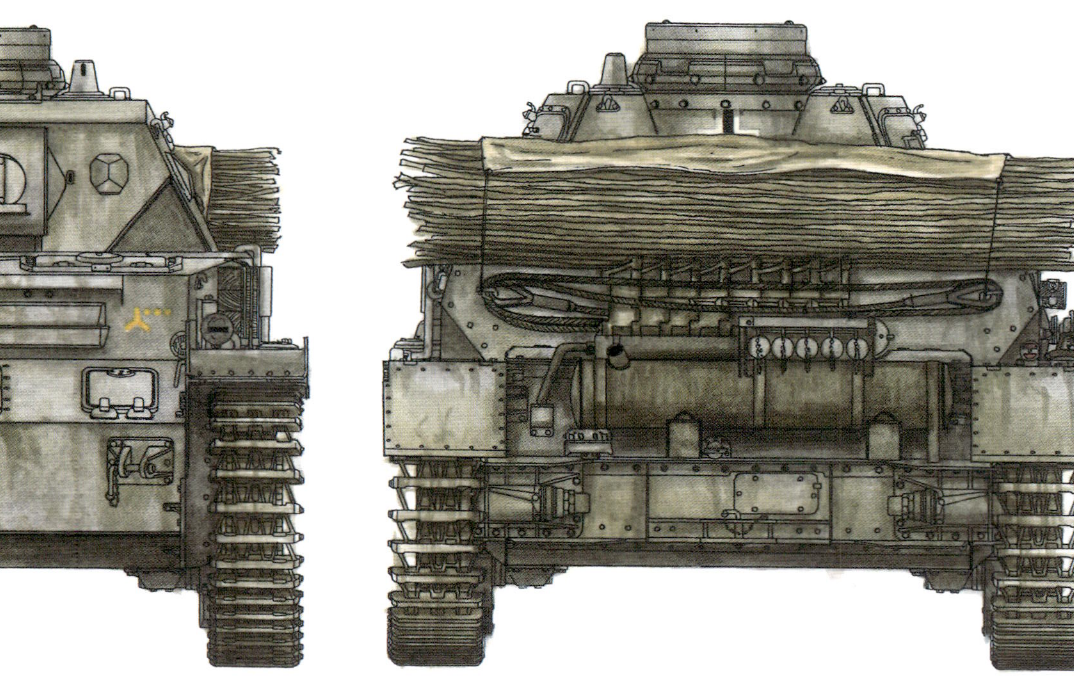

〔図12〕

Ⅳ号戦車D型

所属部隊不明 814 号車
1941 年 6 月　フランス

Pz.Kpfw.IV Ausf.D
Unit unknown, No.814
June 1941 France

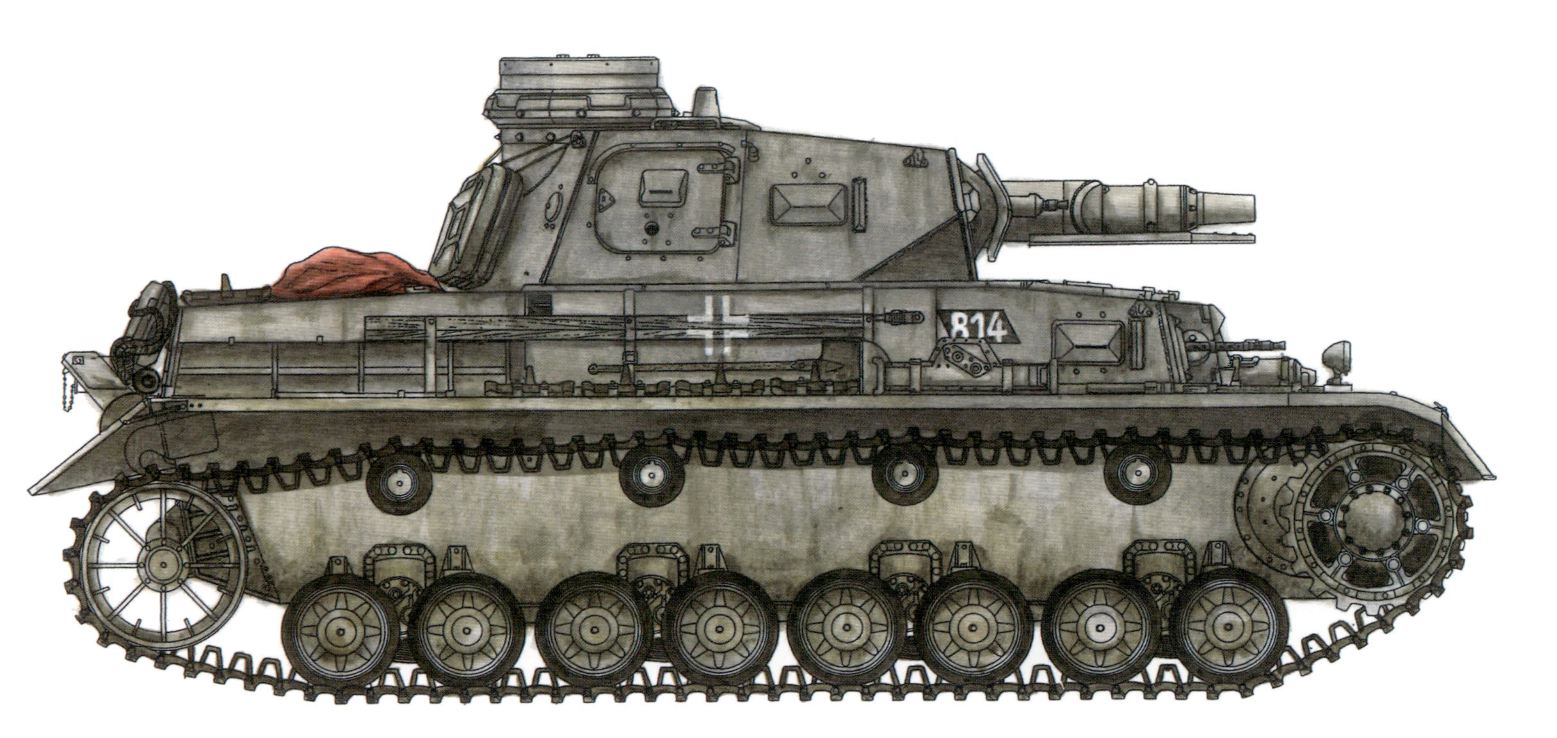
814

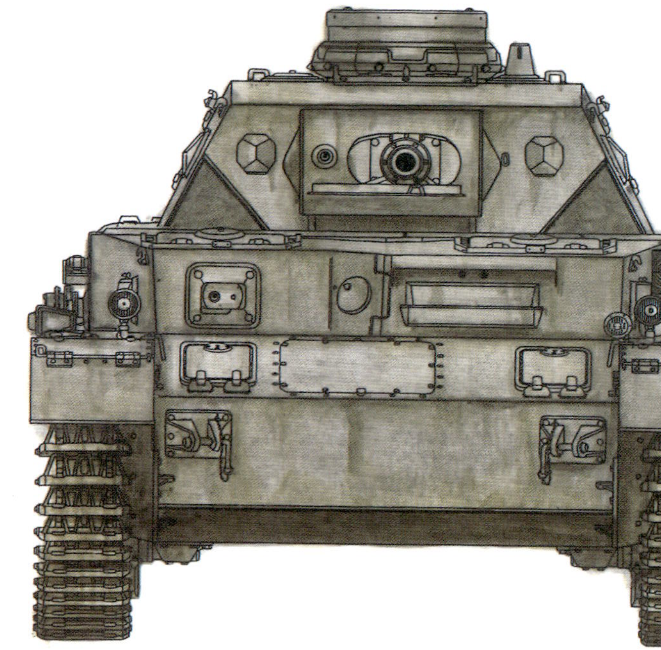

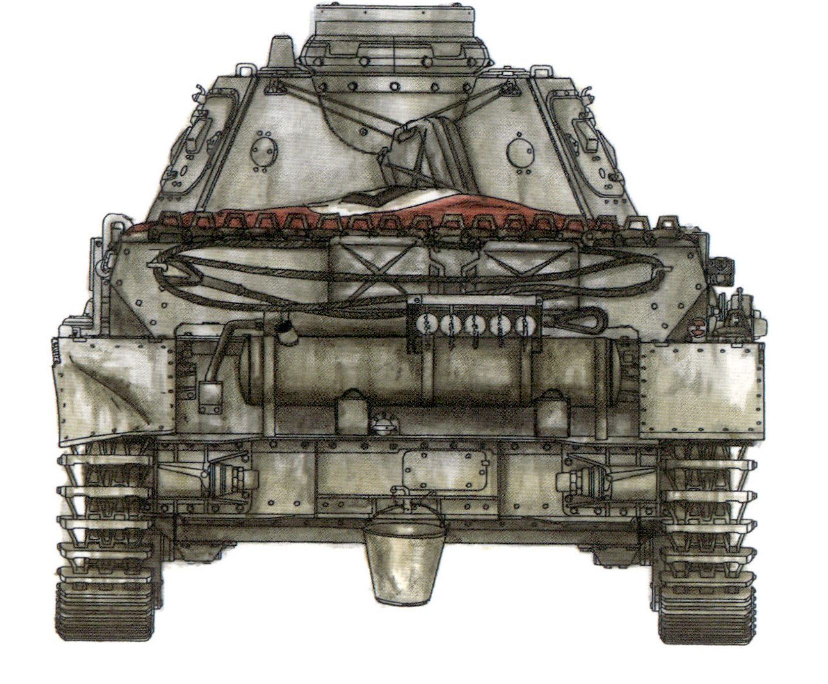

基本色 RAL7021 ドゥンケルグラウの単色塗装が施されている。砲塔番号は、車体上部側面前部に取り付けられた平行四辺形のプレートに書き込まれた“814”の番号のみが確認できる。車体側面に描かれた国籍標識のバルケンクロイツは、白縁のみのタイプが用いられている。

［図11］

Ⅳ号戦車D型　第7装甲師団第25戦車連隊323号車

Pz.Kpfw.IV Ausf.D 3./Pz.Regt.25, 7.Pz.Div., No.323

車体各部の特徴

1939年10月～1940年春頃に造られたD型。左フェンダー前部のノテックライトは未装備だが、右フェンダーの後部に尾灯、さらに車体後面の左側に車間表示灯を装備している。

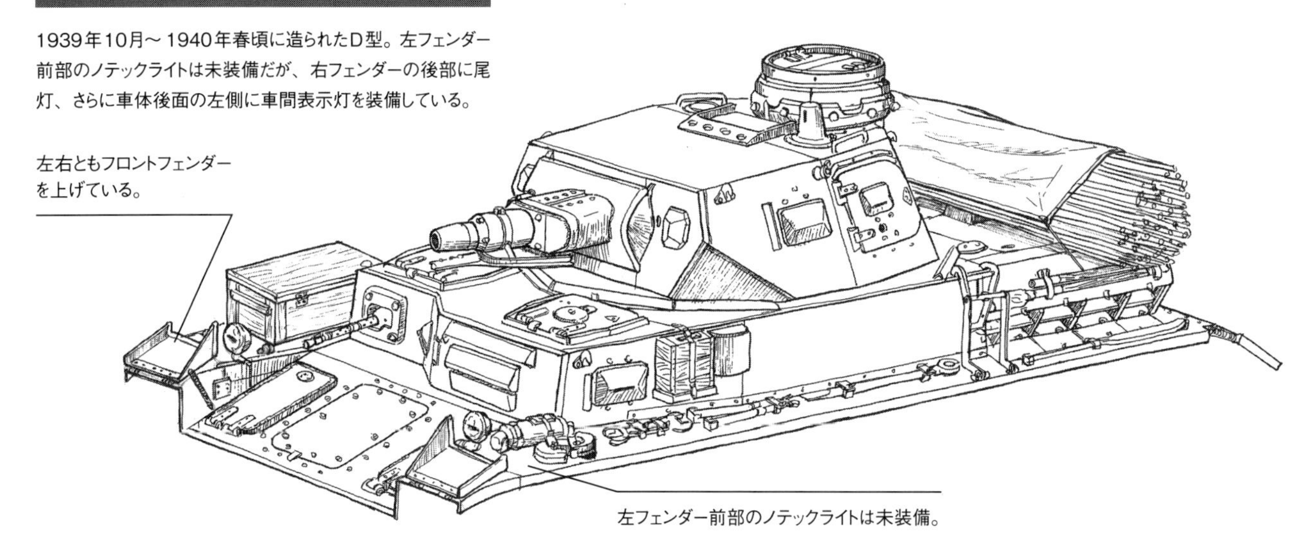

左右ともフロントフェンダーを上げている。

左フェンダー前部のノテックライトは未装備。

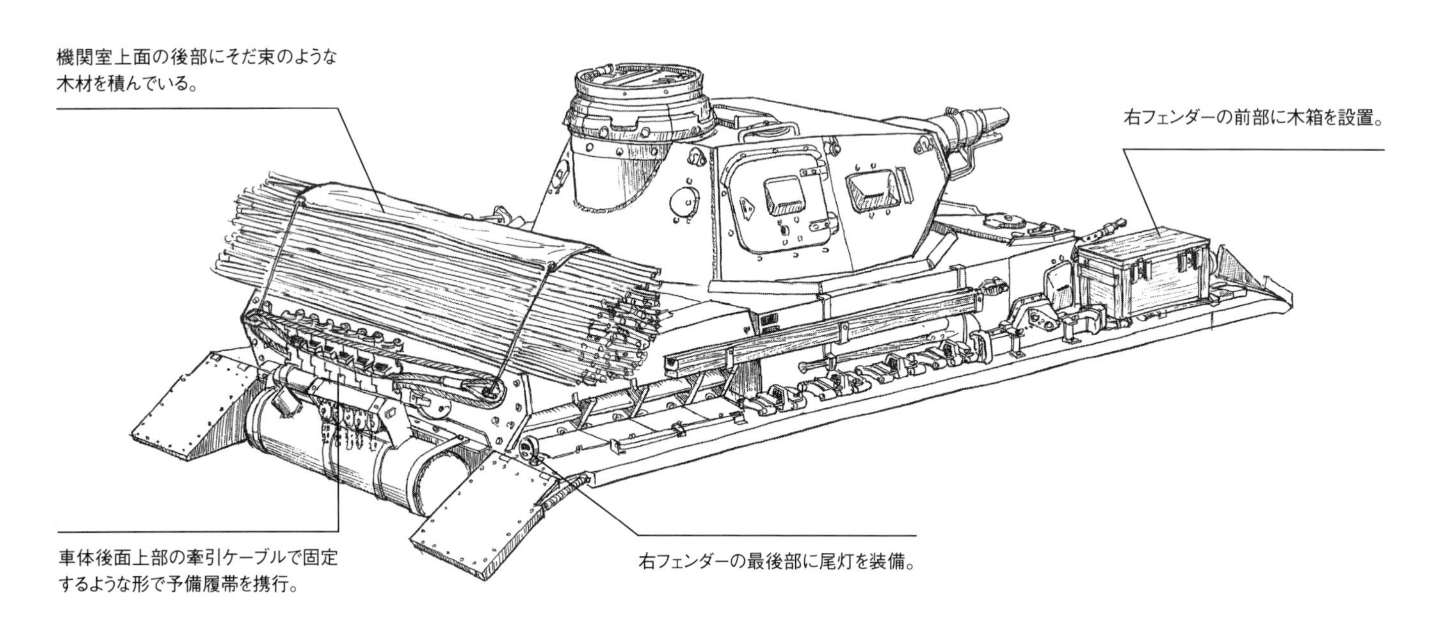

機関室上面の後部にそだ束のような木材を積んでいる。

右フェンダーの前部に木箱を設置。

車体後面上部の牽引ケーブルで固定するような形で予備履帯を携行。

右フェンダーの最後部に尾灯を装備。

D型の車体前面

車体前面の装甲厚は、B型/C型と同じ(上部30mm厚、下部20mm厚)だが、最終減速機のカバー前面に増加装甲が取り付けられている。

323号車の車体後面

車間表示灯は、通常は左フェンダーの最後部に設置されているが、323号車は、図のように車体後面の左側下方に取り付けている。

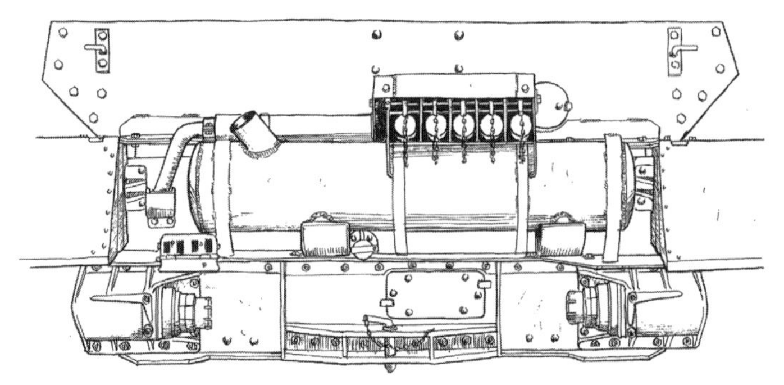

[図12]

Ⅳ号戦車D型　所属部隊不明814号車

Pz.Kpfw.IV Ausf.D Unit unknown, No.814

車体各部の特徴

1939年10月～1940年初頭頃に造られたD型。左フェンダー前部のノテックライト、後部の車間表示灯は未装備だが、右フェンダーの後部に尾灯を装備している。

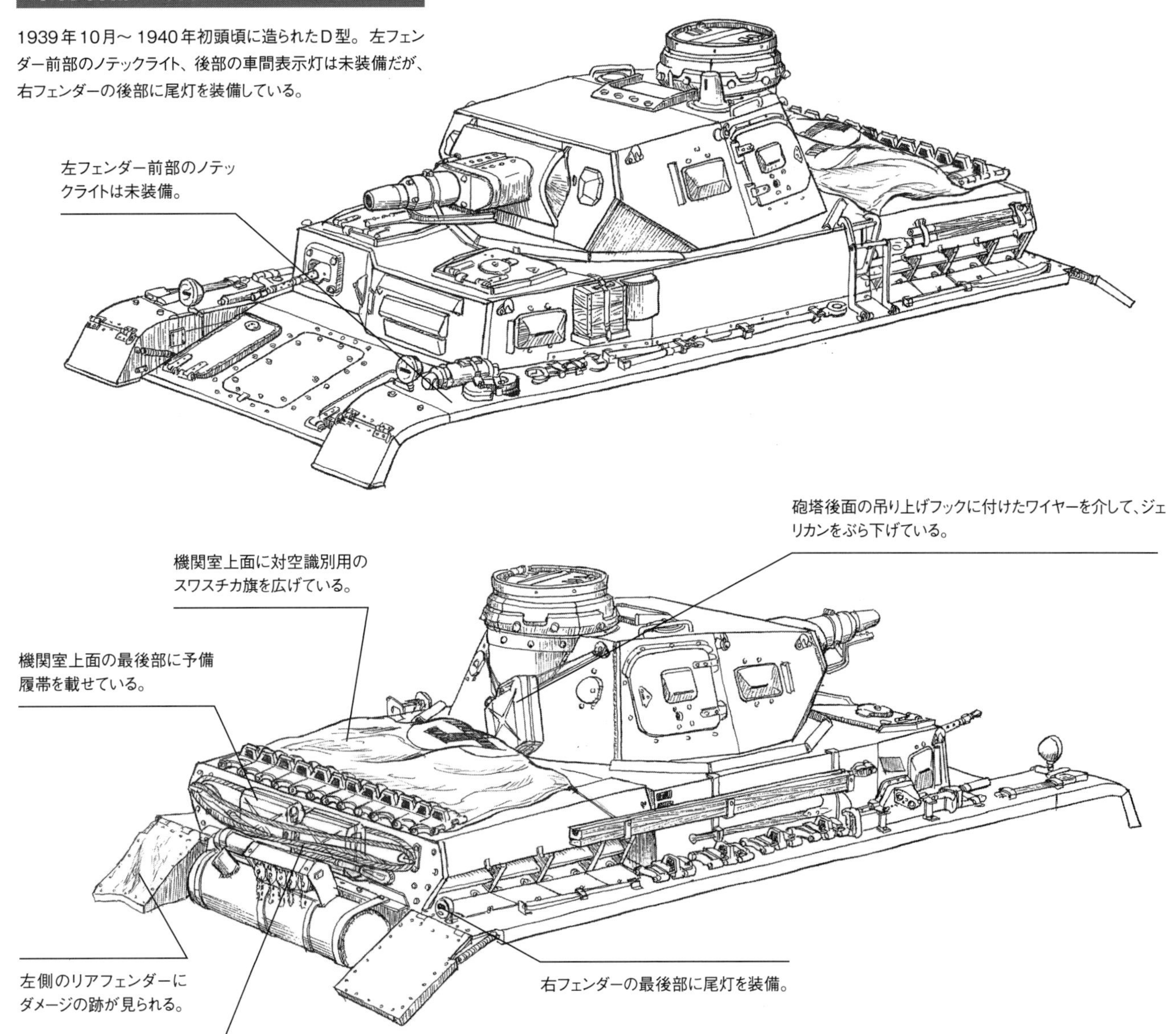

左フェンダー前部のノテックライトは未装備。
砲塔後面の吊り上げフックに付けたワイヤーを介して、ジェリカンをぶら下げている。
機関室上面に対空識別用のスワスチカ旗を広げている。
機関室上面の最後部に予備履帯を載せている。
左側のリアフェンダーにダメージの跡が見られる。
右フェンダーの最後部に尾灯を装備。
車体後面上部の牽引ケーブルで固定する形でジェリカンを携行。

D型の砲塔後面

B型/C型とほとんど変わらないが、車長用キューポラ下側のリベットが少なくなり、左側ピストルポートカバーの向きがB型/C型とは逆になっている。

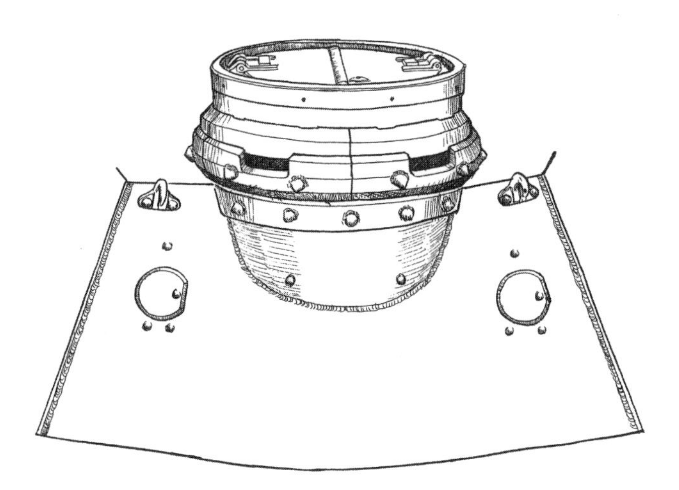

D型の機関室側面

図は機関室左側の吸気グリル。前量産型よりもグリル面の分割が少なくなり、空気の流量を調整するための分割式開閉カバー（図はカバーをフェンダー上に倒した状態）が備えられるようになった。

〔図13〕

Ⅳ号戦車D型

第10装甲師団第8戦車連隊711号車
1941年5月　フランス

Pz.Kpfw.IV Ausf.D
7./Panzerregiment 8, 10.Panzerdivision, No.711
May 1941 France

車体は、基本色RAL7021ドゥンケルグラウの単色塗装。砲塔番号は“711”で、車体後部の機関室側面と車体後面左端に白色で小さく描かれている。砲塔後面の上部には第7中隊を示す横3本の白線、砲塔後面の下部には連隊マークの“ヴォルフスアンゲル”が白色で描かれている。車体上部側面前部に記された国籍標識バルケンクロイツは、標準的な白縁付きの黒十字。また、機関室上面には対空識別用の白色塗装も施されている。

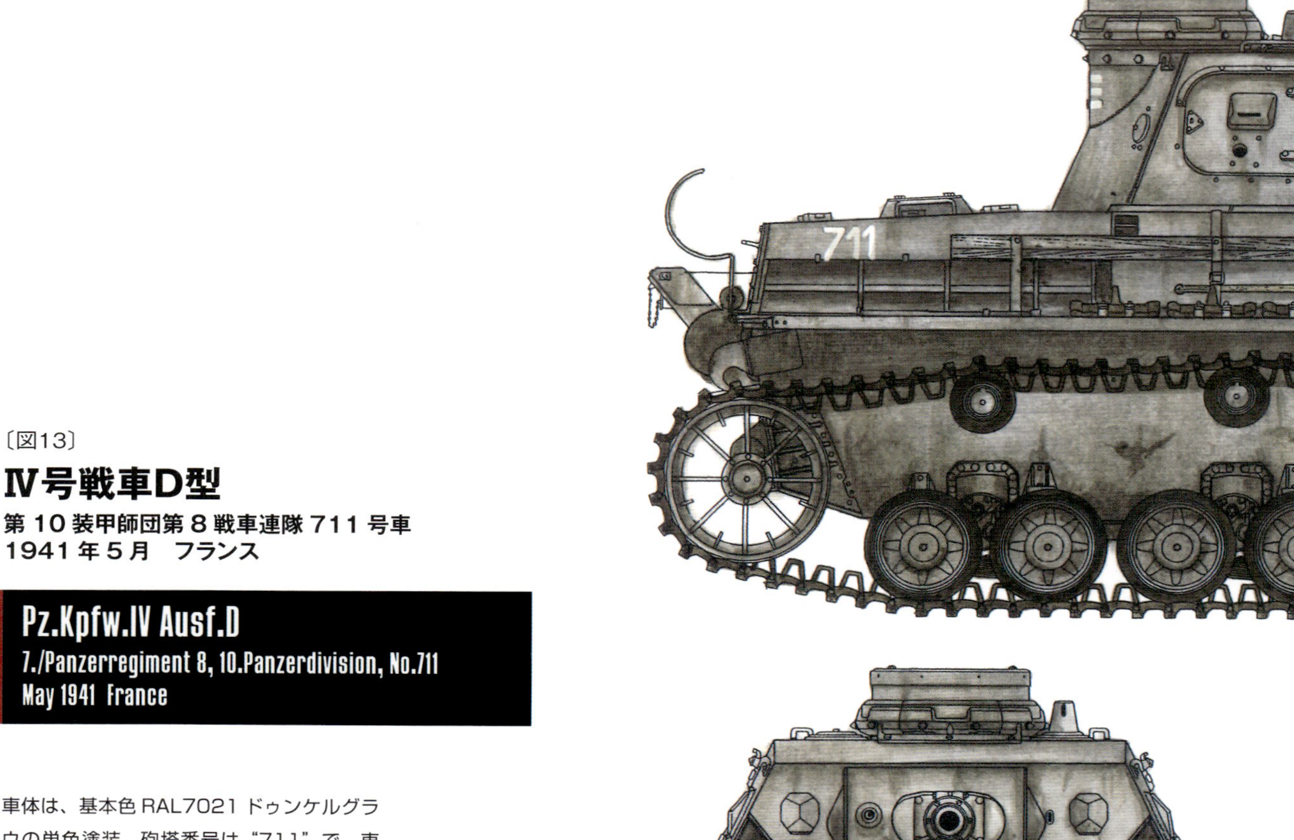

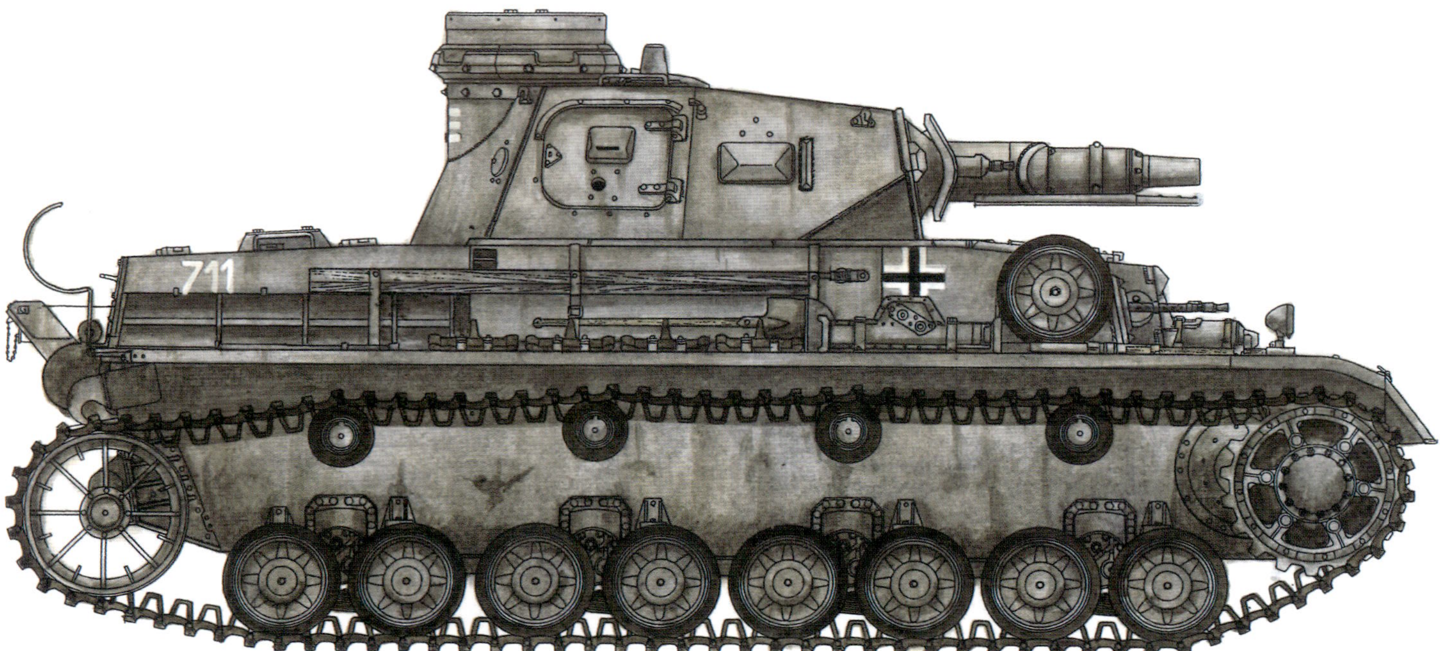
711

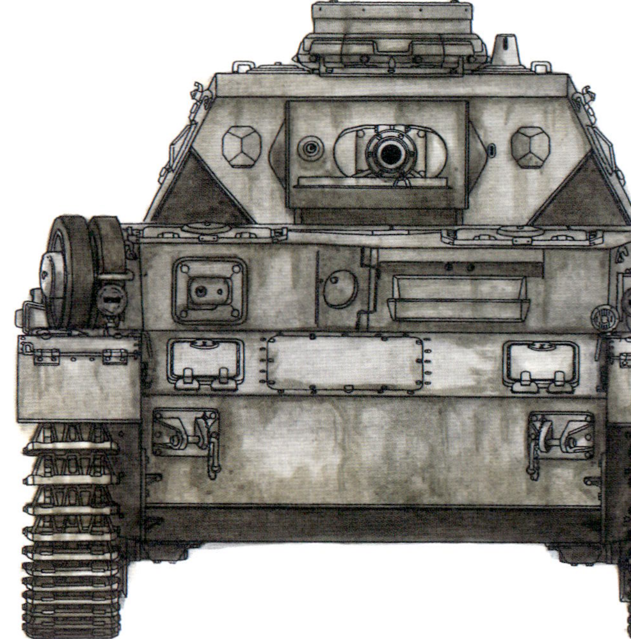

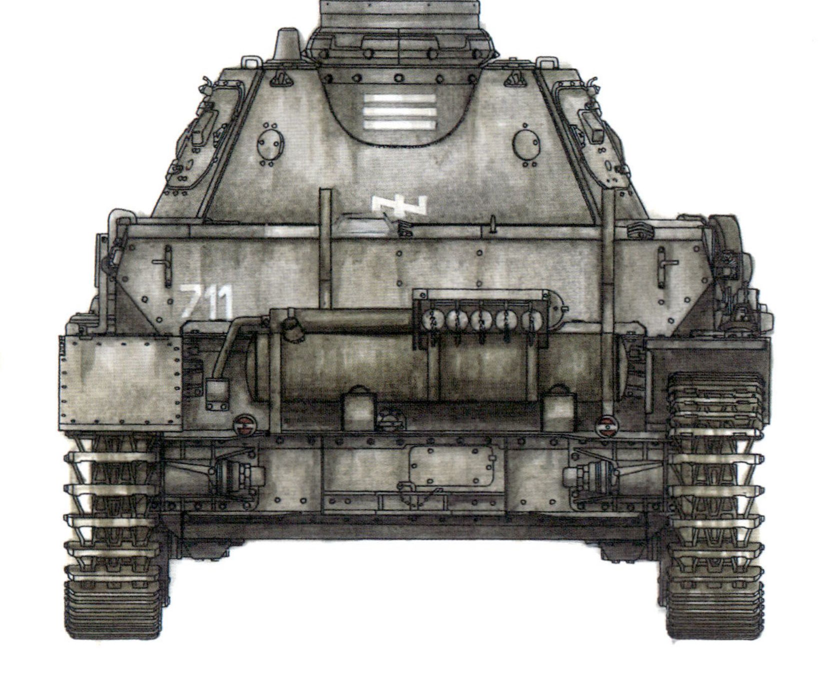
711

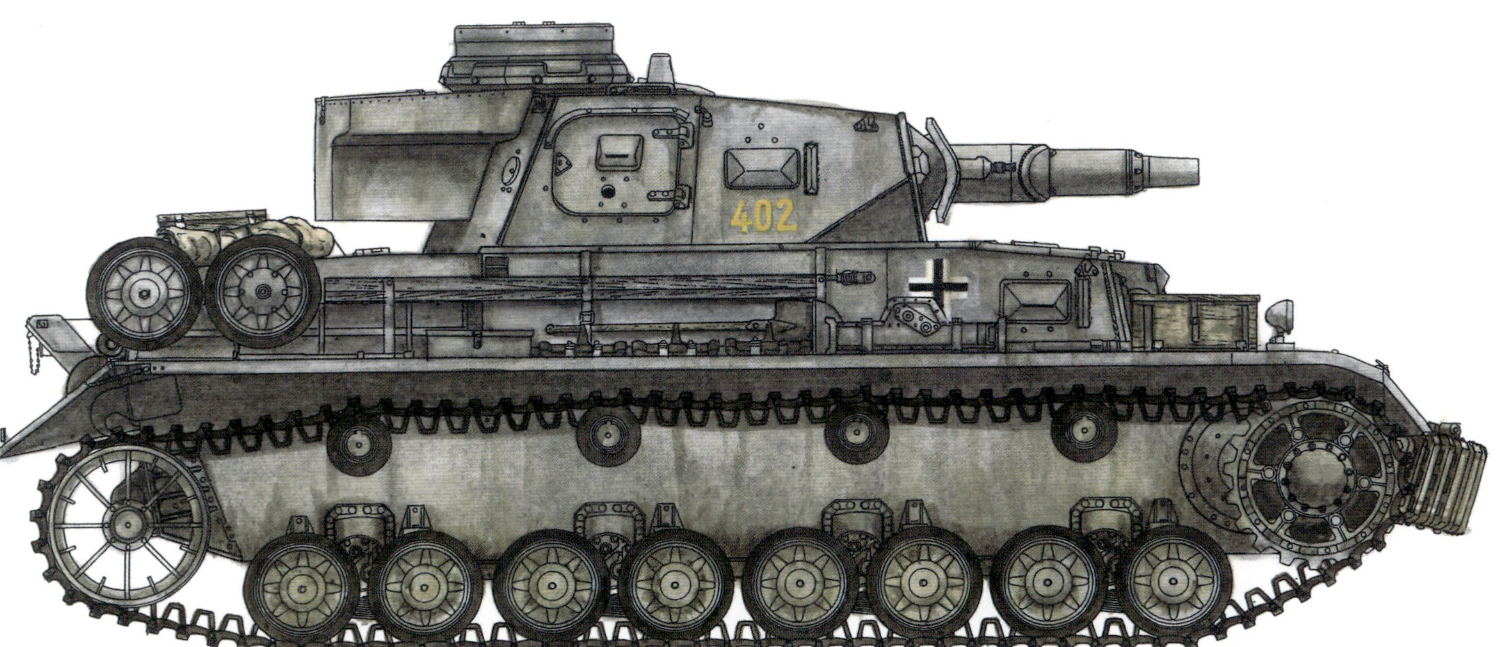

〔図14〕

Ⅳ号戦車D型

第６装甲師団第１１戦車連隊 402号車
1941年７月　東部戦線

Pz.Kpfw.IV Ausf.D

4./Panzerregiment 11, 6.Panzerdivision, No.402
July 1941 Eastern Front

車体は、基本色RAL7021ドゥンケルグラウの単色塗装が施されている。砲塔番号“402”は、砲塔の側面とゲペックカステンの後面に黄色で小さく記入。国籍標識バルケンクロイツは、標準的な白縁付きの黒十字で、車体上部側面前部と車体後面上部の左側に描かれ、また、車体上部前面左端には黄色の師団マークが描かれている。

［図13］

Ⅳ号戦車D型　第10装甲師団第8戦車連隊711号車

Pz.Kpfw.IV Ausf.D 7./Pz.Regt.8, 10.Pz.Div., No.711

車体各部の特徴

1939年10月～1940年春頃に造られたD型。左フェンダー前部のノテックライト、後部の車間表示灯は未装備だが、車体後面に尾灯を設置している。

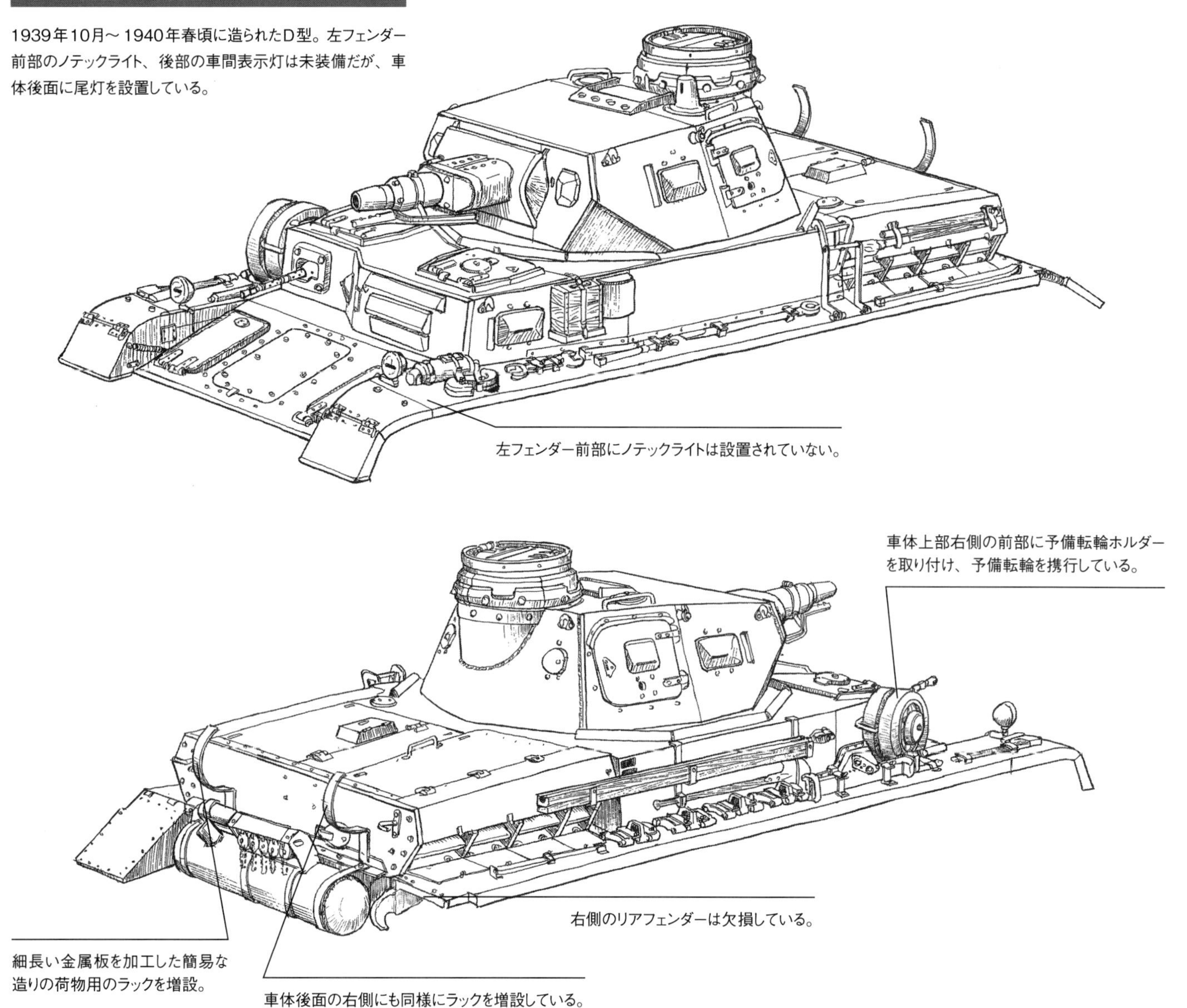
左フェンダー前部にノテックライトは設置されていない。
車体上部右側の前部に予備転輪ホルダーを取り付け、予備転輪を携行している。
右側のリアフェンダーは欠損している。
細長い金属板を加工した簡易な造りの荷物用のラックを増設。
車体後面の右側にも同様にラックを増設している。

予備転輪ホルダー

711号車は、車体上部右側の前部にこのようなホルダーを取り付け、予備転輪を携行している。

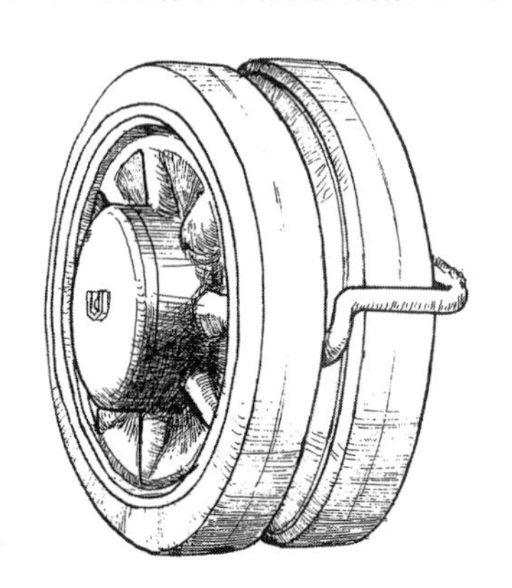

711号車の機関室上面

機関室上面の左側に対空識別用の白帯塗装が施されている。

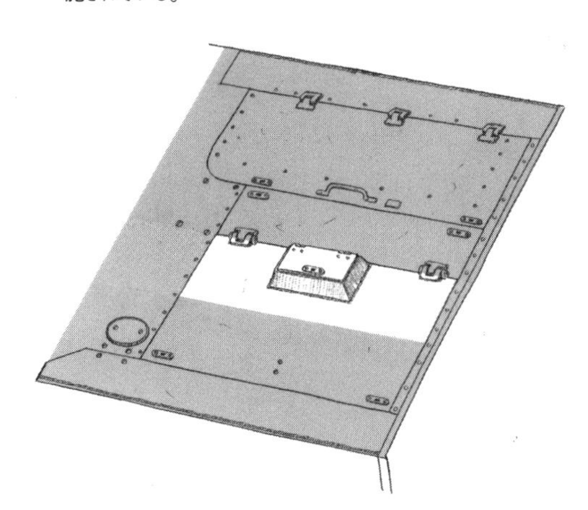

711号車の車体後面

711号車は、現地部隊において車体後面下部の左右に尾灯を2基追加している。

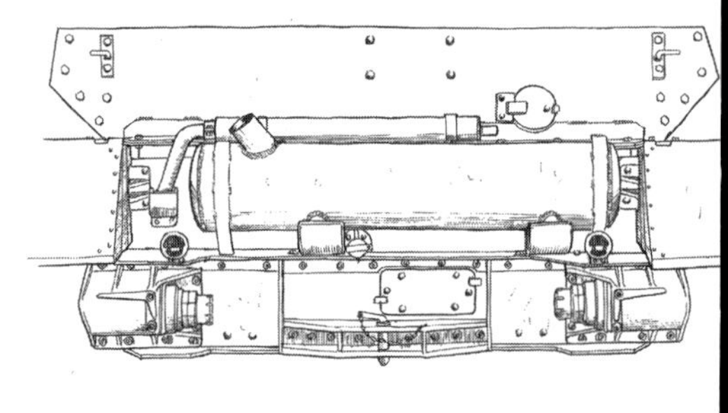

Ⅳ号戦車D型　第6装甲師団第11戦車連隊402号車

Pz.Kpfw.IV Ausf.D 4./Pz.Regt.11, 6.Pz.Div., No.402

車体各部の特徴

1939年10月～1940年春頃に造られたと思われるD型。主砲下部のアンテナ除けは未装備だが、左フェンダーの前部にノテックライトを設置し、車体後面には尾灯を設置。さらに生産後(1941年3月以降に装備開始)、砲塔後面にゲペックカステンを取り付けている。

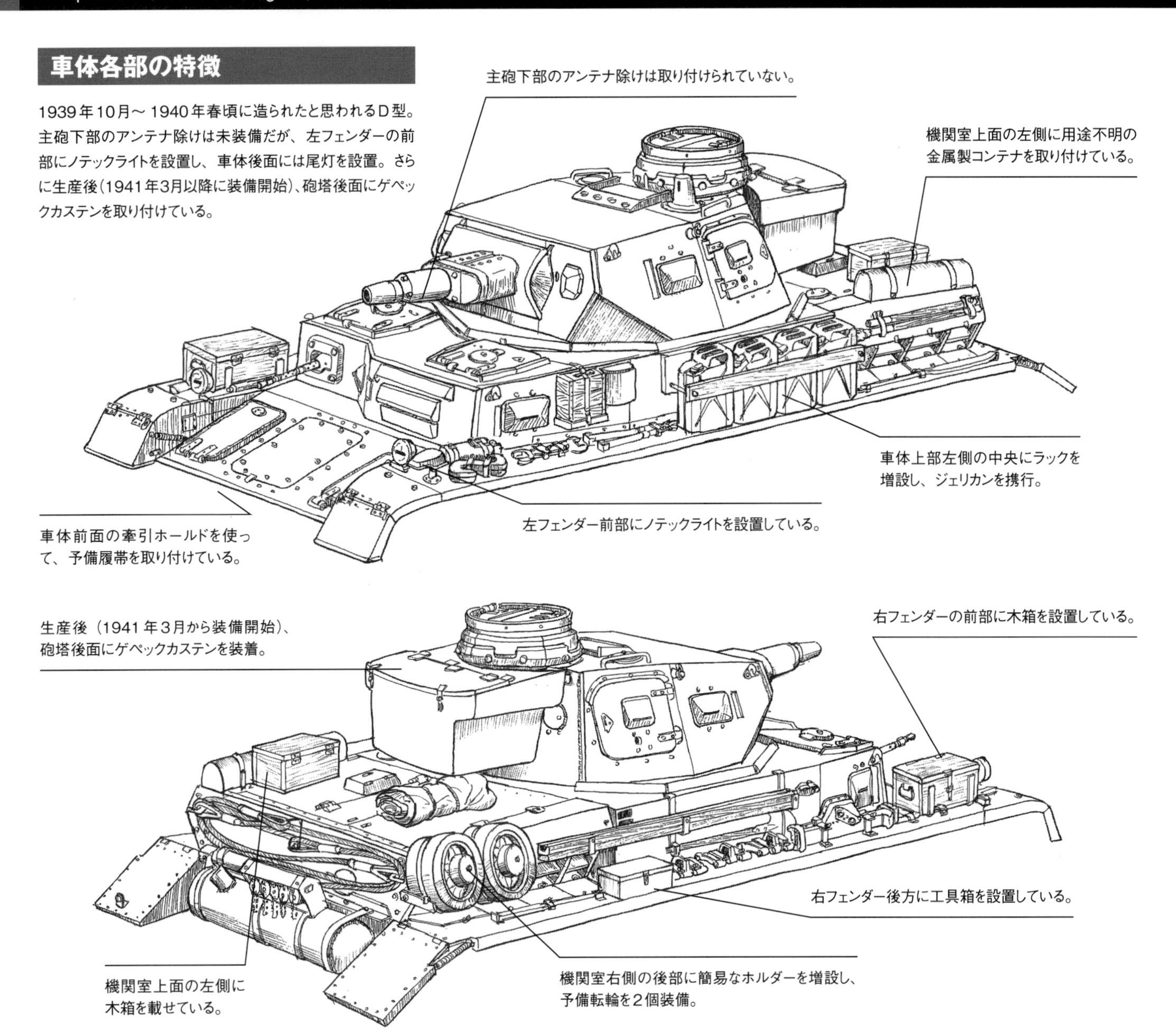
主砲下部のアンテナ除けは取り付けられていない。
機関室上面の左側に用途不明の金属製コンテナを取り付けている。
車体上部左側の中央にラックを増設し、ジェリカンを携行。
左フェンダー前部にノテックライトを設置している。
車体前面の牽引ホールドを使って、予備履帯を取り付けている。
生産後（1941年3月から装備開始）、砲塔後面にゲペックカステンを装着。
右フェンダーの前部に木箱を設置している。
右フェンダー後方に工具箱を設置している。
機関室右側の後部に簡易なホルダーを増設し、予備転輪を2個装備。
機関室上面の左側に木箱を載せている。

402号車の右フェンダー前部

右フェンダー前部の木箱は、写真では図のように板金のホルダーによって固定されているように見える。

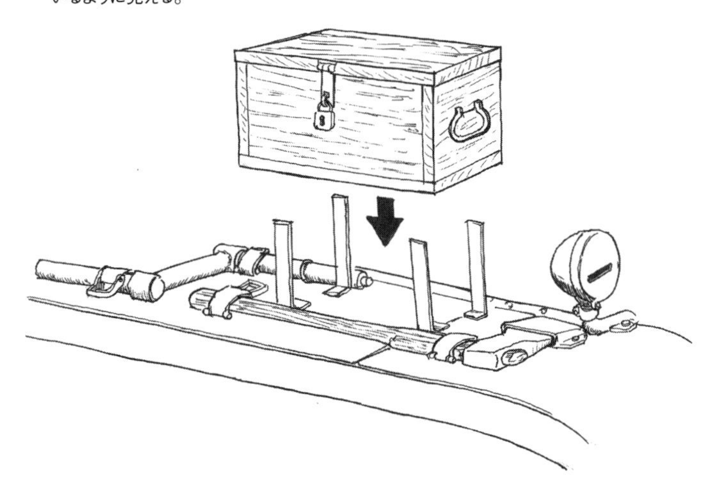

402号車の車体後面

29ページのカラー図14では、車体後面の右側に尾灯のみを描いているが、図のように左側には車間表示灯を取り付けていた可能性もある。

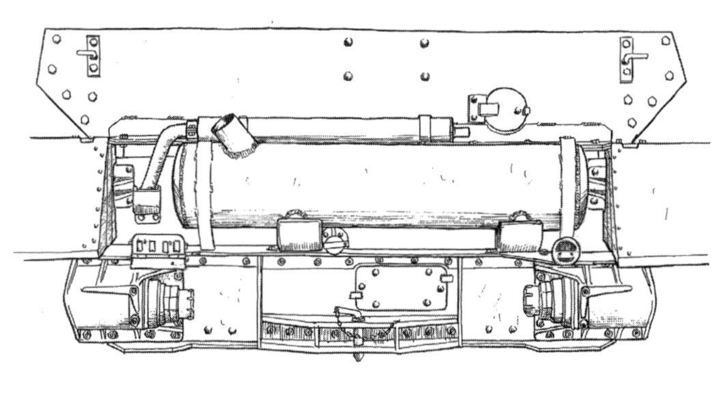

〔図15〕

Ⅳ号戦車D型

第 10 装甲師団第 7 戦車連隊 423 号車
1941 年　東部戦線

Pz.Kpfw.IV Ausf.D

4./Panzerregiment 7, 10.Panzerdivision, No.423
1941 Eastern Front

基本色 RAL7021 ドゥンケルグラウの単色塗装。砲塔の側面とゲペックカステン後面の右側に描かれた砲塔番号は、中隊番号の“4”のみを示すステンシルタイプだが、車体上部側面と車体後面上部左側には 3 桁の“423”を白色で小さく記入している。車体上部側面と車体後面上部左側には白縁のみの国籍標識バルケンクロイツ、右フロントフェンダーと左リアフェンダーにはグデーリアンの第 2 装甲軍を示す“G”の文字、さらにゲペックカステン後面の左側には連隊マークの“バイソン”が描かれている。

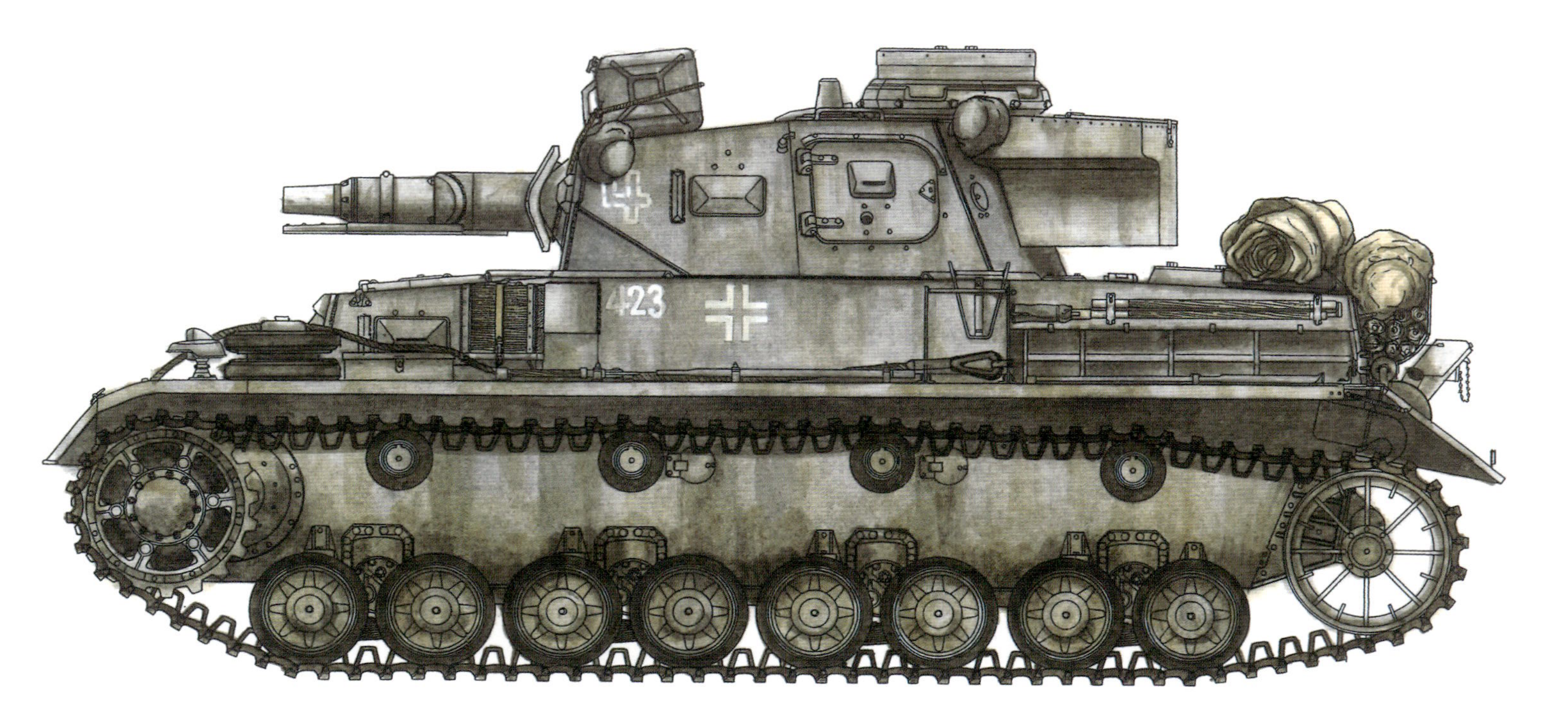

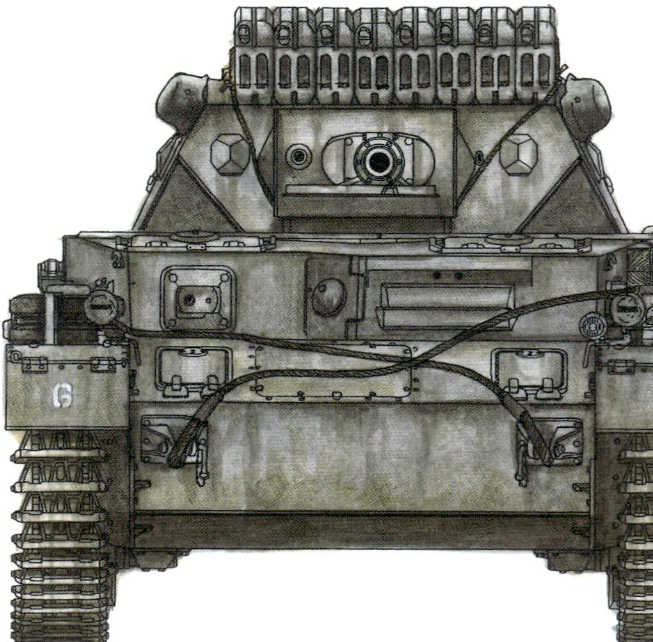

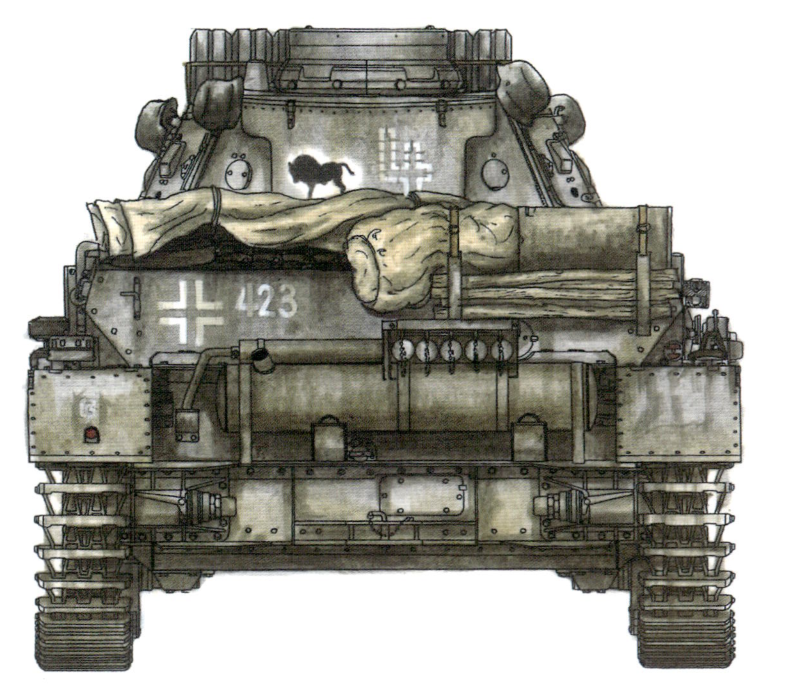

〔図16〕

Ⅳ号戦車D型

第８装甲師団第１０戦車連隊８１３号車
１９４１年　東部戦線

Pz.Kpfw.IV Ausf.D
8./Panzerregiment 10, 8.Panzerdivision, No.813
1941 Eastern Front

車体は、基本色 RAL7021 ドゥンケルグラウの単色塗装。砲塔番号の記入方法がかなり変わっており、砲塔の側面とゲペックカステンの後面には中隊番号を示す“8”と師団マークを組み合わせたものを黄色で描き、車体上部側面と車体後面上部左端には小隊番号と号車を示す２桁の“13”を白色で描いている。国籍標識バルケンクロイツは白縁のみのタイプで、車体上部側面に記入。

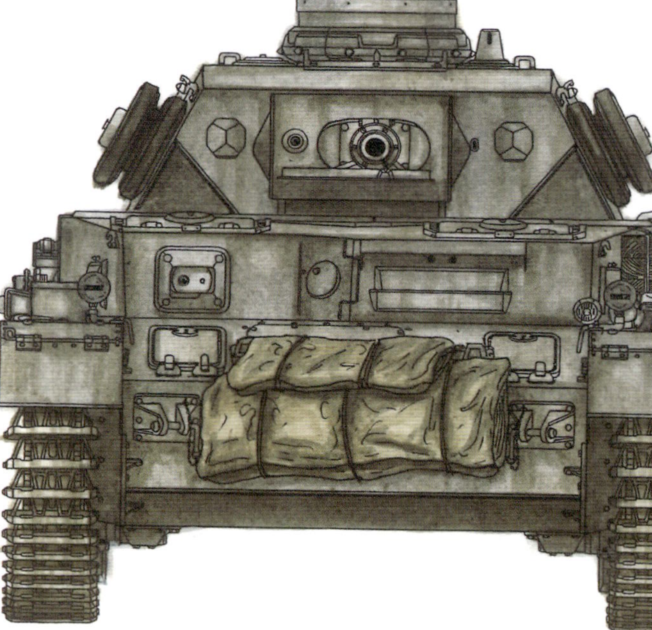

[図15]

Ⅳ号戦車D型　第10装甲師団第7戦車連隊423号車

Pz.Kpfw.IV Ausf.D 4./Pz.Regt.7, 10.Pz.Div., No.423

車体各部の特徴

1940年春頃に造られたD型。左フェンダーの前部にノテックライト、後部に車間表示灯を、さらに右フェンダー後部には尾灯を設置。生産後に砲塔後面のゲペックカステンも装備している。

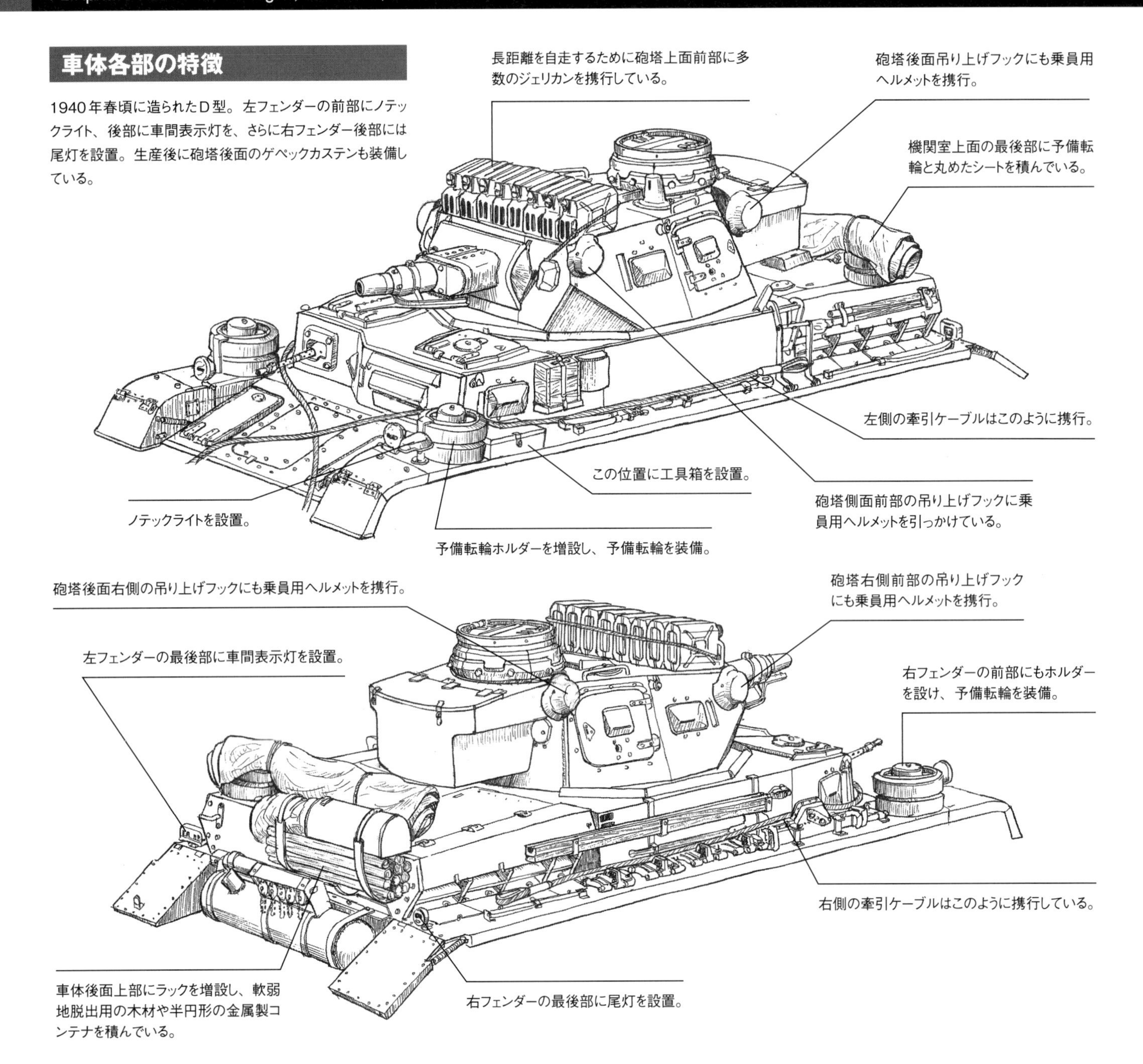

長距離を自走するために砲塔上面前部に多数のジェリカンを携行している。
砲塔後面吊り上げフックにも乗員用ヘルメットを携行。
機関室上面の最後部に予備転輪と丸めたシートを積んでいる。
左側の牽引ケーブルはこのように携行。
この位置に工具箱を設置。
砲塔側面前部の吊り上げフックに乗員用ヘルメットを引っかけている。
ノテックライトを設置。
予備転輪ホルダーを増設し、予備転輪を装備。
砲塔後面右側の吊り上げフックにも乗員用ヘルメットを携行。
砲塔右側前部の吊り上げフックにも乗員用ヘルメットを携行。
左フェンダーの最後部に車間表示灯を設置。
右フェンダーの前部にもホルダーを設け、予備転輪を装備。
右側の牽引ケーブルはこのように携行している。
車体後面上部にラックを増設し、軟弱地脱出用の木材や半円形の金属製コンテナを積んでいる。
右フェンダーの最後部に尾灯を設置。

423号車の予備転輪ホルダー

左右のフェンダー前部に装備した予備転輪は、写真ではこんな形のホルダーを増設し、そこに取り付けているように見える。

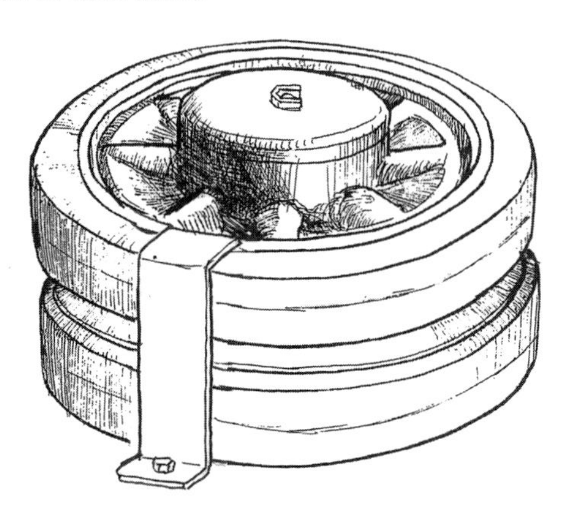

423号車の予備燃料トレイラー

ドラム缶2つを載せるもので、現地の部隊で作製されたためか細部の造りは色々と異なったものが見られる。423号車は、ドラム缶の間には木材も積んでいる。左側のフェンダーに"G"マークと第4戦車中隊を示す戦術マークが描かれている。

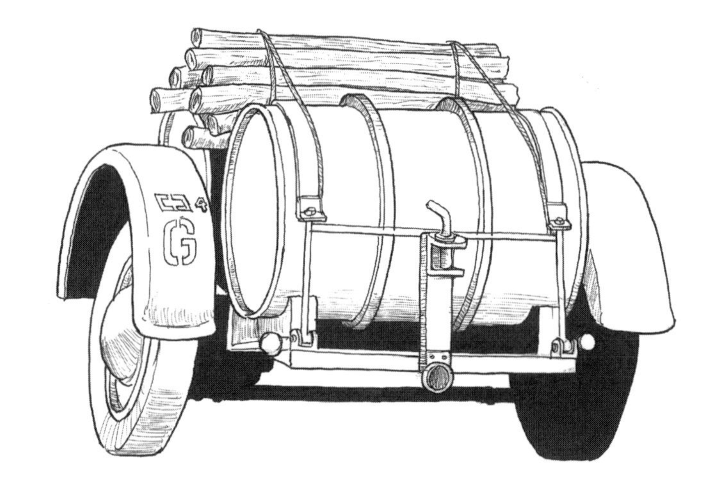

[図16]

Ⅳ号戦車D型　第8装甲師団第10戦車連隊813号車

Pz.Kpfw.IV Ausf.D 8./Pz.Regt.10, 8.Pz.Div., No.813

車体各部の特徴

1940年春頃に造られたと思われるD型。左フェンダーの前部にノテックライト、右フェンダー後部には尾灯を設置、車間表示灯は車体後面左側（通常は左フェンダーの最後部）に設置されている。生産後に砲塔後面にゲペックカステンを装備している。

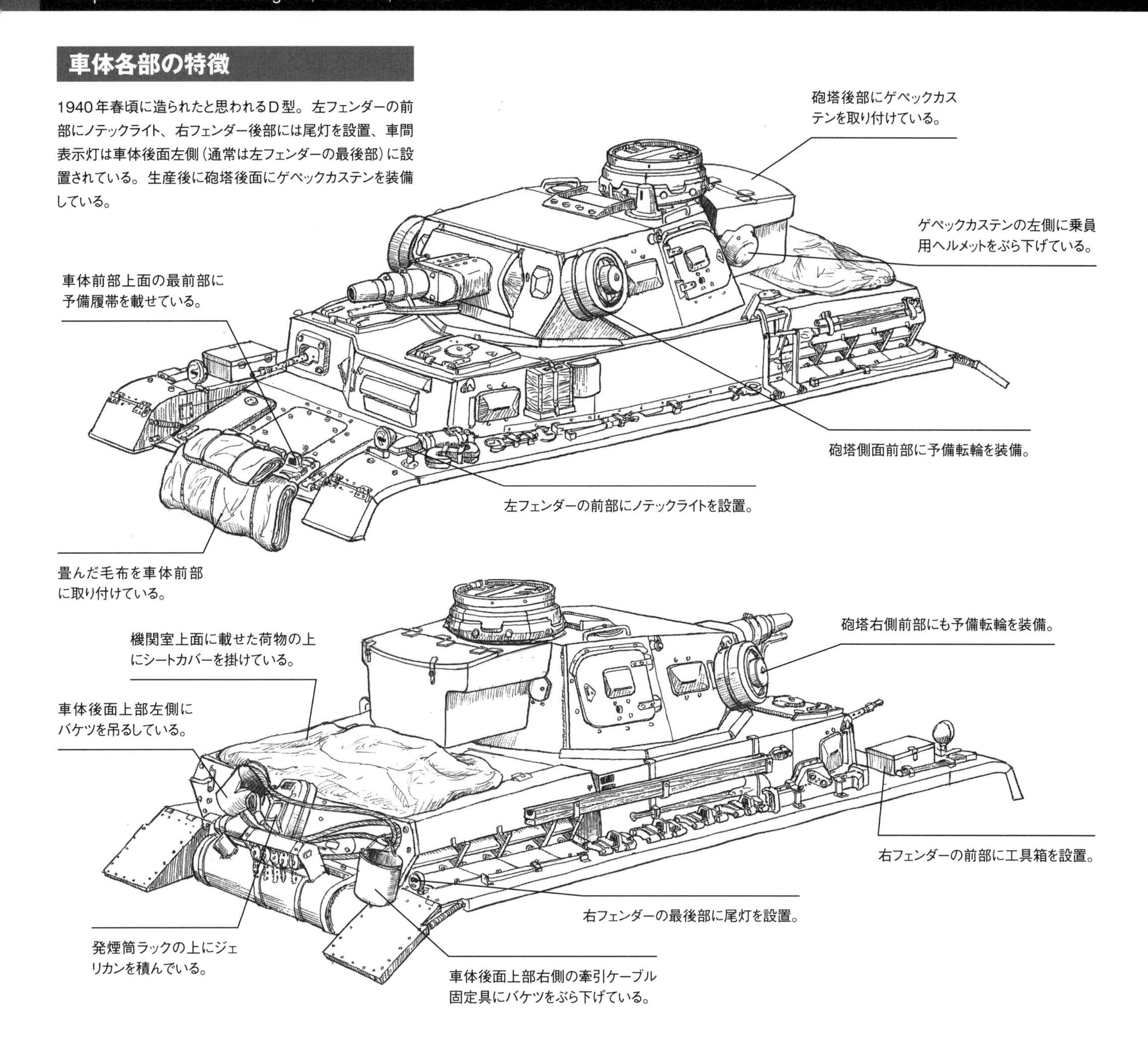

砲塔後部にゲペックカステンを取り付けている。
ゲペックカステンの左側に乗員用ヘルメットをぶら下げている。
車体前部上面の最前部に予備履帯を載せている。
砲塔側面前部に予備転輪を装備。
左フェンダーの前部にノテックライトを設置。
畳んだ毛布を車体前部に取り付けている。
機関室上面に載せた荷物の上にシートカバーを掛けている。
砲塔右側前部にも予備転輪を装備。
車体後面上部左側にバケツを吊るしている。
右フェンダーの前部に工具箱を設置。
右フェンダーの最後部に尾灯を設置。
発煙筒ラックの上にジェリカンを積んでいる。
車体後面上部右側の牽引ケーブル固定具にバケツをぶら下げている。

D型の車体前部

B型/C型で廃止された前部機銃が復活し、車体上部前面の装甲板は操縦手側が前に出たA型のような形状に戻されている。

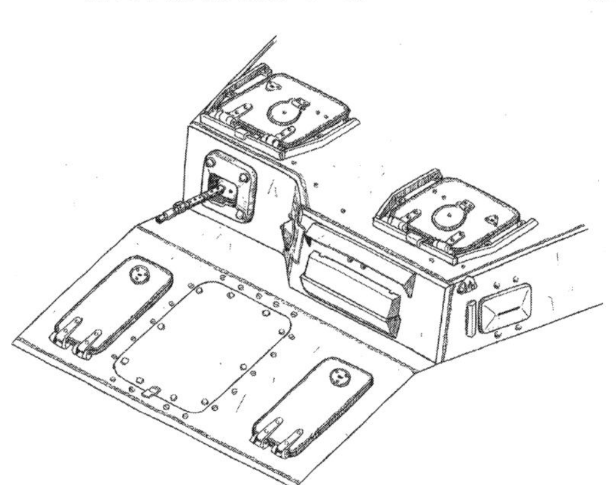

車体上面の操縦手用ハッチ

中央部にはシグナルポートが設けられている。無線手用ハッチも同型だが、鍵穴と南京錠固定具の位置は反対側になる。

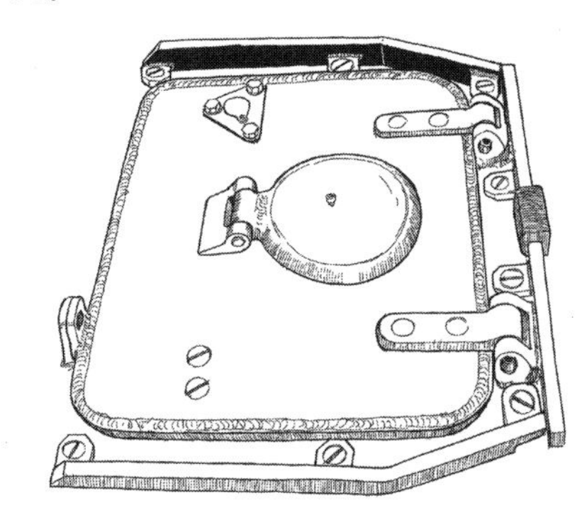

A～D型まで使用された起動輪

38cm幅のKgs6110/380/120履帯対応で、スプロケットの歯数は19枚。

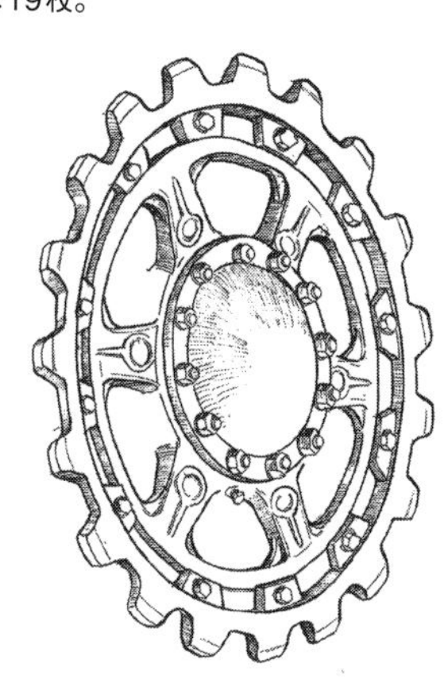

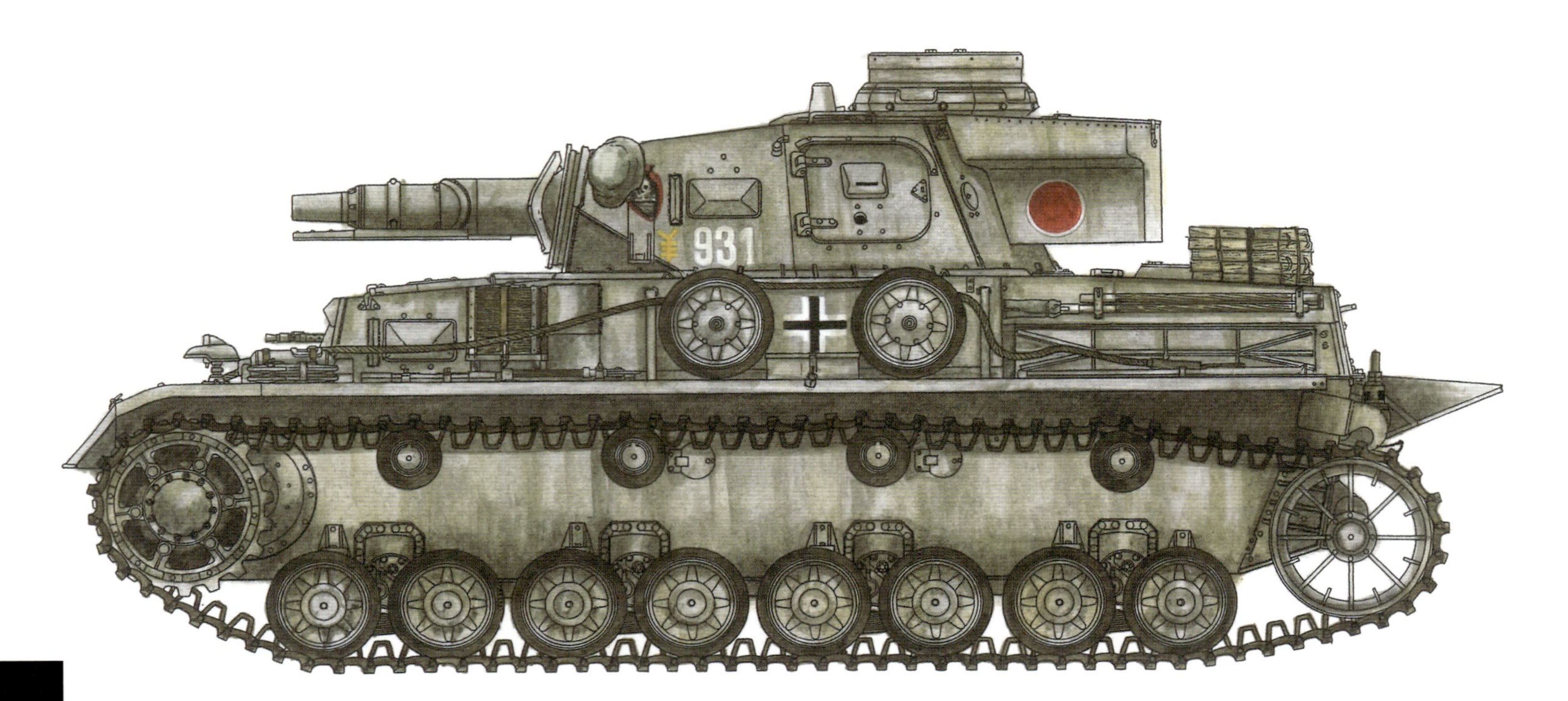
931

〔図17〕

Ⅳ号潜水戦車D型

第 18 装甲師団第 18 戦車連隊 931 号車
1941 年　東部戦線

Touch Pz.IV Ausf.D
9./Panzerregiment 18, 18.Panzerdivision, No.931
1941 Eastern Front

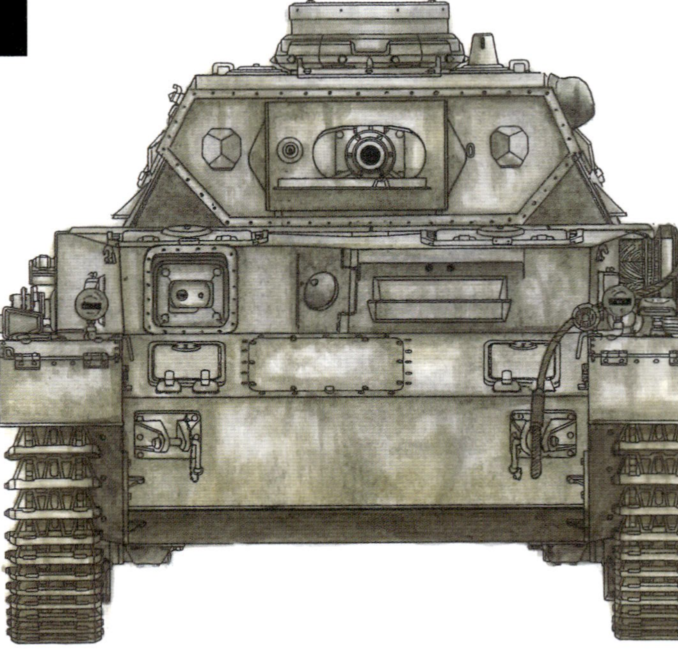

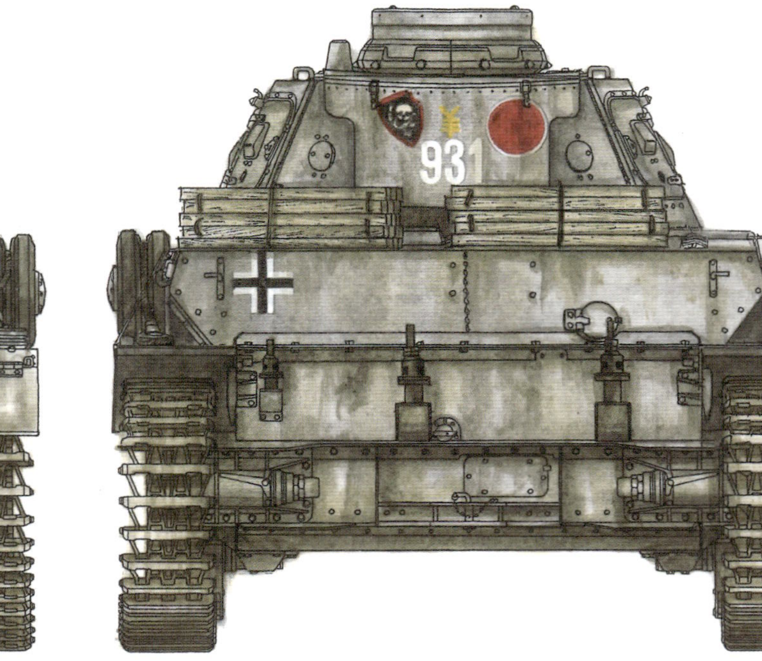
931

基本色 RAL7021 ドゥンケルグラウの単色塗装。砲塔の側面とゲペックカステンの後面に白色の砲塔番号“931”、黄色の師団マーク、さらに連隊マーク“水面を漂うドクロ”が描かれている。国籍標識バルケンクロイツは、標準的な白縁付きの黒十字で、車体上部側面と車体後面上部の左端に記入。また、ゲペックカステンの側面と後面には白縁付きの赤丸が描かれているが、何を表すのかは不明。

〔図18〕

Ⅳ号潜水戦車D型

第 18 装甲師団第 18 戦車連隊 331 号車
1941 年　東部戦線

Touch Pz.IV Ausf.D
3./Panzerregiment 18, 18.Panzerdivision, No.331
1941 Eastern Front

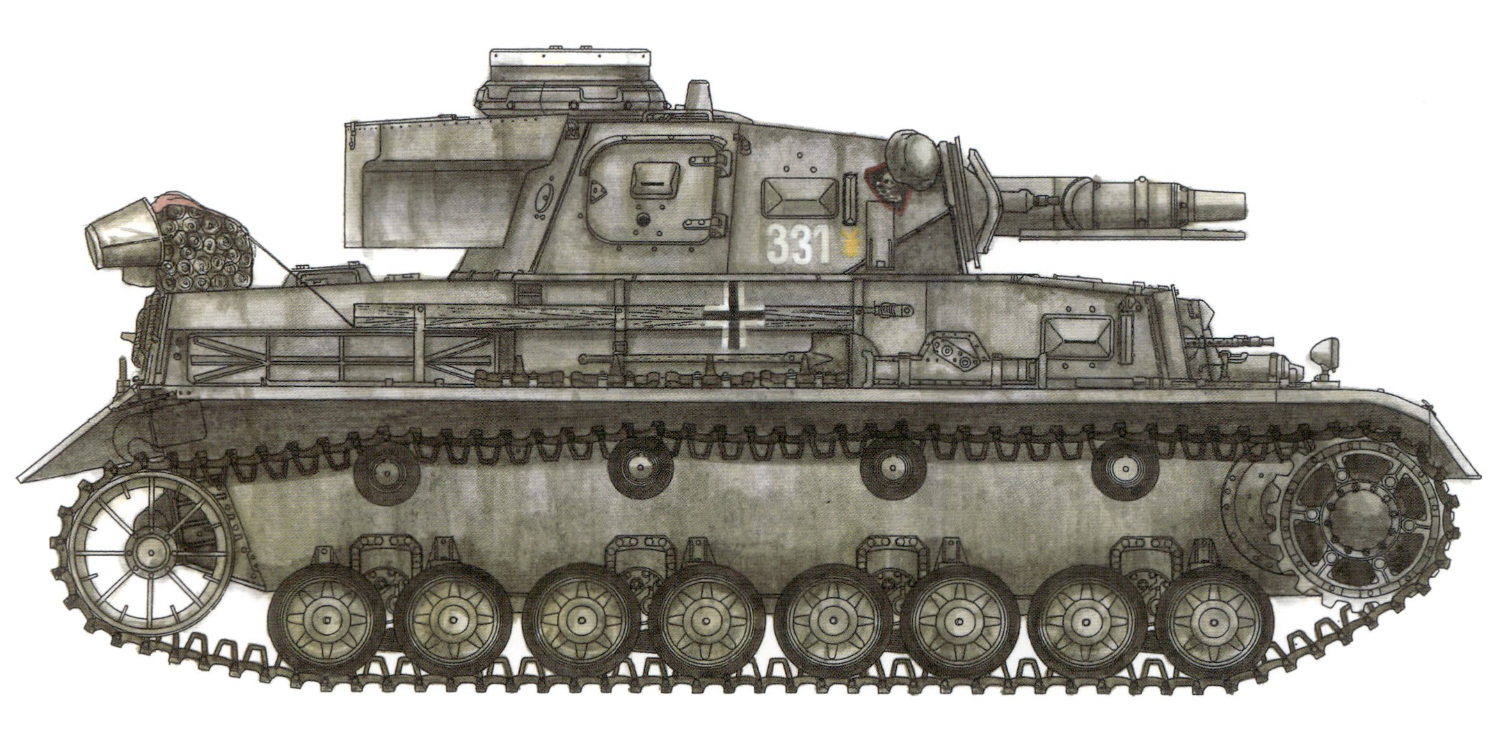

331

331

基本色 RAL7021 ドゥンケルグラウの単色塗装。白色の砲塔番号“331”と連隊マークは、砲塔側面とゲペックカステン後面に、また、黄色の師団マークは砲塔側面の砲塔番号の前方に描かれている。車体上部側面に描かれた国籍標識バルケンクロイツは、白縁付きの黒十字の標準タイプ。車長用キューポラの最上部が白く塗られている。

[図17]

Ⅳ号潜水戦車D型　第18装甲師団第18戦車連隊931号車

Touch Pz.IV Ausf.D 9./Pz.Regt.18, 18.Pz.Div., No.931

車体各部の特徴

1940年7～8月に造られた48両の潜水戦車D型の内の1両。主砲防盾と前部機銃に防水カバー装着用の枠、機関室吸気/排気グリルに防水カバーを取り付け、車体後面のマフラーを取り外し、排気管の頂部に反跳弁を装着。さらに砲塔ターレットリングや各ハッチをゴムやコーキング材でシーリングするなどの潜水装備が施されている。部隊配備後に砲塔後部にゲペックカステンを追加装着している。

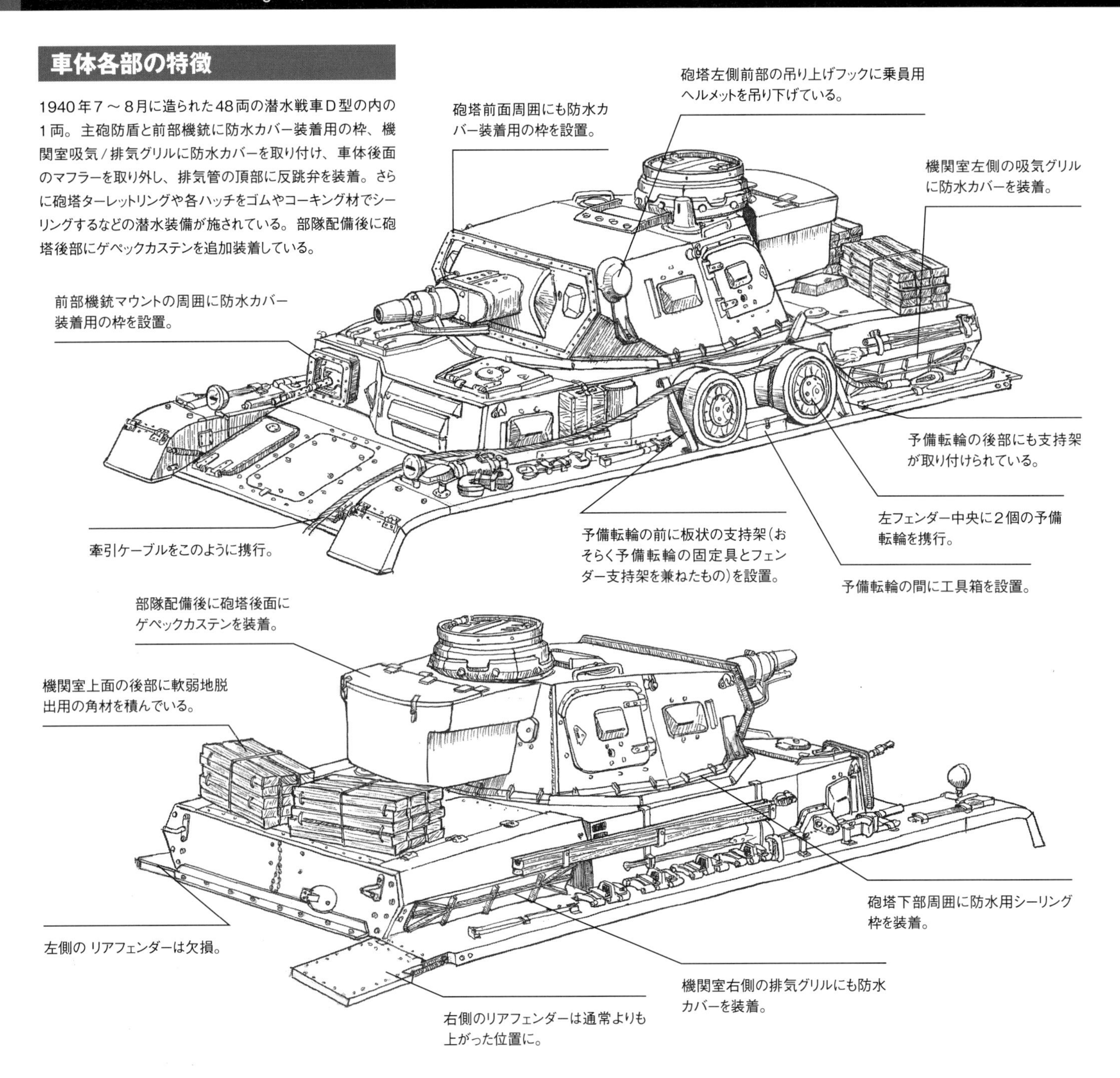

砲塔左側前部の吊り上げフックに乗員用ヘルメットを吊り下げている。
砲塔前面周囲にも防水カバー装着用の枠を設置。
機関室左側の吸気グリルに防水カバーを装着。
前部機銃マウントの周囲に防水カバー装着用の枠を設置。
予備転輪の後部にも支持架が取り付けられている。
左フェンダー中央に2個の予備転輪を携行。
牽引ケーブルをこのように携行。
予備転輪の前に板状の支持架(おそらく予備転輪の固定具とフェンダー支持架を兼ねたもの)を設置。
予備転輪の間に工具箱を設置。
部隊配備後に砲塔後面にゲペックカステンを装着。
機関室上面の後部に軟弱地脱出用の角材を積んでいる。
砲塔下部周囲に防水用シーリング枠を装着。
左側の リアフェンダーは欠損。
機関室右側の排気グリルにも防水カバーを装着。
右側のリアフェンダーは通常よりも上がった位置に。

潜水戦車D型の砲塔

前面装甲板の周囲に防水カバーを取り付ける枠を、砲塔下部の周囲には防水シーリング枠を装着。また、砲口部には図のようなゴム製の防水カバーも取り付けられた。

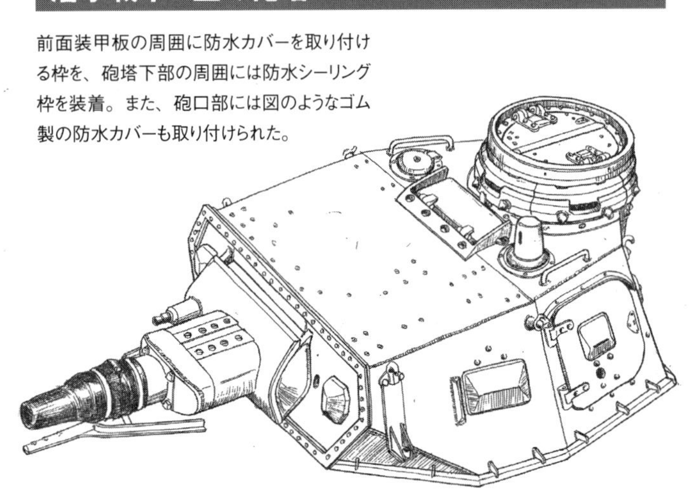

潜水戦車の車体後面

エンジン用マフラーを取り外し、排気管上部に反跳弁が付いた防水装置を装着している。

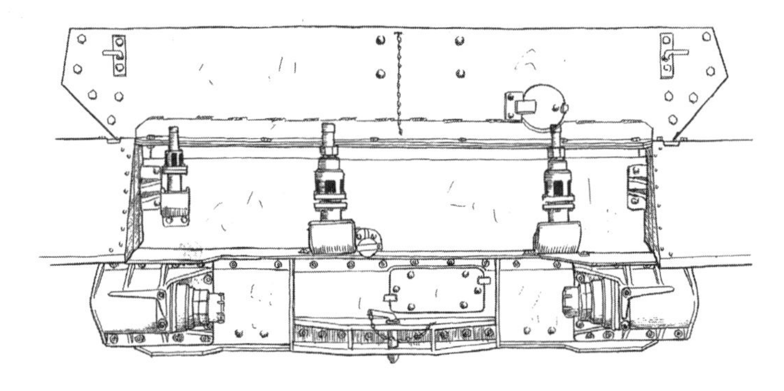

[図18]

Ⅳ号潜水戦車D型　第18装甲師団第18戦車連隊331号車

Touch Pz.IV Ausf.D 3./Pz.Regt.18, 18.Pz.Div., No.331

車体各部の特徴

この車両も1940年7～8月に造られた48両の潜水戦車D型の内の1両。車体と砲塔には前ページの931号車と同様の潜水用防水装備が施されている。また、同様に部隊配備後に砲塔後部にゲペックカステンを追加している。

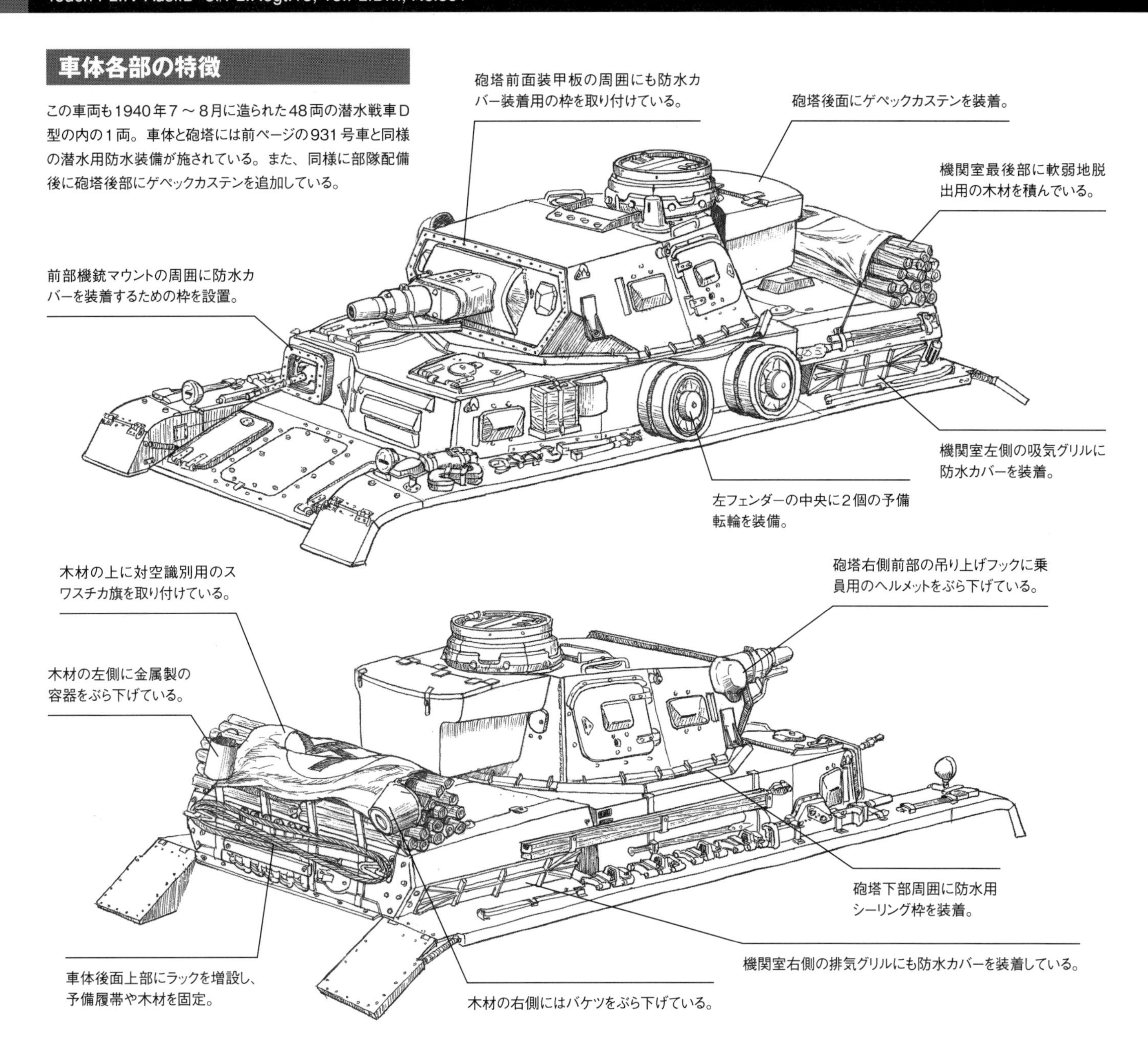

砲塔前面装甲板の周囲にも防水カバー装着用の枠を取り付けている。
砲塔後面にゲペックカステンを装着。
機関室最後部に軟弱地脱出用の木材を積んでいる。
前部機銃マウントの周囲に防水カバーを装着するための枠を設置。
機関室左側の吸気グリルに防水カバーを装着。
左フェンダーの中央に2個の予備転輪を装備。
木材の上に対空識別用のスワスチカ旗を取り付けている。
砲塔右側前部の吊り上げフックに乗員用のヘルメットをぶら下げている。
木材の左側に金属製の容器をぶら下げている。
砲塔下部周囲に防水用シーリング枠を装着。
機関室右側の排気グリルにも防水カバーを装着している。
車体後面上部にラックを増設し、予備履帯や木材を固定。
木材の右側にはバケツをぶら下げている。

潜水戦車の機関室側面

図は機関室左側。吸気グリルには防水カバーが取り付けられている。また用途不明だが、最後部に図のような筒状の部品を取り付けた車両も見られる。

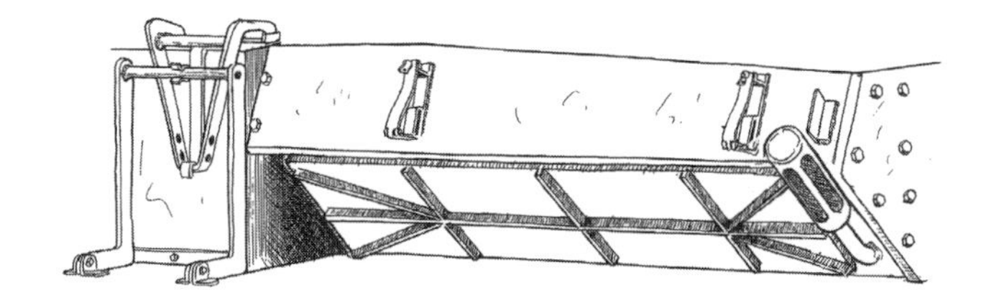

331号車の車体後面

排気管に反跳弁付きの防水装置を装着した潜水戦車仕様（38ページの右下図を参照）となっているが、331号車ではさらに車体後面上部に荷物用ラックと、予備履帯用ラックが増設されている。

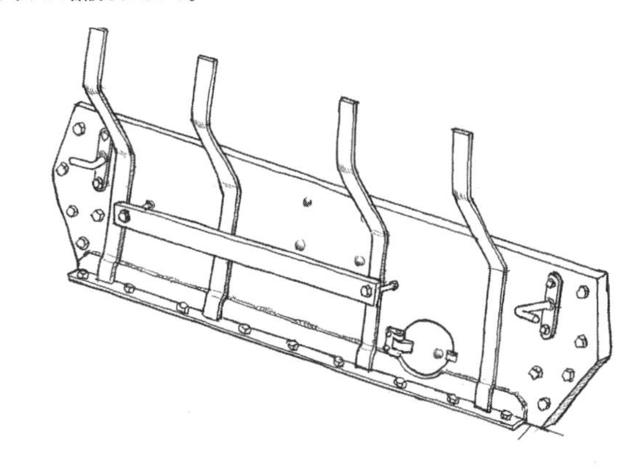

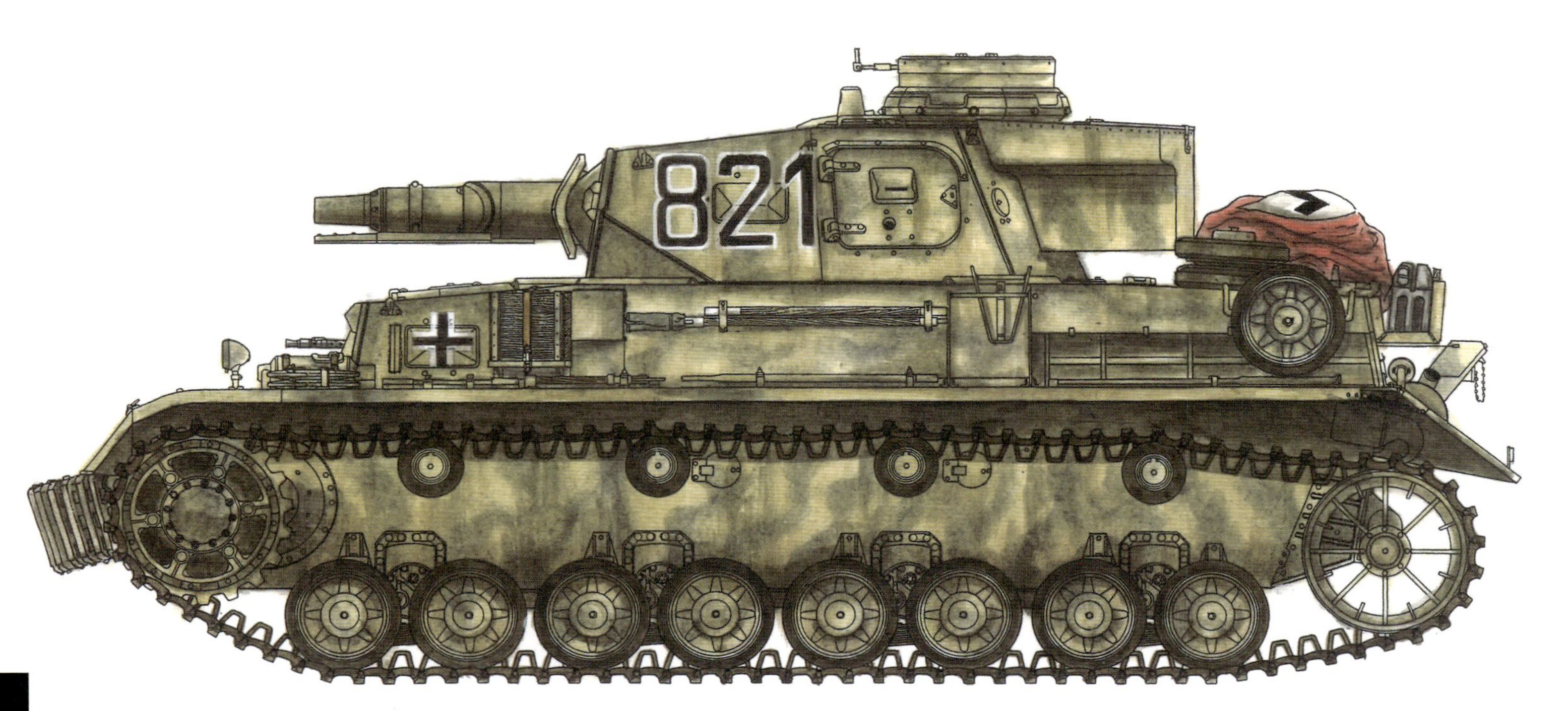
821

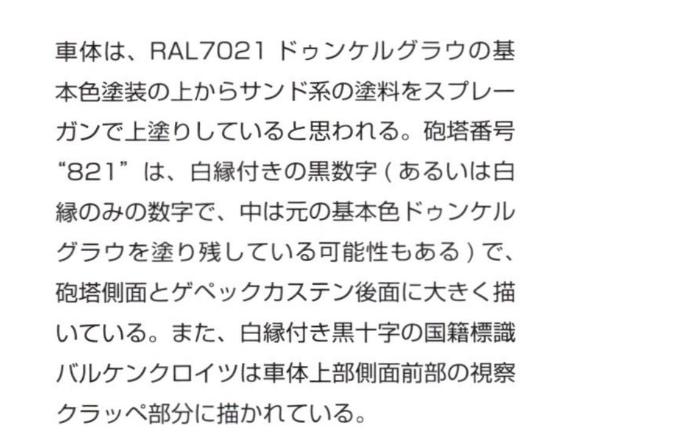

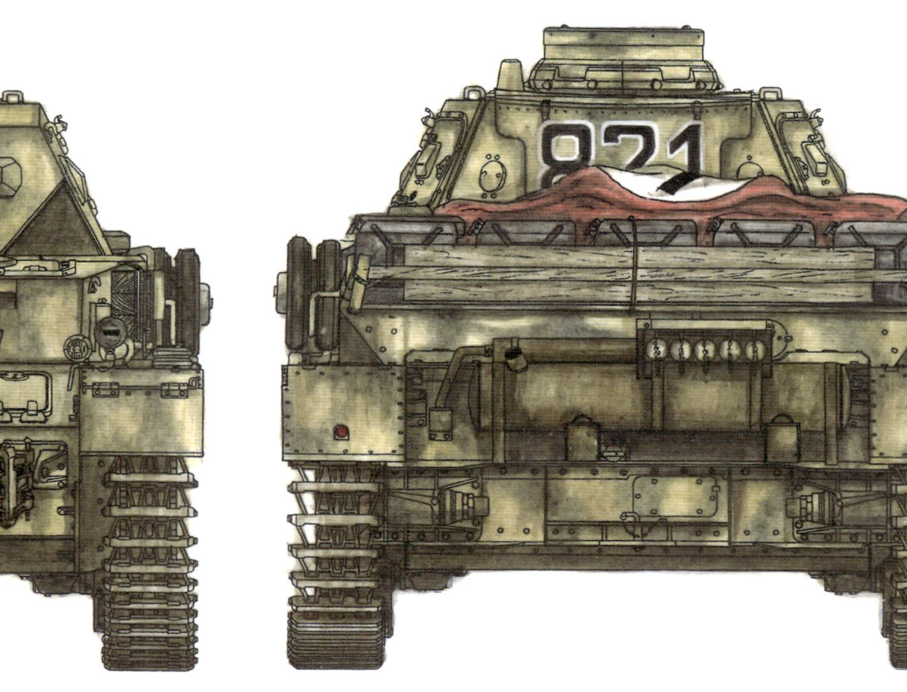
821

〔図19〕

Ⅳ号戦車D型

第5軽師団第5戦車連隊821号車
1941年　北アフリカ戦線／リビア

Pz.Kpfw.IV Ausf.D
8./Panzerregiment 5, 5.Leichterdivision, No.821
1941 North African Front/ Libya

車体は、RAL7021 ドゥンケルグラウの基本色塗装の上からサンド系の塗料をスプレーガンで上塗りしていると思われる。砲塔番号“821”は、白縁付きの黒数字（あるいは白縁のみの数字で、中は元の基本色ドゥンケルグラウを塗り残している可能性もある）で、砲塔側面とゲペックカステン後面に大きく描いている。また、白縁付き黒十字の国籍標識バルケンクロイツは車体上部側面前部の視察クラッペ部分に描かれている。

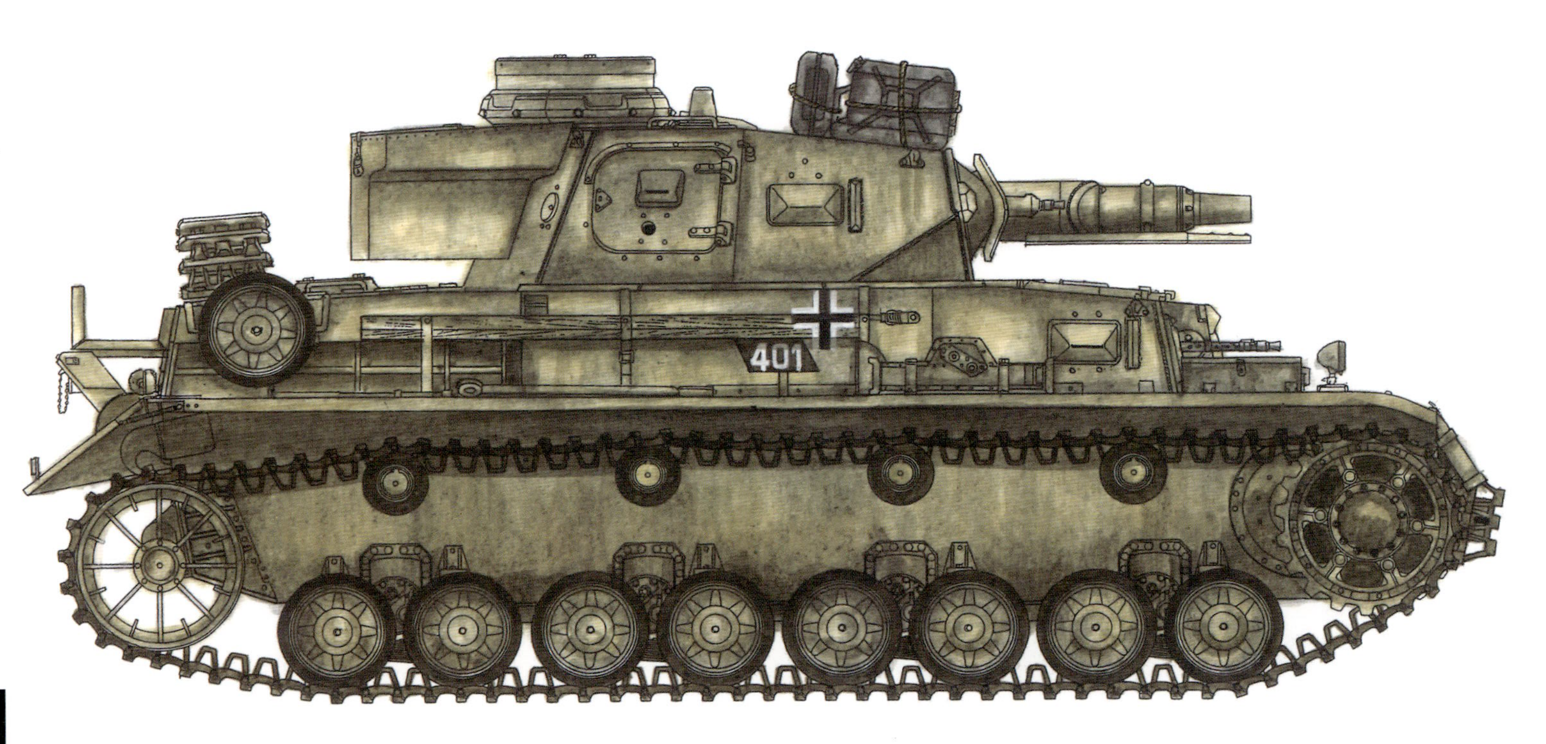
401

401

〔図20〕

Ⅳ号戦車D型

第５軽師団第５戦車連隊 401 号車
1941 年　北アフリカ戦線 / リビア

Pz.Kpfw.IV Ausf.D

4./Panzerregiment 5, 5.Leichterdivision, No.401
1941 North African Front/ Libya

この車両も RAL7021 ドゥンケルグラウの基本色塗装の上からサンド系の塗料をスプレーガンで上塗りしていると思われる。砲塔番号の“401”は、砲塔には描かれておらず、車体上部側面と車体後面上部に取り付けられた平行四辺形のプレートに白色で描かれている。車体上部側面に描かれた国籍標識バルケンクロイツは、標準的な白縁付きの黒十字タイプを使用。

[図19]

Ⅳ号戦車D型　第5軽師団第5戦車連隊821号車

Pz.Kpfw.IV Ausf.D 8./Pz.Regt.5, 5.le.Div., No.821

車体各部の特徴

1939年10月～1940年春頃に造られたD型。左フェンダー前部のノテックライト、後部の車間表示灯は未装備だが、右フェンダーの後部に尾灯を設置。また、部隊配備時に砲塔後面にゲペックカステンを取り付けている。

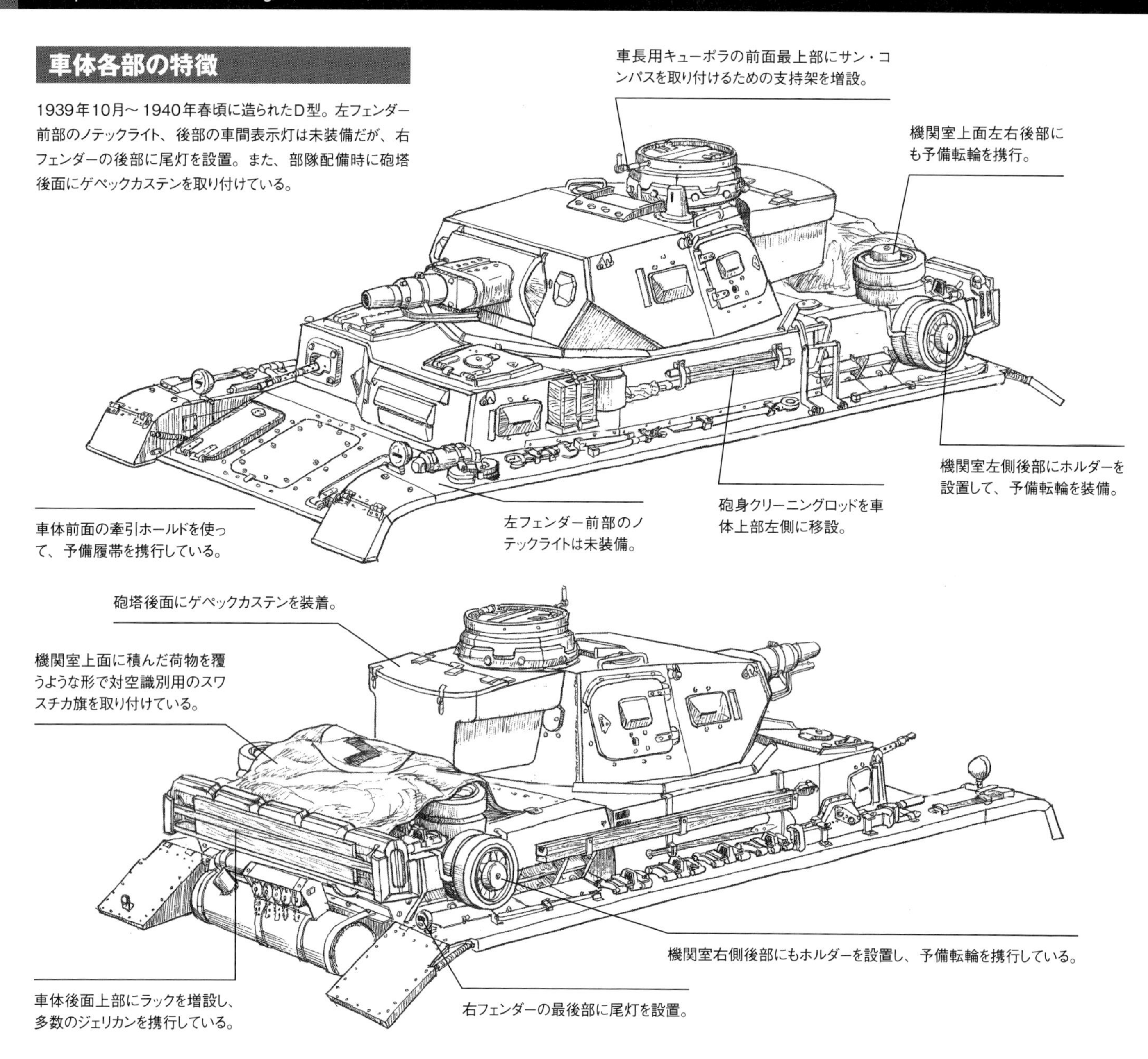

車長用キューポラの前面最上部にサン・コンパスを取り付けるための支持架を増設。
機関室上面左右後部にも予備転輪を携行。
機関室左側後部にホルダーを設置して、予備転輪を装備。
砲身クリーニングロッドを車体上部左側に移設。
左フェンダー前部のノテックライトは未装備。
車体前面の牽引ホールドを使って、予備履帯を携行している。
砲塔後面にゲペックカステンを装着。
機関室上面に積んだ荷物を覆うような形で対空識別用のスワスチカ旗を取り付けている。
機関室右側後部にもホルダーを設置し、予備転輪を携行している。
車体後面上部にラックを増設し、多数のジェリカンを携行している。
右フェンダーの最後部に尾灯を設置。

821号車の車長用キューポラ

車長用キューポラの前面最上部に支持架を溶接留めしている。おそらくサン・コンパスを取り付けるためのものと思われる。

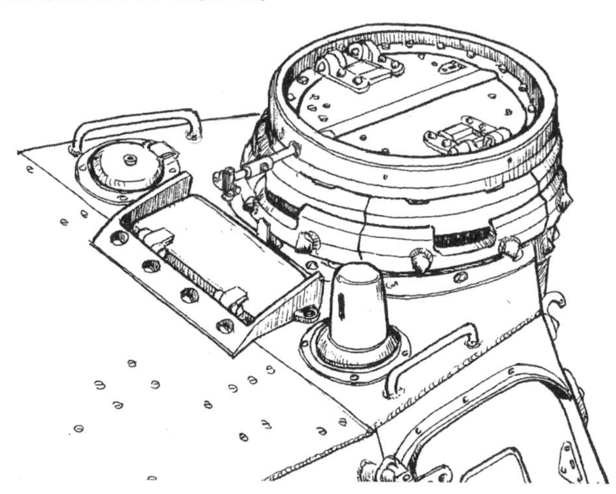

821号車の車体後部

機関室側面に金属棒を加工した予備転輪ラックを増設。さらに後面両端にはジェリカンなどを携行するための枠が取り付けられている。図は車体左側後部を示す。

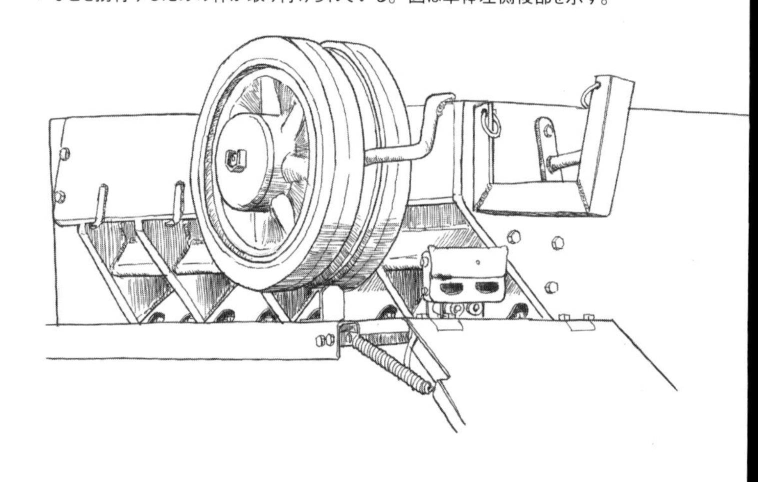

[図20]

Ⅳ号戦車D型　第5軽師団第5戦車連隊401号車

Pz.Kpfw.IV Ausf.D 4./Pz.Regt.5, 5.le.Div., No.401

車体各部の特徴

機関室上面の左右点検ハッチに吸気ルーバーを設置したD型の熱帯地仕様。1941年1月に30両のD型が熱帯地仕様に改造されたが、この車両はその内の1両。その他の特徴として、左フェンダーの前部にノテックライト、後部に車間表示灯、右フェンダー最後部に尾灯を設置。さらに部隊配備時に砲塔後面にゲペックカステンを追加装備している。

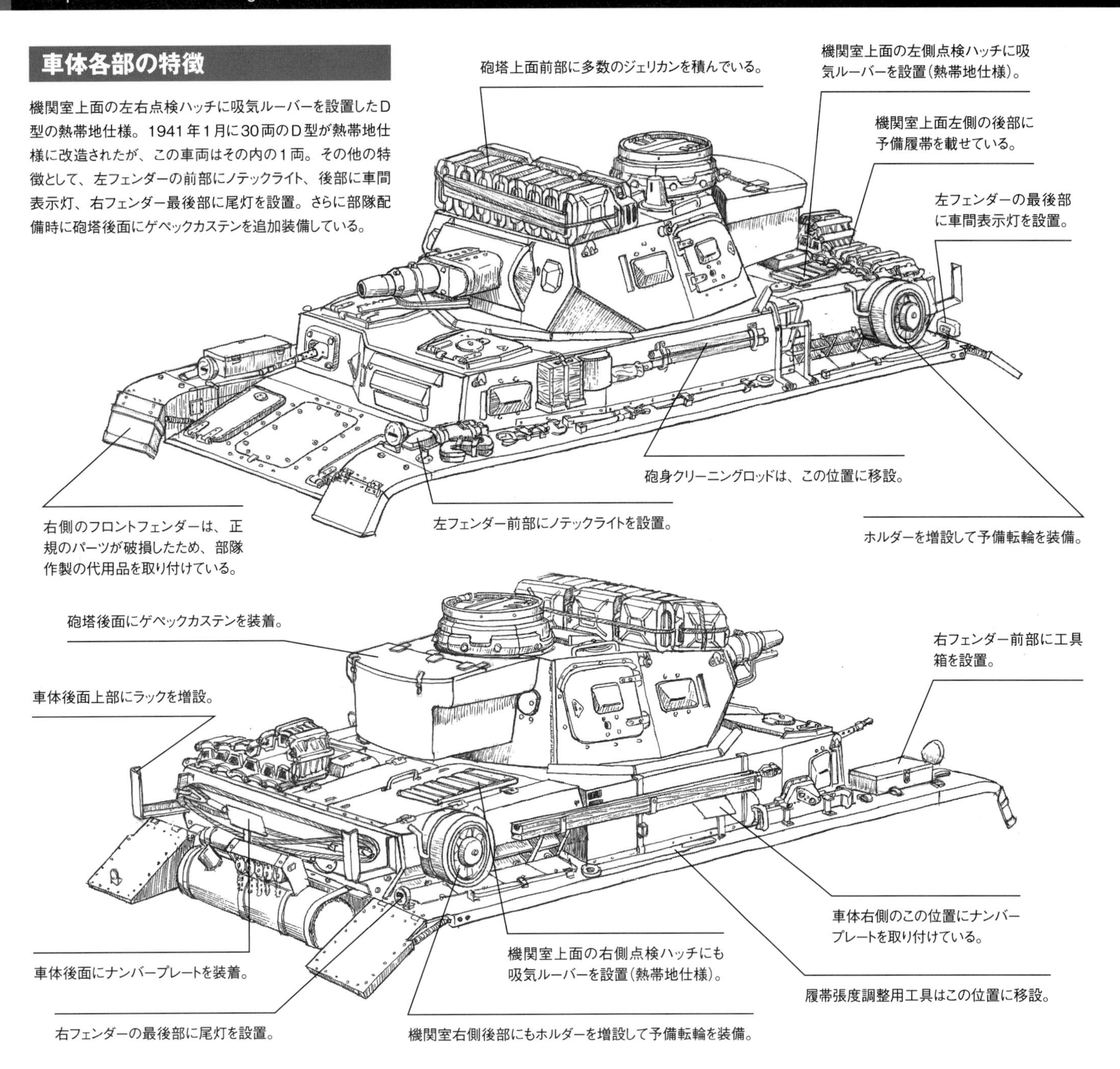

砲塔上面前部に多数のジェリカンを積んでいる。
機関室上面の左側点検ハッチに吸気ルーバーを設置(熱帯地仕様)。
機関室上面左側の後部に予備履帯を載せている。
左フェンダーの最後部に車間表示灯を設置。
砲身クリーニングロッドは、この位置に移設。
ホルダーを増設して予備転輪を装備。
左フェンダー前部にノテックライトを設置。
右側のフロントフェンダーは、正規のパーツが破損したため、部隊作製の代用品を取り付けている。
砲塔後面にゲペックカステンを装着。
右フェンダー前部に工具箱を設置。
車体後面上部にラックを増設。
車体右側のこの位置にナンバープレートを取り付けている。
車体後面にナンバープレートを装着。
機関室上面の右側点検ハッチにも吸気ルーバーを設置(熱帯地仕様)。
履帯張度調整用工具はこの位置に移設。
右フェンダーの最後部に尾灯を設置。
機関室右側後部にもホルダーを増設して予備転輪を装備。

熱帯地仕様の機関室上面

左右の点検ハッチ上に吸気ルーバーが設けられている。

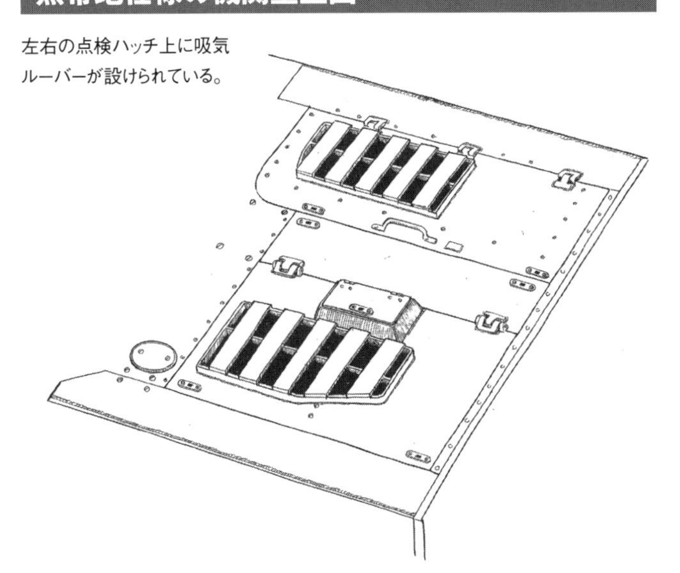

車体後面のラック

前ページの821号車と同様な造りだが、401号車の方がより後方に突き出した形状になっている。図は車体後面上部左端に取り付けられたラック。

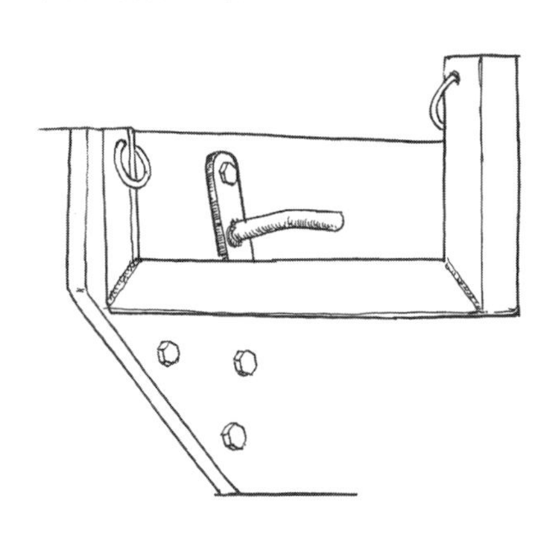

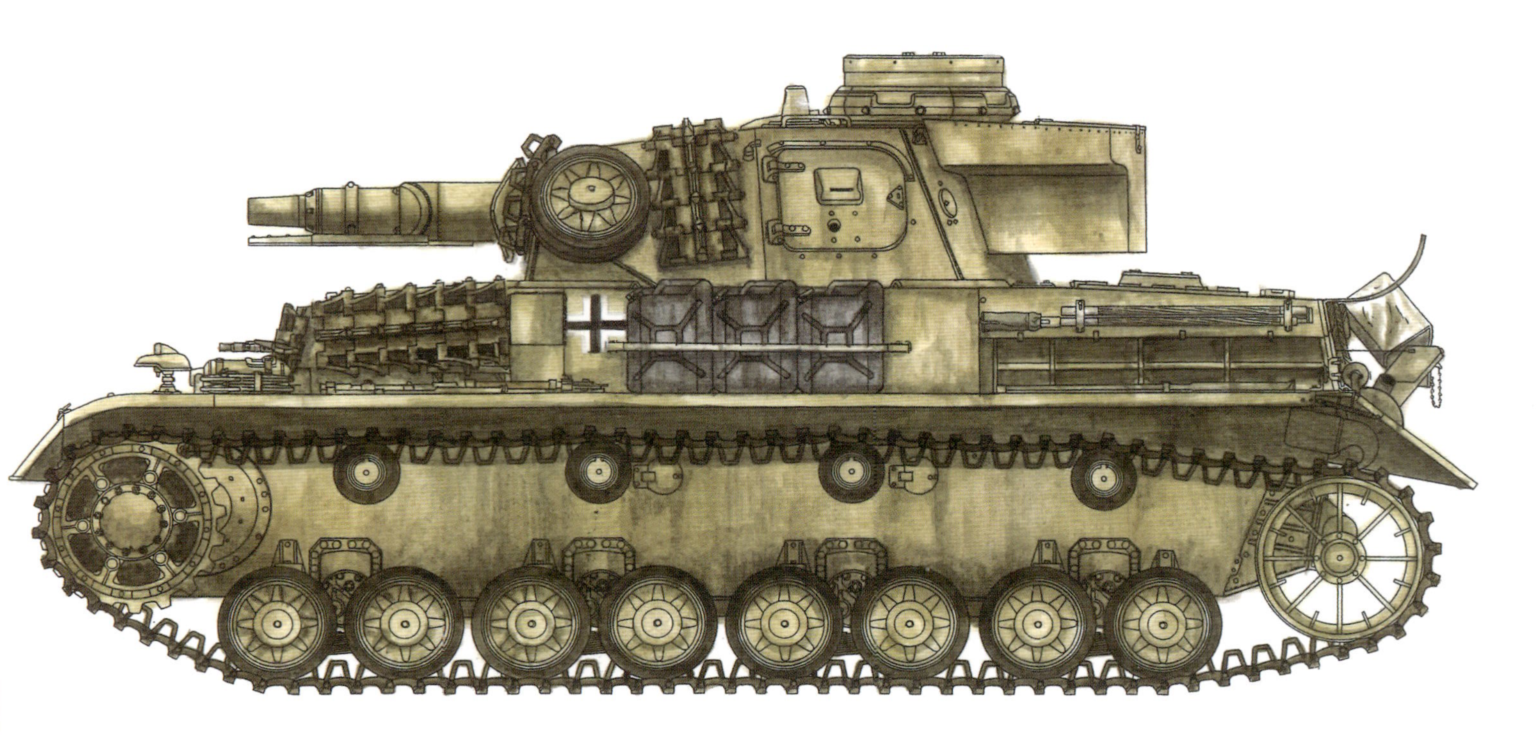

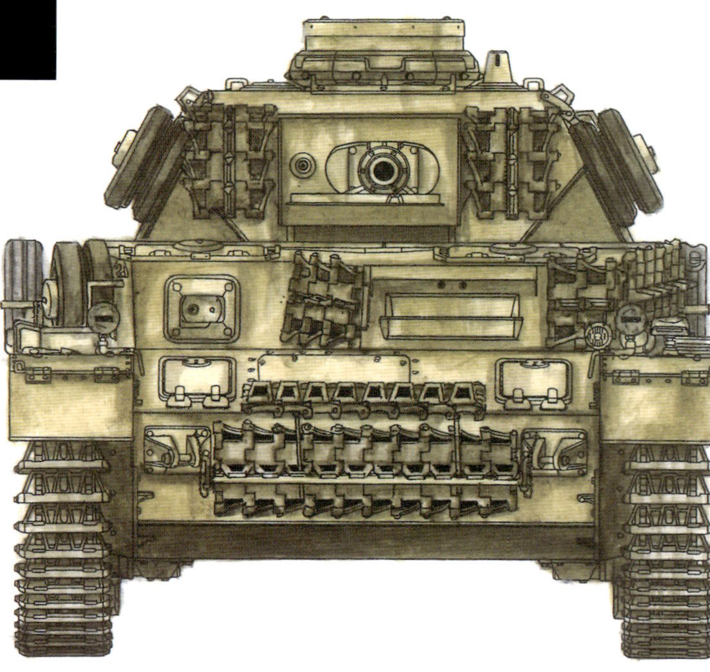

〔図21〕

Ⅳ号戦車D型

第 15 装甲師団第 8 戦車連隊 4 号車
1942 年 1 月　北アフリカ戦線 / リビア

Pz.Kpfw.IV Ausf.D

4./Panzerregiment 8, 15.Panzerdivision, No.4
January 1942 North African Front/ Libya

車体は、北アフリカ戦線向け塗装として制定された基本色 RAL8000 ゲルブブラウンと迷彩色 RAL7008 グラウグリュンの 2 色迷彩が施されていると思われる。砲塔番号は、中隊番号の"4"のみを白縁付き黒色数字で砲塔側面（予備履帯で見えない）とゲペックカステン後面に記入。また、ゲペックカステン後面の右上には黒の連隊マーク、左下には白い椰子のマークも描かれている。国籍標識は白縁付き黒十字の標準タイプだが、車体上部側面のみならず、車体後面の下部右側にも描かれている。

〔図22〕

Ⅳ号戦車D型

第 15 装甲師団第 8 戦車連隊 8 号車
1942 年　北アフリカ戦線 / リビア

Pz.Kpfw.IV Ausf.D
8./Panzerregiment 8, 15.Panzerdivision, No.8
1942 North African Front/ Libya

塗装は、基本色 RAL7021 ドゥンケルグラウの上にサンド系の塗料を上塗りしていると思われる。砲塔番号は、中隊番号の“8”のみを白縁付きの黒色数字で、砲塔側面とゲペックカステン後面の右側に記入。車体上部前面の左端と砲塔側面の砲塔番号の下に赤色の師団マークを、また、ゲペックカステン後面の左側には黒色の連隊マークを描いている。車体上部側面に描かれた国籍標識バルケンクロイツは、白縁の外にさらに細い黒縁が追加されたタイプ。

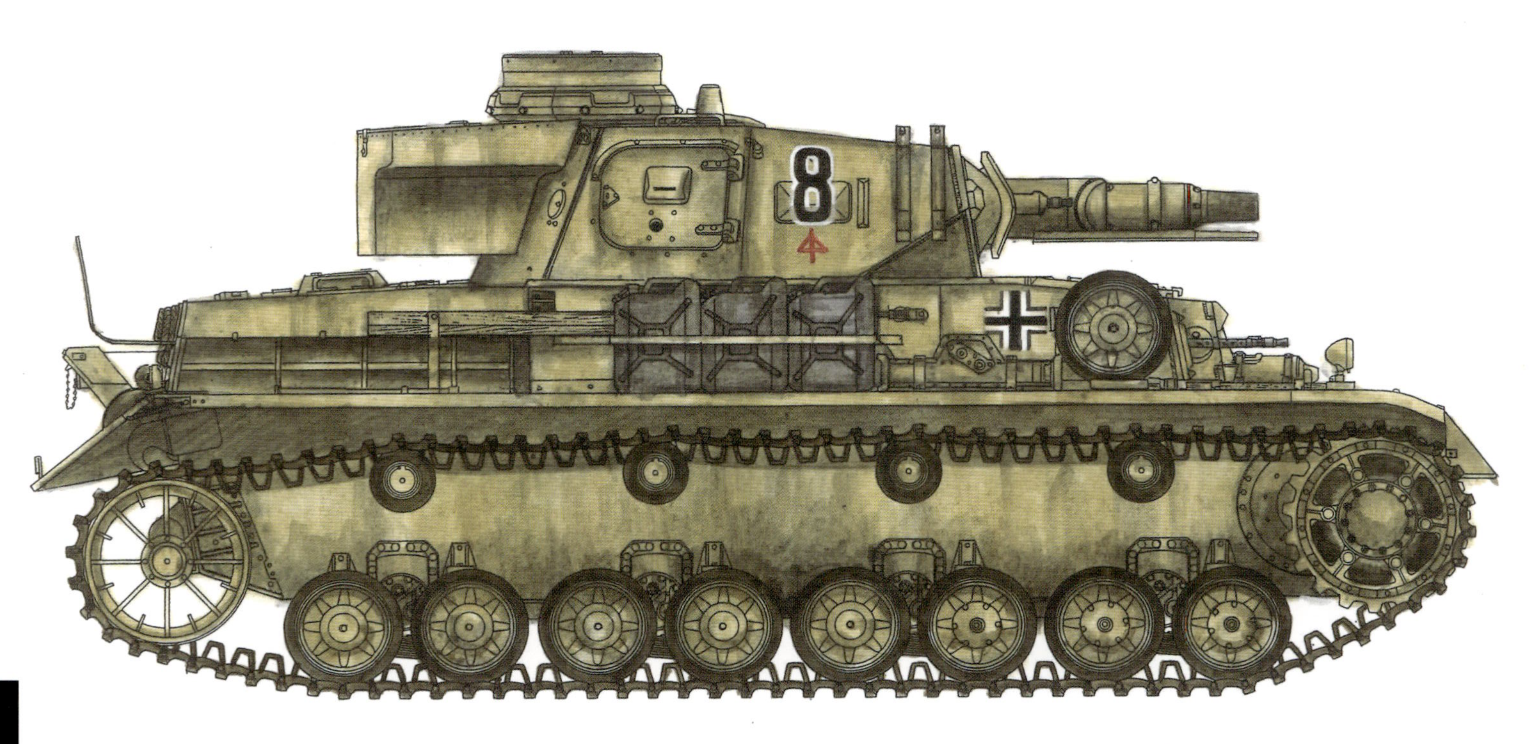

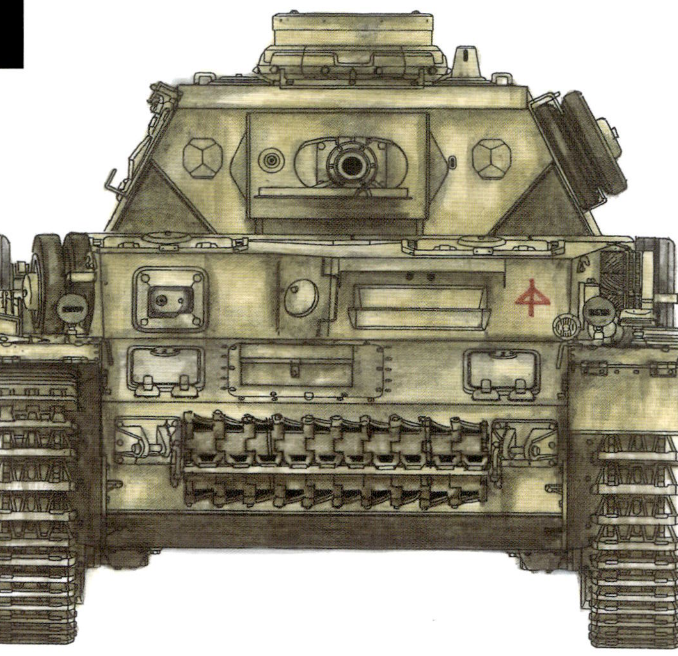

[図21]

Ⅳ号戦車D型　第15装甲師団第8戦車連隊4号車

Pz.Kpfw.IV Ausf.D 4./Pz.Regt.8, 15.Pz.Div., No.4

車体各部の特徴

D型の熱帯地仕様。左フェンダーの前部にノテックライト、右フェンダー後部に尾灯を設置しているが、左フェンダー後部の車間表示灯は未装備。さらに部隊配備時に砲塔後面にゲペックカステンを追加装備している。

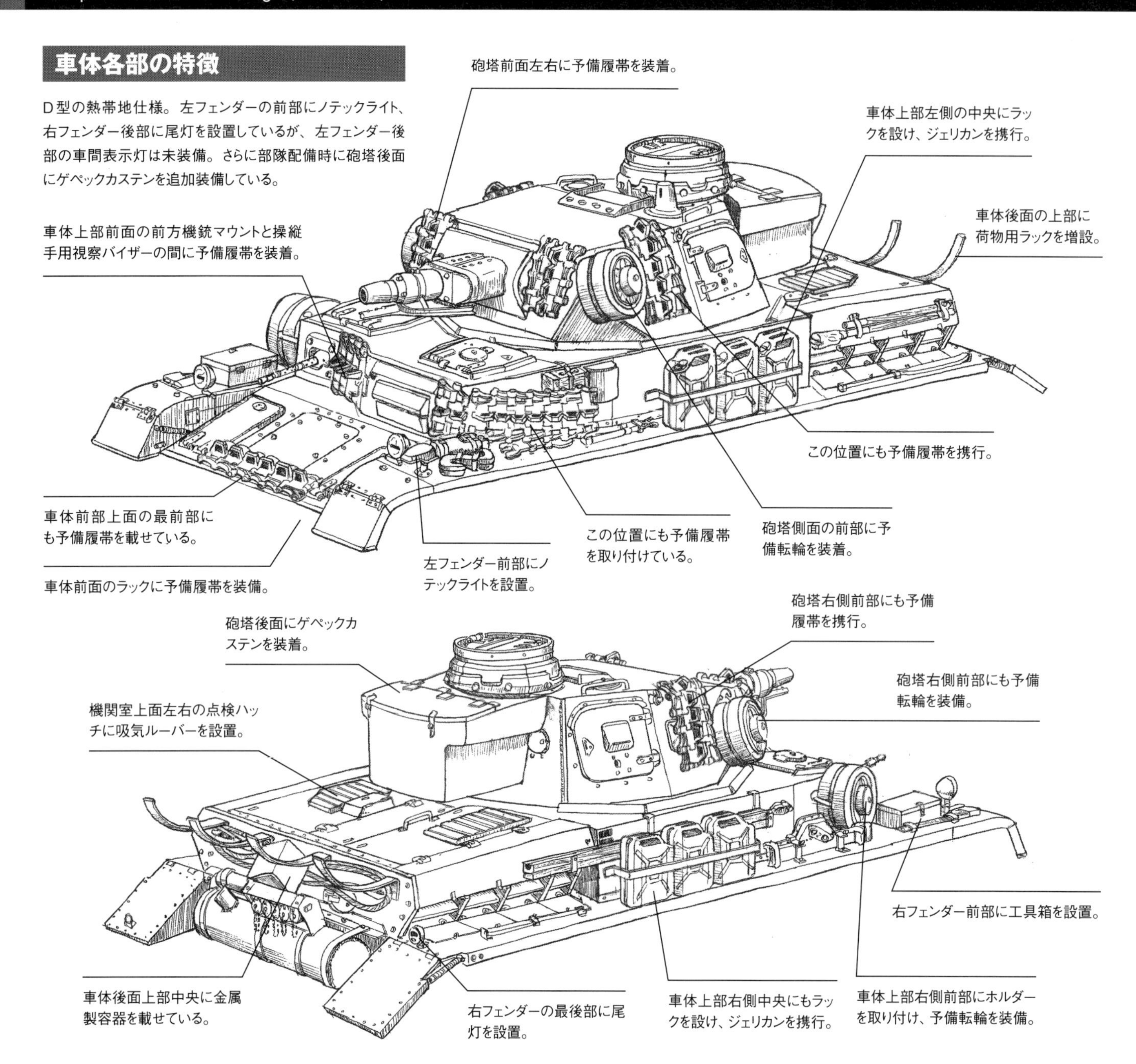

砲塔前面左右に予備履帯を装着。
車体上部左側の中央にラックを設け、ジェリカンを携行。
車体上部前面の前方機銃マウントと操縦手用視察バイザーの間に予備履帯を装着。
車体後面の上部に荷物用ラックを増設。
この位置にも予備履帯を携行。
車体前部上面の最前部にも予備履帯を載せている。
この位置にも予備履帯を取り付けている。
砲塔側面の前部に予備転輪を装着。
左フェンダー前部にノテックライトを設置。
車体前面のラックに予備履帯を装備。
砲塔後面にゲペックカステンを装着。
砲塔右側前部にも予備履帯を携行。
機関室上面左右の点検ハッチに吸気ルーバーを設置。
砲塔右側前部にも予備転輪を装備。
右フェンダー前部に工具箱を設置。
車体後面上部中央に金属製容器を載せている。
右フェンダーの最後部に尾灯を設置。
車体上部右側中央にもラックを設け、ジェリカンを携行。
車体上部右側前部にホルダーを取り付け、予備転輪を装備。

4号車の車体前面

車体前面に予備履帯ラックを増設している。予備履帯ラックはこんな造り。

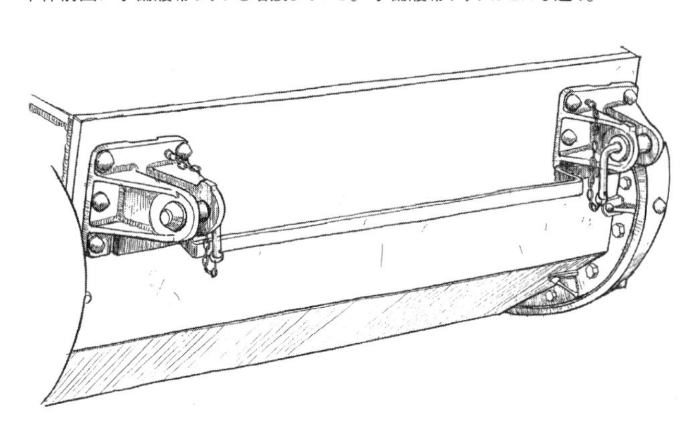

4号車の車体上部左側

車体上部の側面にジェリカンラックを増設している。図は車体上部左側。

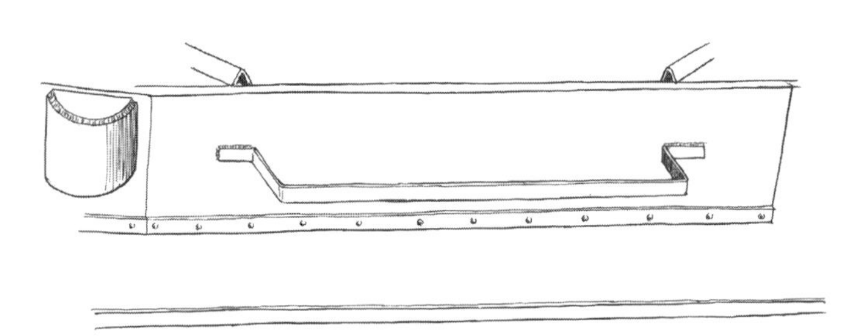

[図22]

Ⅳ号戦車D型　第15装甲師団第8戦車連隊8号車

Pz.Kpfw.IV Ausf.D 8./Pz.Regt.8, 15.Pz.Div., No.8

車体各部の特徴

D型の熱帯地仕様。左フェンダーの前部にノテックライト、後部に車間表示灯、右フェンダーの後部に尾灯を設置している。さらに部隊配備時に砲塔後面にゲペックカステンを取り付けている。

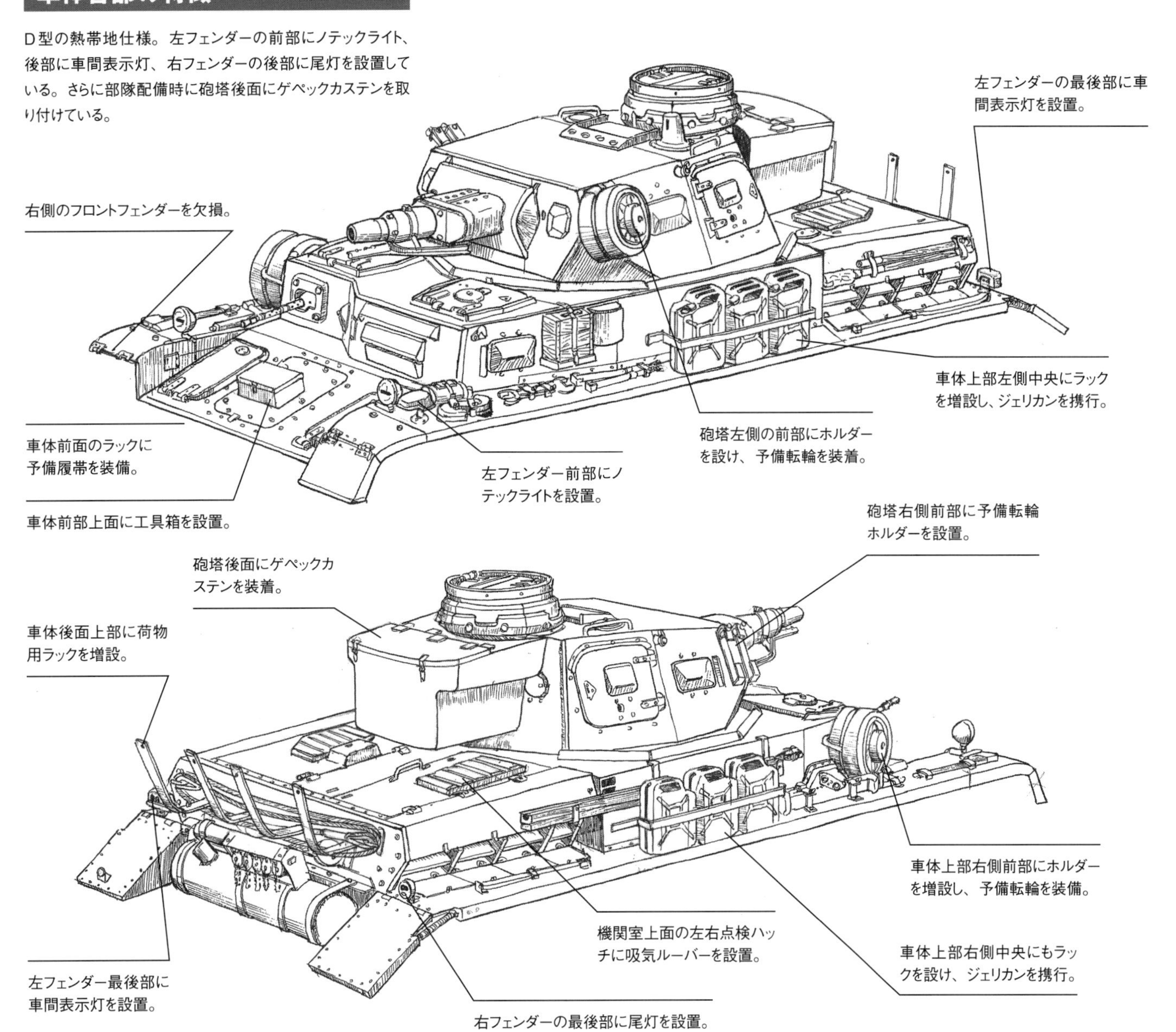

左フェンダーの最後部に車間表示灯を設置。
右側のフロントフェンダーを欠損。
車体上部左側中央にラックを増設し、ジェリカンを携行。
砲塔左側の前部にホルダーを設け、予備転輪を装着。
車体前面のラックに予備履帯を装備。
左フェンダー前部にノテックライトを設置。
車体前部上面に工具箱を設置。
砲塔右側前部に予備転輪ホルダーを設置。
砲塔後面にゲペックカステンを装着。
車体後面上部に荷物用ラックを増設。
車体上部右側前部にホルダーを増設し、予備転輪を装備。
機関室上面の左右点検ハッチに吸気ルーバーを設置。
車体上部右側中央にもラックを設け、ジェリカンを携行。
左フェンダー最後部に車間表示灯を設置。
右フェンダーの最後部に尾灯を設置。

8号車の砲塔

砲塔側面前部に予備転輪ホルダーを増設している。同ホルダーは、左図のような造りになっている。

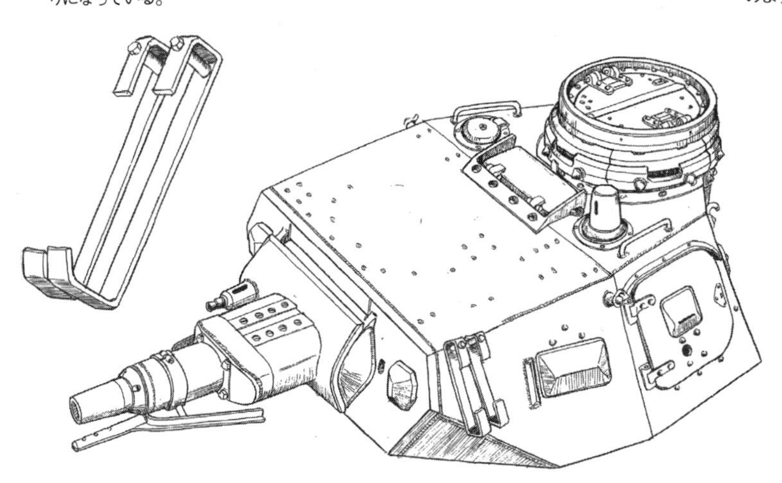

8号車の車体上部右側の予備転輪ホルダー

車体上部右側前部の無線手席側面にも予備転輪ホルダーを増設。同ホルダーは図のような造り。

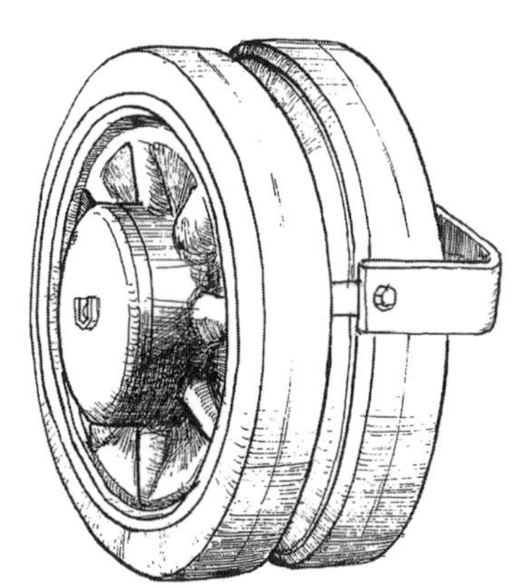

〔図23〕

Ⅳ号戦車E型

第 5 装甲師団第 31 戦車連隊所属車
1941 年 4 月　バルカン半島

Pz.Kpfw.IV Ausf.E

Panzerregiment 31, 5.Panzerdivision
April 1941 Balkans campaign

車体は、基本色 RAL7021 ドゥンケルグラウの単色塗装が施されている。砲塔番号は不明。車体上部側面と車体後面上部左側に白縁付き黒十字の標準的な国籍標識バルケンクロイツが描かれている。

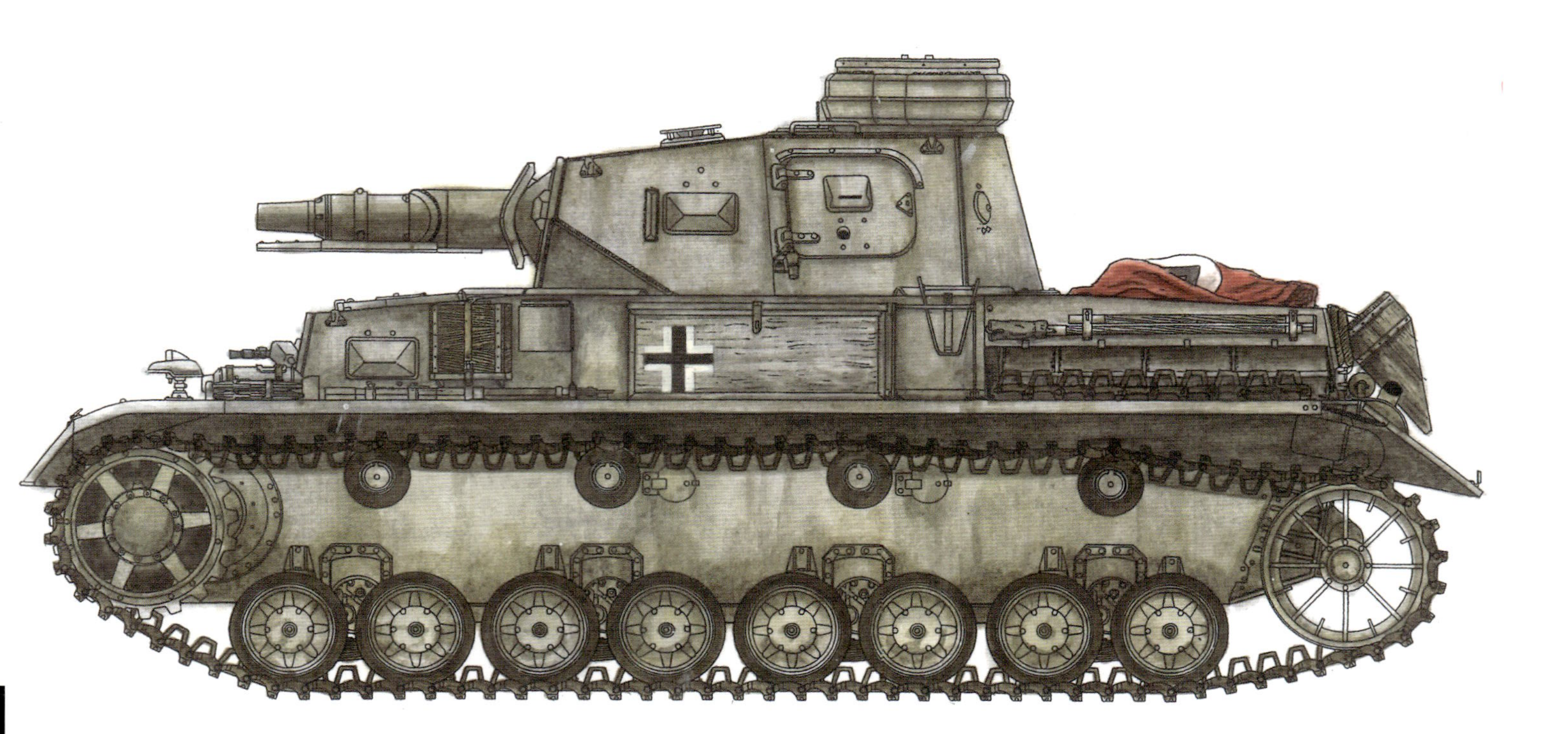

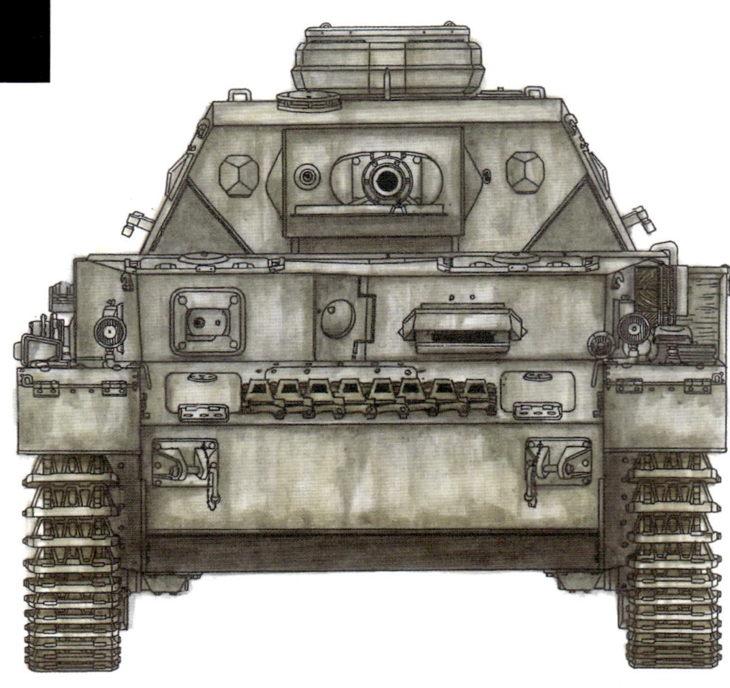

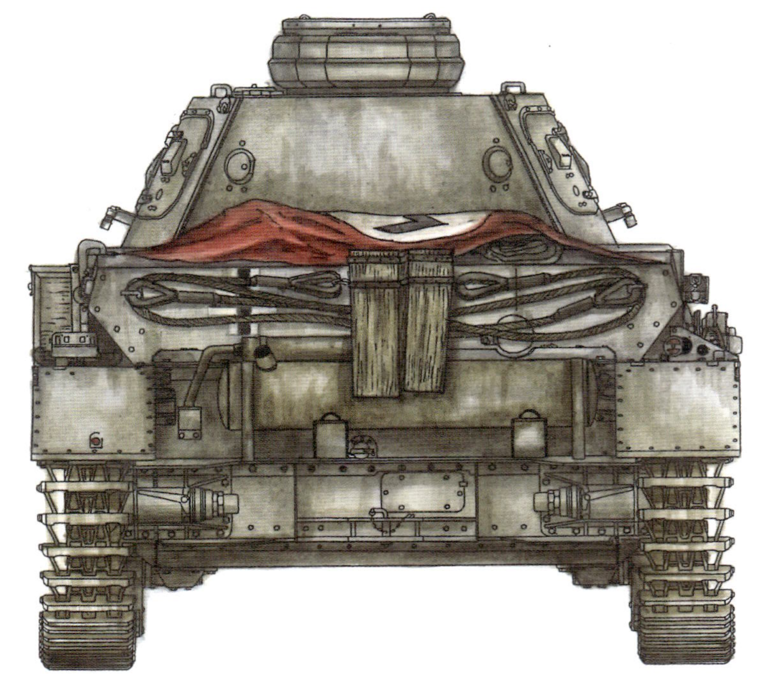

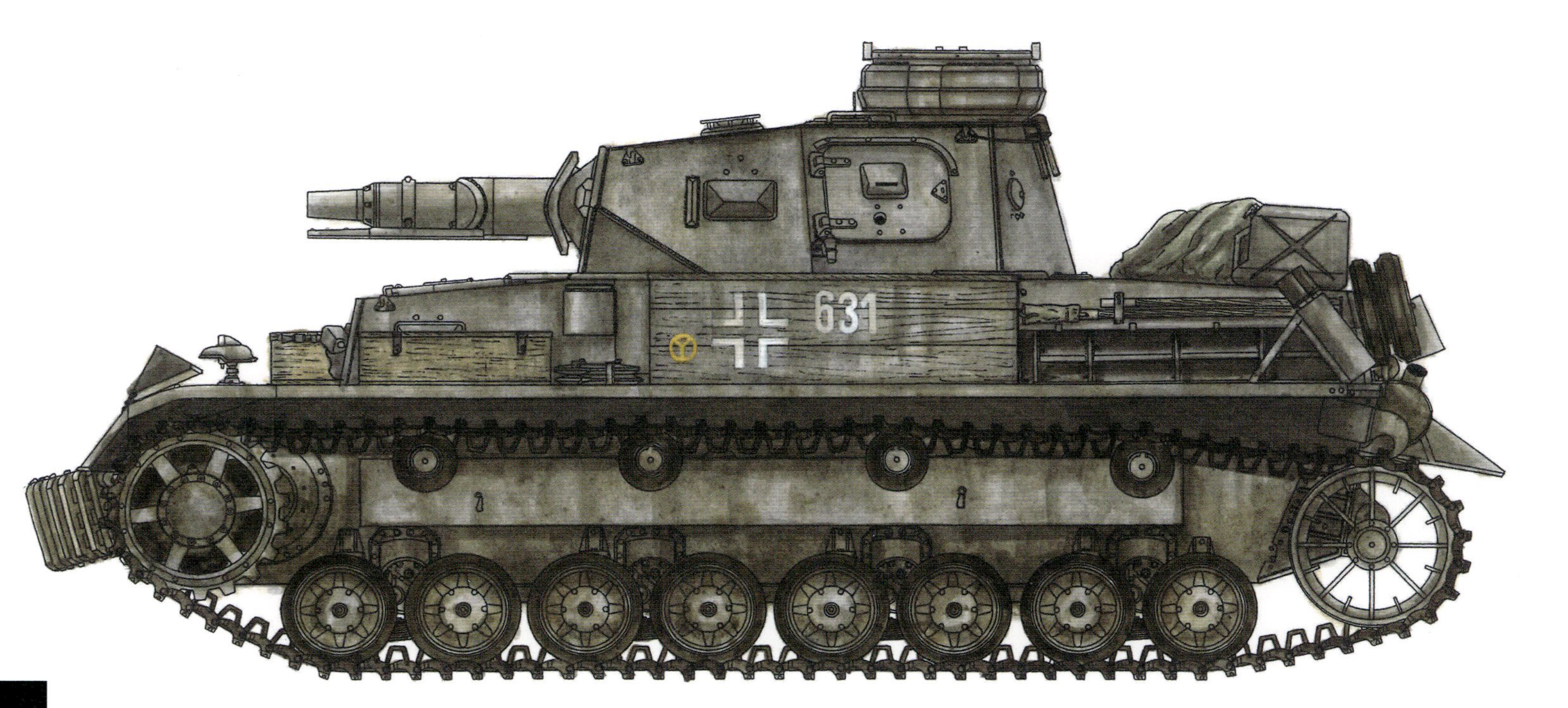
631

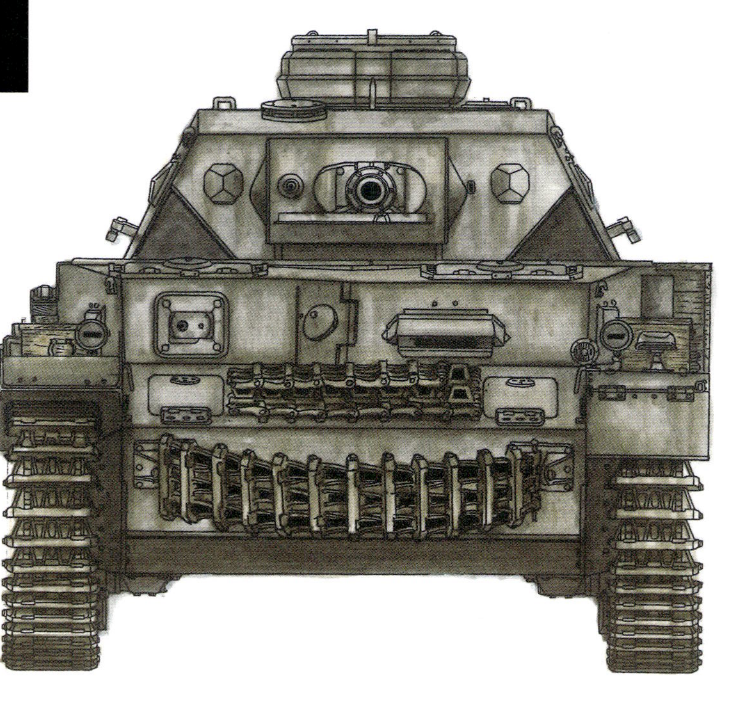

631

〔図24〕

Ⅳ号戦車E型

第12装甲師団第29戦車連隊631号車
1941年　東部戦線

Pz.Kpfw.IV Ausf.E
6./Panzerregiment 29, 12.Panzerdivision, No.631
1941 Eastern Front

車体は、基本色RAL7021ドゥンケルグラウの単色塗装。砲塔番号の“631”は、車体上部側面（左側は収納箱、右側は平行四辺形のプレートに記入）と砲塔後面の上部に白色で小さく描かれている。また、車体上部側面には黄色の師団マークと白縁のみの国籍標識バルケンクロイツも描かれている。

[図23]

Ⅳ号戦車E型　第5装甲師団第31戦車連隊所属車

Pz.Kpfw.IV Ausf.E Pz.Regt.31, 5.Pz.Div.

車体各部の特徴

E型の初期生産車。車体上部前面の増加装甲板や砲塔後面のゲペックカステンは、まだ装着されていない。

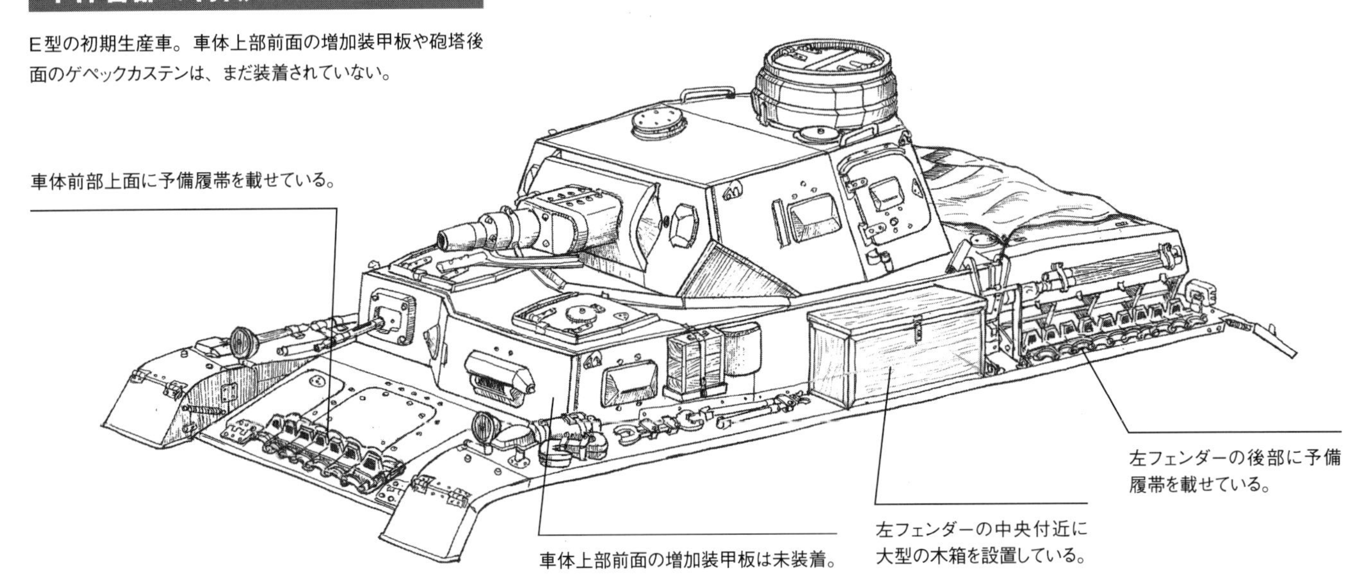

車体前部上面に予備履帯を載せている。
左フェンダーの後部に予備履帯を載せている。
左フェンダーの中央付近に大型の木箱を設置している。
車体上部前面の増加装甲板は未装着。

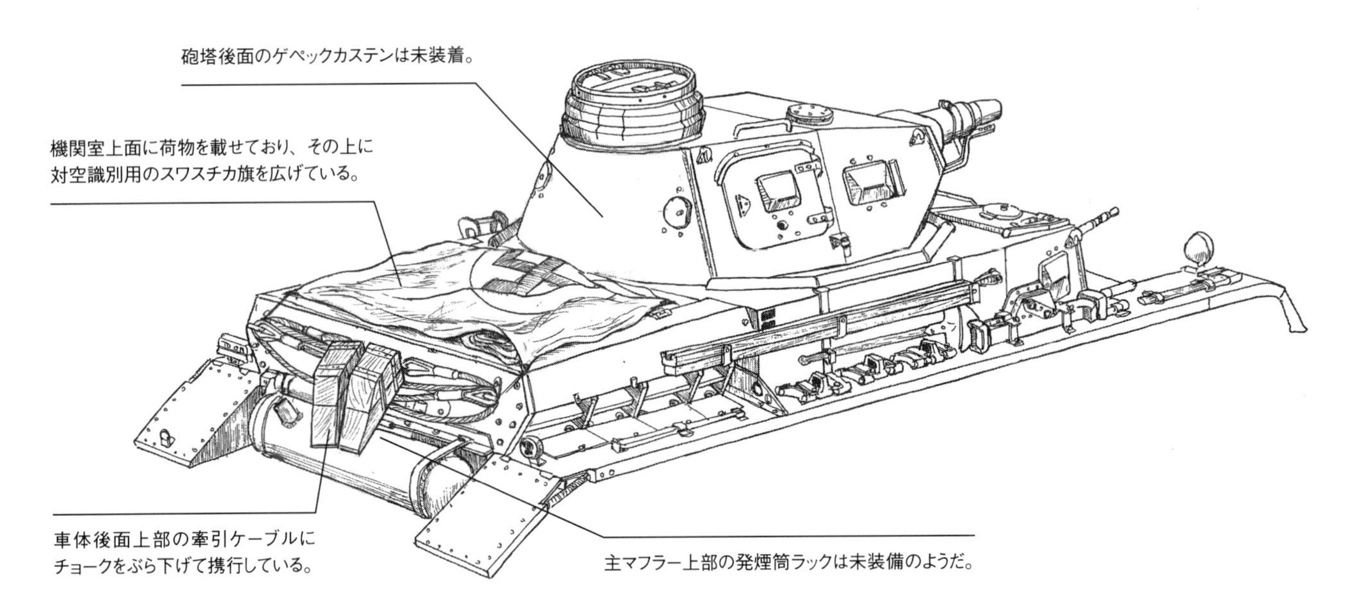

砲塔後面のゲペックカステンは未装着。
機関室上面に荷物を載せており、その上に対空識別用のスワスチカ旗を広げている。
車体後面上部の牽引ケーブルにチョークをぶら下げて携行している。
主マフラー上部の発煙筒ラックは未装備のようだ。

E型の車体前部上面

形状や装甲厚はD型と同じだが、前部上面左右に設置されているブレーキ点検用ハッチは、上面装甲板と面一になり、ヒンジは強度が高いものになった。さらに操縦手用視察バイザーは、上下スライド式から新型の回転式に変更されている。

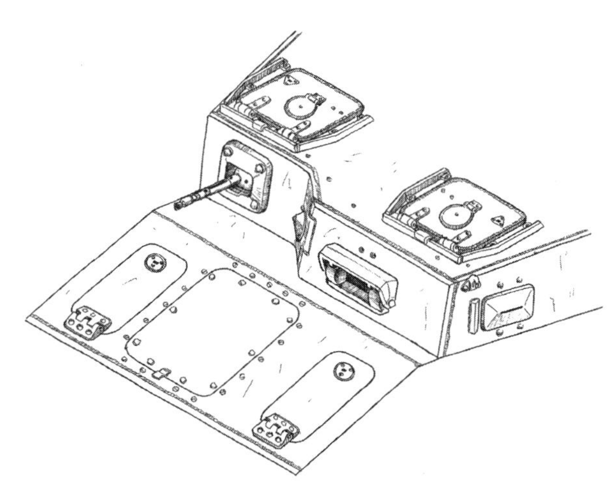

車体後面に携行しているチョーク

チョークはこんな形状のものをぶら下げている。持ち運び用のループは、おそらく金属ワイヤーでタガの部分に溶接されているように見える。

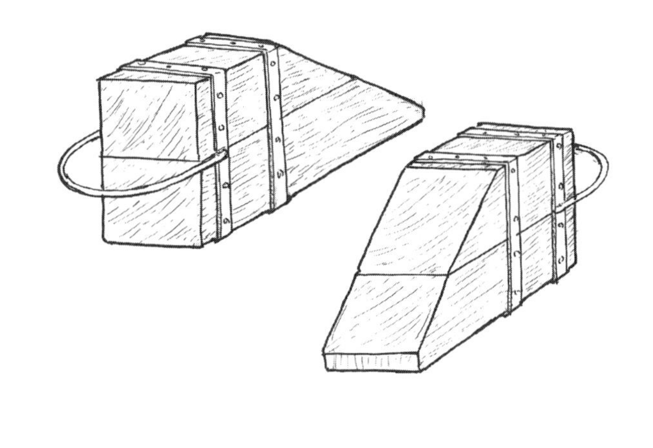

[図24]

Ⅳ号戦車E型　第12装甲師団第29戦車連隊631号車

Pz.Kpfw.IV Ausf.E 6./Pz.Regt.29, 12.Pz.Div., No.631

車体各部の特徴

E型の初期生産車。車体上部前面の増加装甲板、砲塔後面のゲペックカステンは装備されていない。

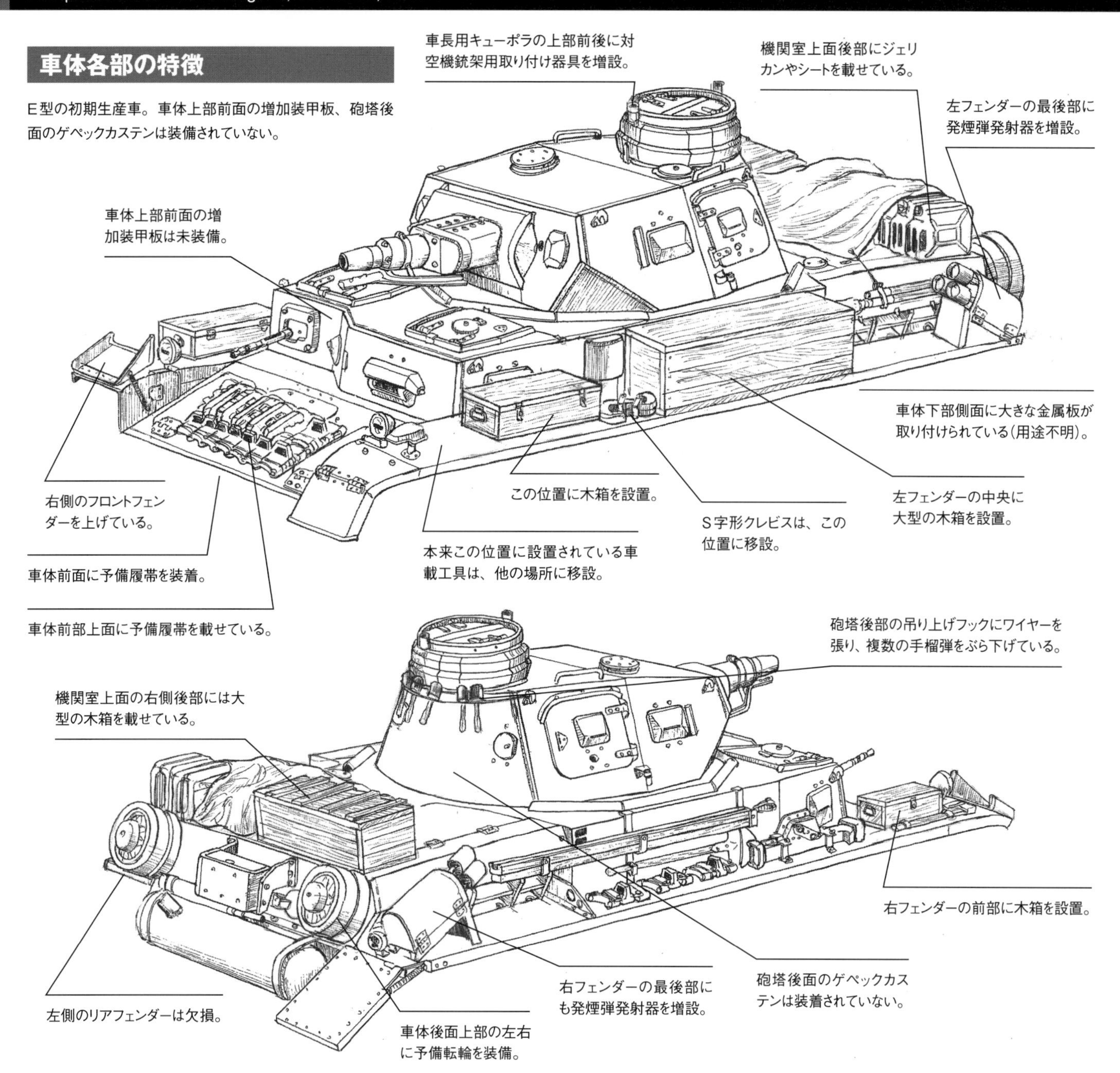

車長用キューポラの上部前後に対空機銃架用取り付け器具を増設。
機関室上面後部にジェリカンやシートを載せている。
左フェンダーの最後部に発煙弾発射器を増設。
車体上部前面の増加装甲板は未装備。
車体下部側面に大きな金属板が取り付けられている(用途不明)。
右側のフロントフェンダーを上げている。
この位置に木箱を設置。
S字形クレビスは、この位置に移設。
左フェンダーの中央に大型の木箱を設置。
本来この位置に設置されている車載工具は、他の場所に移設。
車体前面に予備履帯を装着。
車体前部上面に予備履帯を載せている。
砲塔後部の吊り上げフックにワイヤーを張り、複数の手榴弾をぶら下げている。
機関室上面の右側後部には大型の木箱を載せている。
右フェンダーの前部に木箱を設置。
右フェンダーの最後部にも発煙弾発射器を増設。
砲塔後面のゲペックカステンは装着されていない。
左側のリアフェンダーは欠損。
車体後面上部の左右に予備転輪を装備。

E型の砲塔

D型に比べ、砲塔後部の容積が拡大されて、後部の形状が変更された。また、車長用キューポラは防御性の高い新型となり、キューポラ直前にあった換気用ハッチは廃止され、ベンチレーターが装備されるようになる。さらに信号弾発射用の小ハッチは左側のみとなっている。

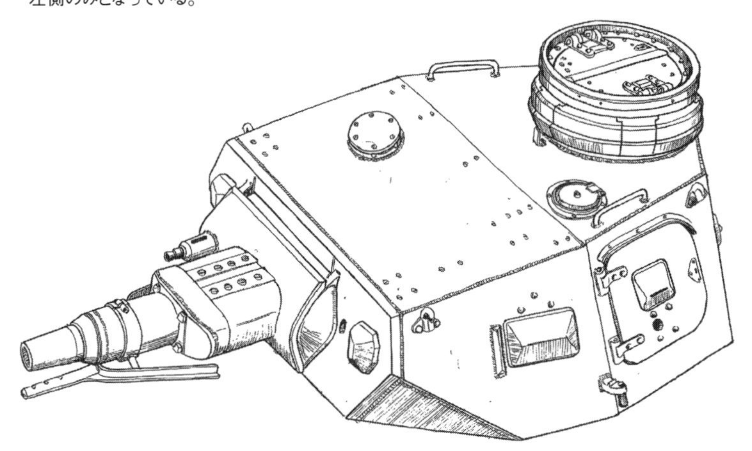

フェンダー最後部の発煙弾発射器

631号の左右フェンダーの最後部に増設された発煙弾発射器はこんな造りで、前面のカバーは開閉式である。

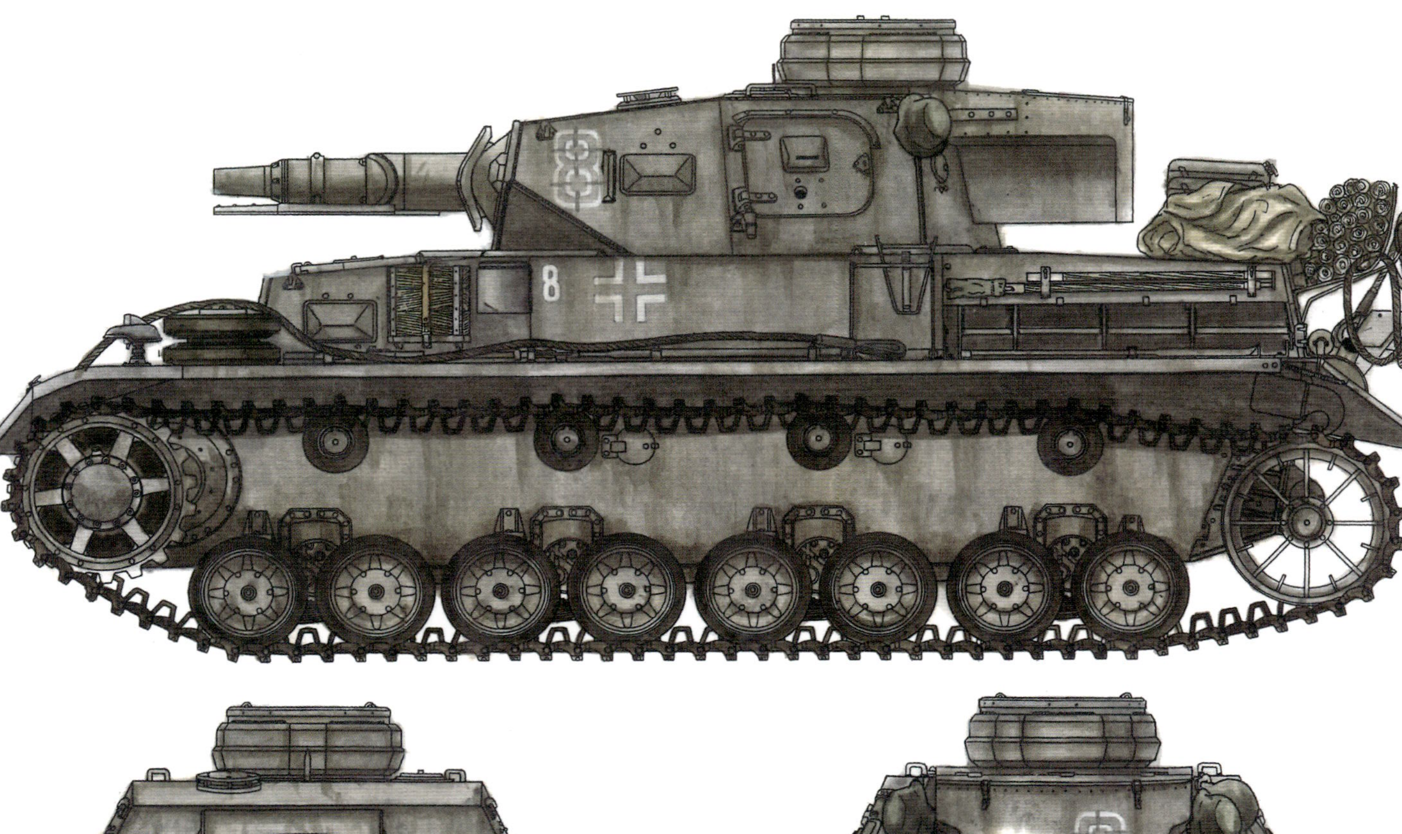

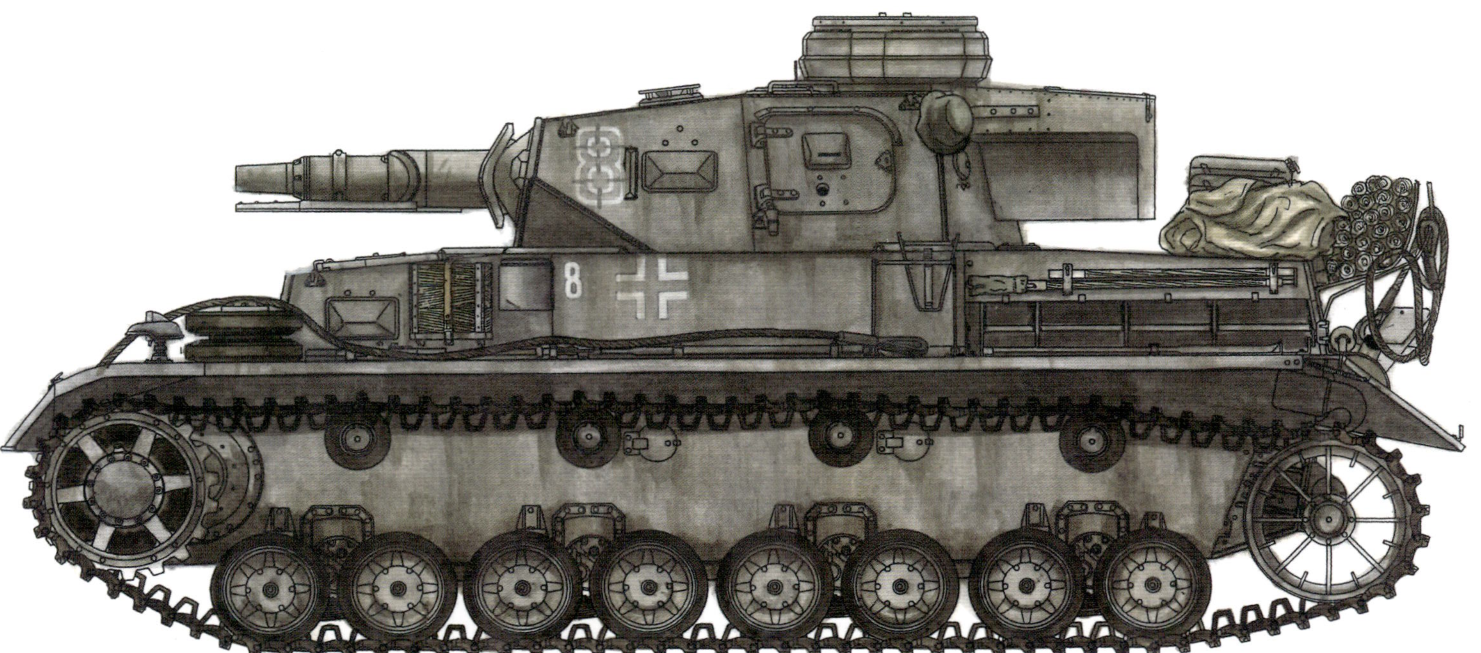

〔図25〕

Ⅳ号戦車E型

第 10 装甲師団第 7 戦車連隊 8 号車
1941 年冬　東部戦線

Pz.Kpfw.IV Ausf.E

8./Panzerregiment 7, 10.Panzerdivision, No.8
Winter of 1941 Eastern Front

基本色 RAL7021 ドゥンケルグラウの単色塗装。砲塔番号は中隊番号を示す“8”のみを記入。同番号は、砲塔側面の前部とゲペックカステン後面には白色のステンシルタイプで大きく、車体上部側面と車体後面上部右側には小さく白色で描いている。また、右側のフロントフェンダーとリアフェンダーにはグデーリアンの第 2 装甲軍を示す“G”の文字が描かれ、ゲペックカステン後面の左側には連隊マークの“バイソン”も描かれている。車体上部側面に記入した国籍標識バルケンクロイツは、白縁のみのタイプ。

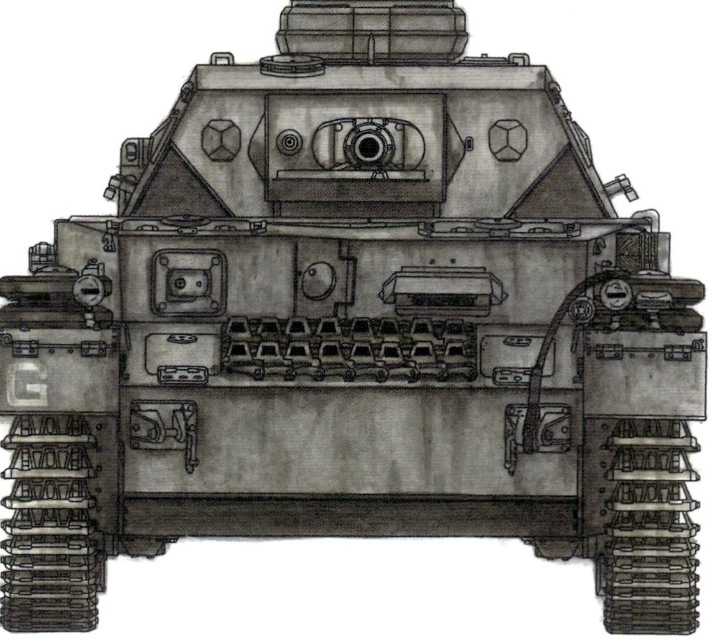

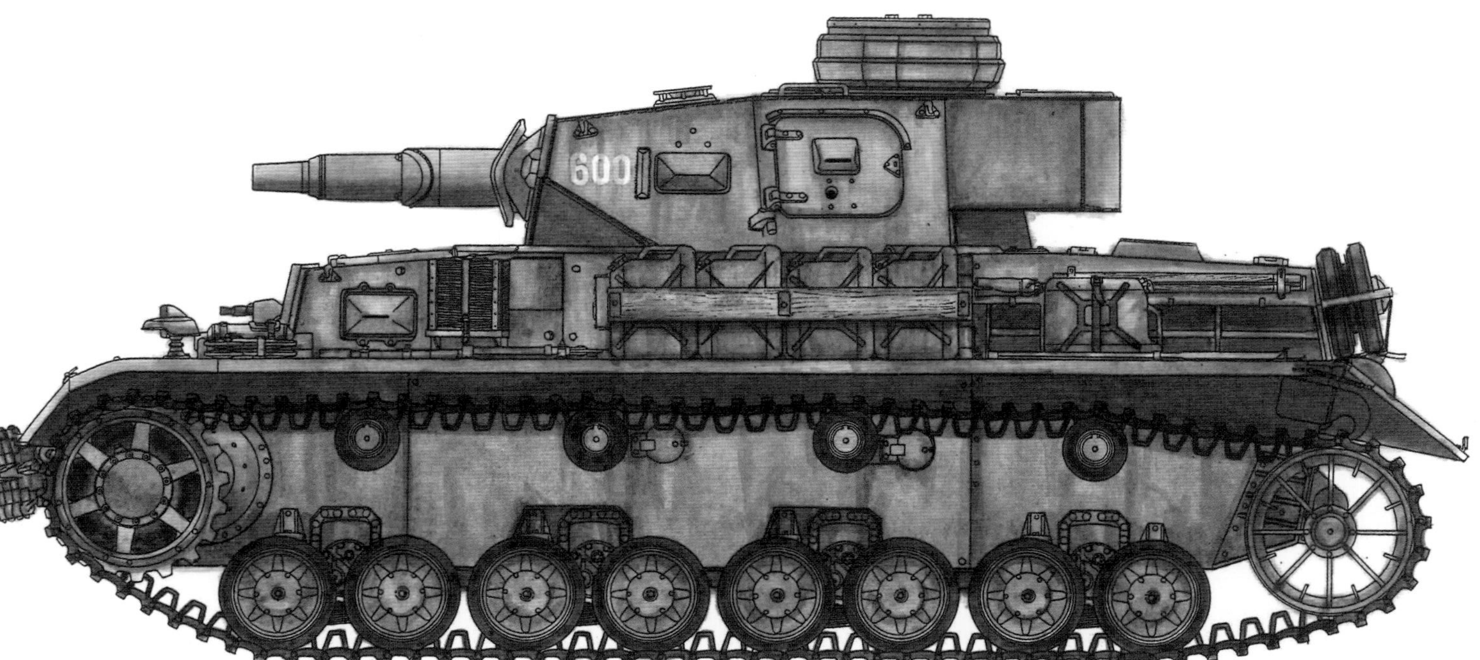

600

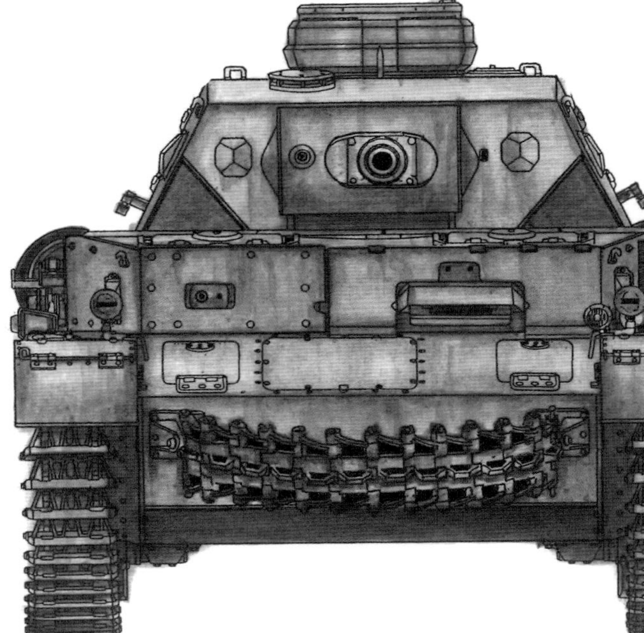

〔図26〕

Ⅳ号戦車E型

第 6 装甲師団第 11 戦車連隊 600 号車
1941 年　東部戦線

Pz.Kpfw.IV Ausf.E

6./Panzerregiment 11, 6.Panzerdivision, No.600
1941 Eastern Front

車体は、基本色 RAL7021 ドゥンケルグラウの単色塗装が施されている。砲塔番号の"600"は、砲塔側面の前部とゲペックカステン（現地部隊作製）の後面に白色で小さく記入。国籍標識のバルケンクロイツは、車体上部右側のみに白縁のみのタイプで描かれている。

Ⅳ号戦車E型　第10装甲師団第7戦車連隊8号車

Pz.Kpfw.IV Ausf.E 8./Pz.Regt.7, 10.Pz.Div., No.8

車体各部の特徴

車体上部前面の増加装甲板は未装着のE型。砲塔後面にはゲペックカステン（1941年3月から装備開始）を装備。主マフラー上部の発煙筒ラックは、装甲カバー付きではない旧タイプが使用されている。

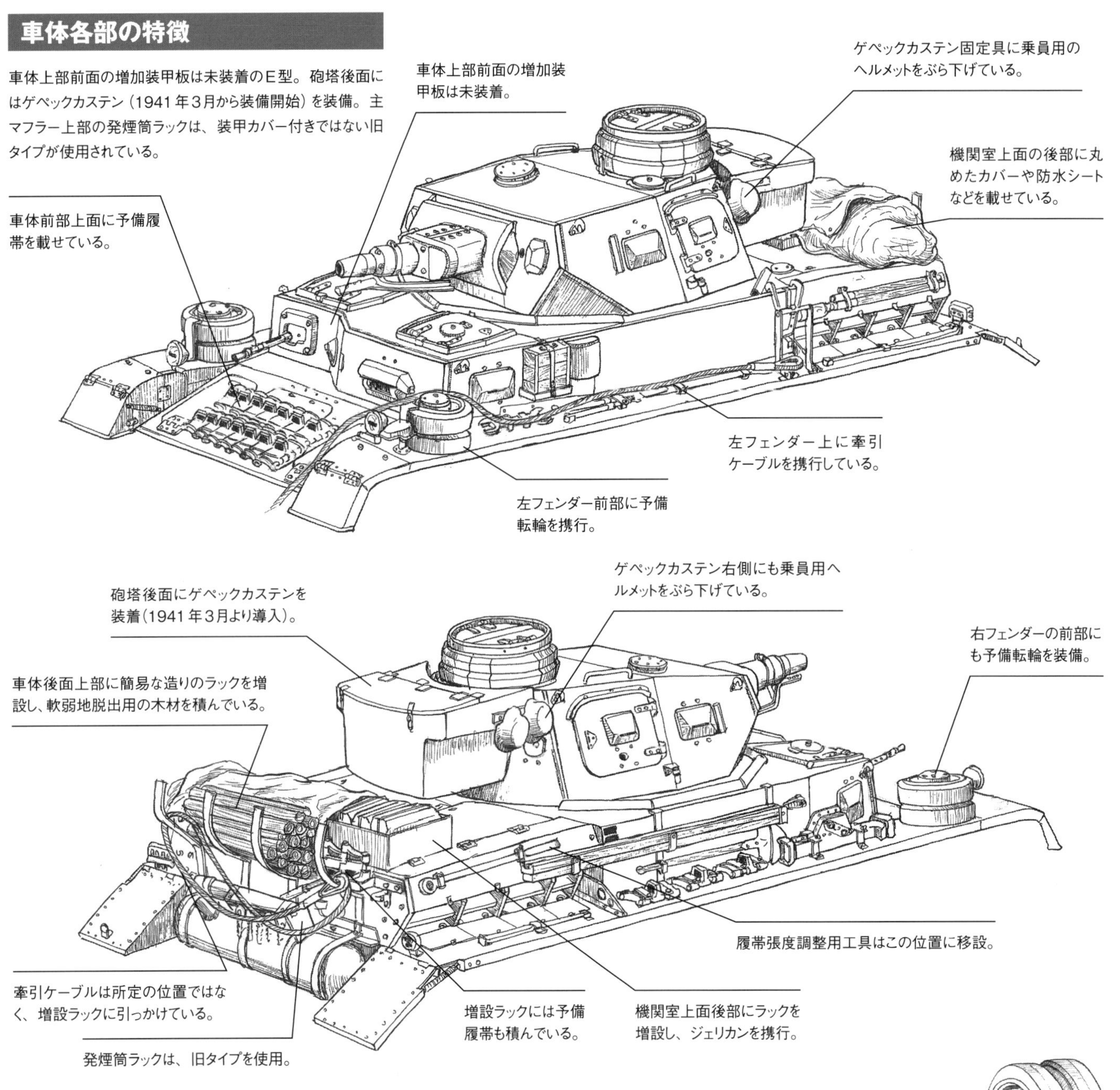

車体上部前面の増加装甲板は未装着。
ゲペックカステン固定具に乗員用のヘルメットをぶら下げている。
機関室上面の後部に丸めたカバーや防水シートなどを載せている。
車体前部上面に予備履帯を載せている。
左フェンダー上に牽引ケーブルを携行している。
左フェンダー前部に予備転輪を携行。
ゲペックカステン右側にも乗員用ヘルメットをぶら下げている。
砲塔後面にゲペックカステンを装着(1941年3月より導入)。
右フェンダーの前部にも予備転輪を装備。
車体後面上部に簡易な造りのラックを増設し、軟弱地脱出用の木材を積んでいる。
履帯張度調整用工具はこの位置に移設。
牽引ケーブルは所定の位置ではなく、増設ラックに引っかけている。
増設ラックには予備履帯も積んでいる。
機関室上面後部にラックを増設し、ジェリカンを携行。
発煙筒ラックは、旧タイプを使用。

8号車の車体後面上部

荷物用のラックが増設されており、ラックの内側には、図のような予備履帯ラックも取り付けられている。機関室後部の右側にある箱状の金属ラックは、ジェリカンを入れるためのもの。

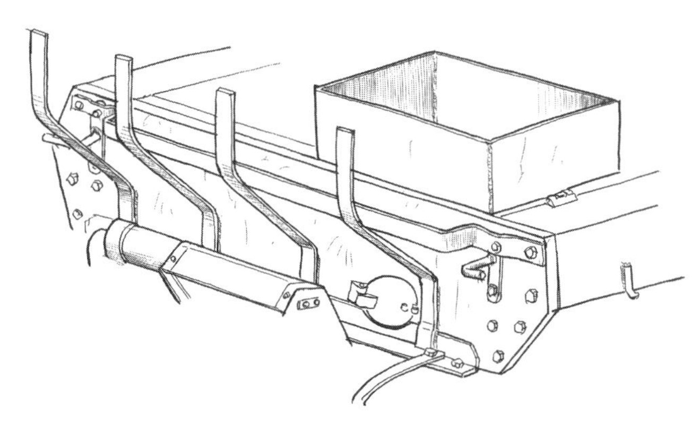

E型で使用された転輪

左図は旧型転輪、右図はハブキャップを変更した新型転輪。E型は新旧どちらも使用しており、中には両タイプを混用している車両もある。

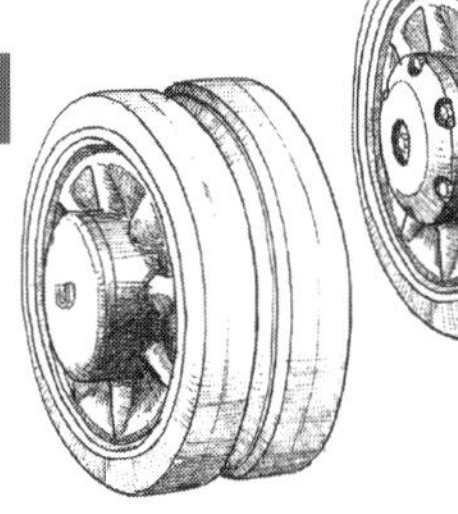

E型の起動輪

E型から使用開始。スポーク部分の形状を変更し、本体とスプロケットの接合部の強度を向上させた。

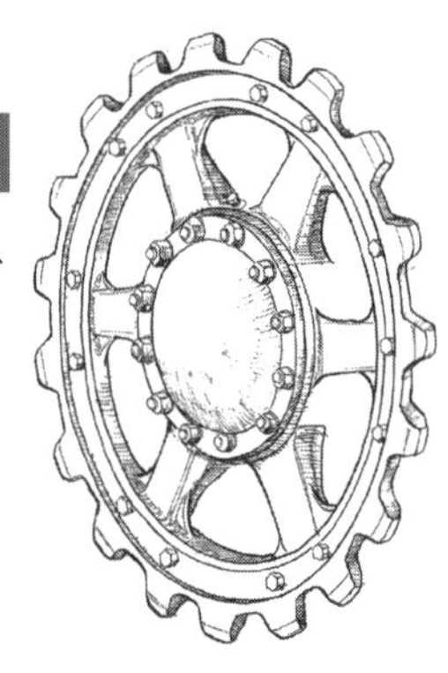

[図26]

Ⅳ号戦車E型　第6装甲師団第11戦車連隊600号車

Pz.Kpfw.IV Ausf.E 6./Pz.Regt.11, 6.Pz.Div., No.600

車体各部の特徴

車体上部前面に増加装甲板を装着したE型。砲塔後面のゲペックカステンは標準型でなく、部隊で作製した非正規品を取り付けている。

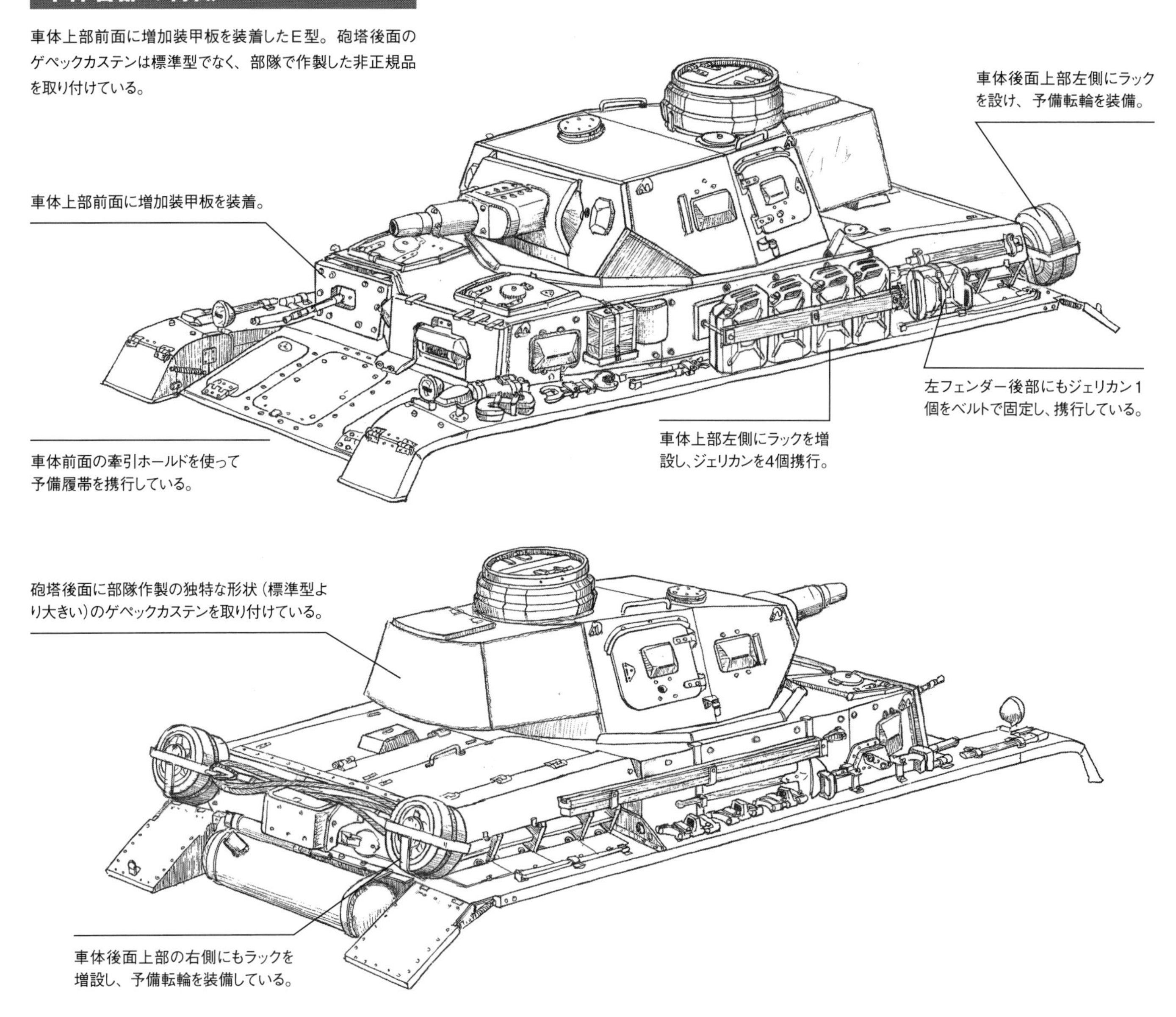

車体後面上部左側にラックを設け、予備転輪を装備。
車体上部前面に増加装甲板を装着。
左フェンダー後部にもジェリカン1個をベルトで固定し、携行している。
車体上部左側にラックを増設し、ジェリカンを4個携行。
車体前面の牽引ホールドを使って予備履帯を携行している。
砲塔後面に部隊作製の独特な形状（標準型より大きい）のゲペックカステンを取り付けている。
車体後面上部の右側にもラックを増設し、予備転輪を装備している。

E型の増加装甲板

E型は、生産当初から車体上部前面に30mm厚の増加装甲板を装着する予定だったが、供給が間に合わず、E型の初期生産車は、増加装甲板を取り付けていない車両も多い。

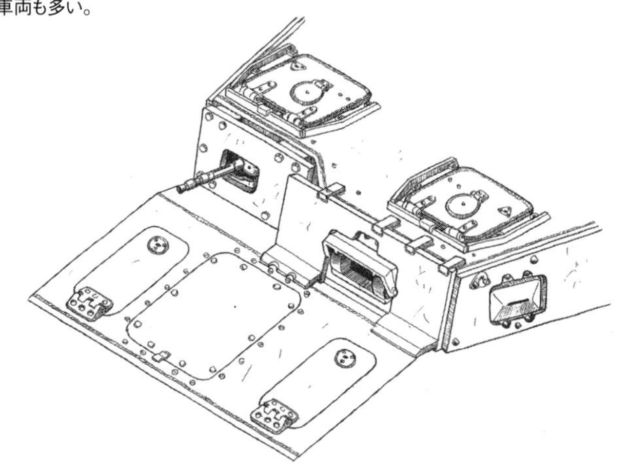

600号車の増設ジェリカンラック

第11連隊車両は、車体上部左側にジェリカンラックを増設しているが、車両によって造りが異なっており、600号車は、外側の板の固定ボルトが3本で、表面に座金を挟んでいるのが特徴。

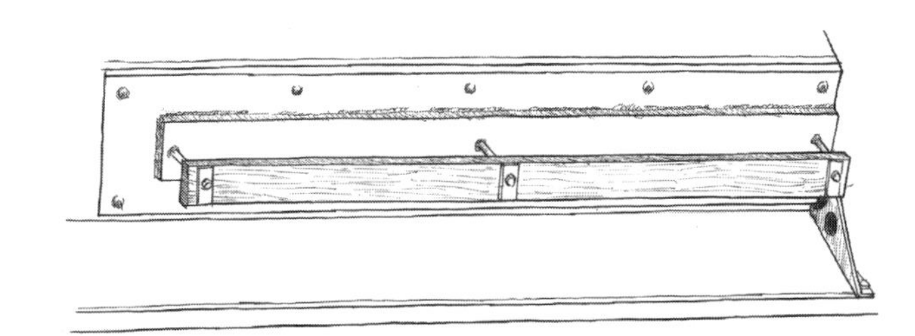

〔図27〕

Ⅳ号戦車E型

所属部隊不明 621 号車
1941 年　東部戦線

Pz.Kpfw.IV Ausf.E

Unit unknown, No.621
1941 Eastern Front

基本色 RAL7021 ドゥンケルグラウの単色塗装が施されている。砲塔側面とゲペックカステン（現地部隊作製）の後面に大きく描かれた砲塔番号“621”は、白縁のみのように見える。車体上部左側には白縁付き黒十字の国籍標識バルケンクロイツを描いたプレートを取り付けているが、車体上部右側には未記入のようだ。

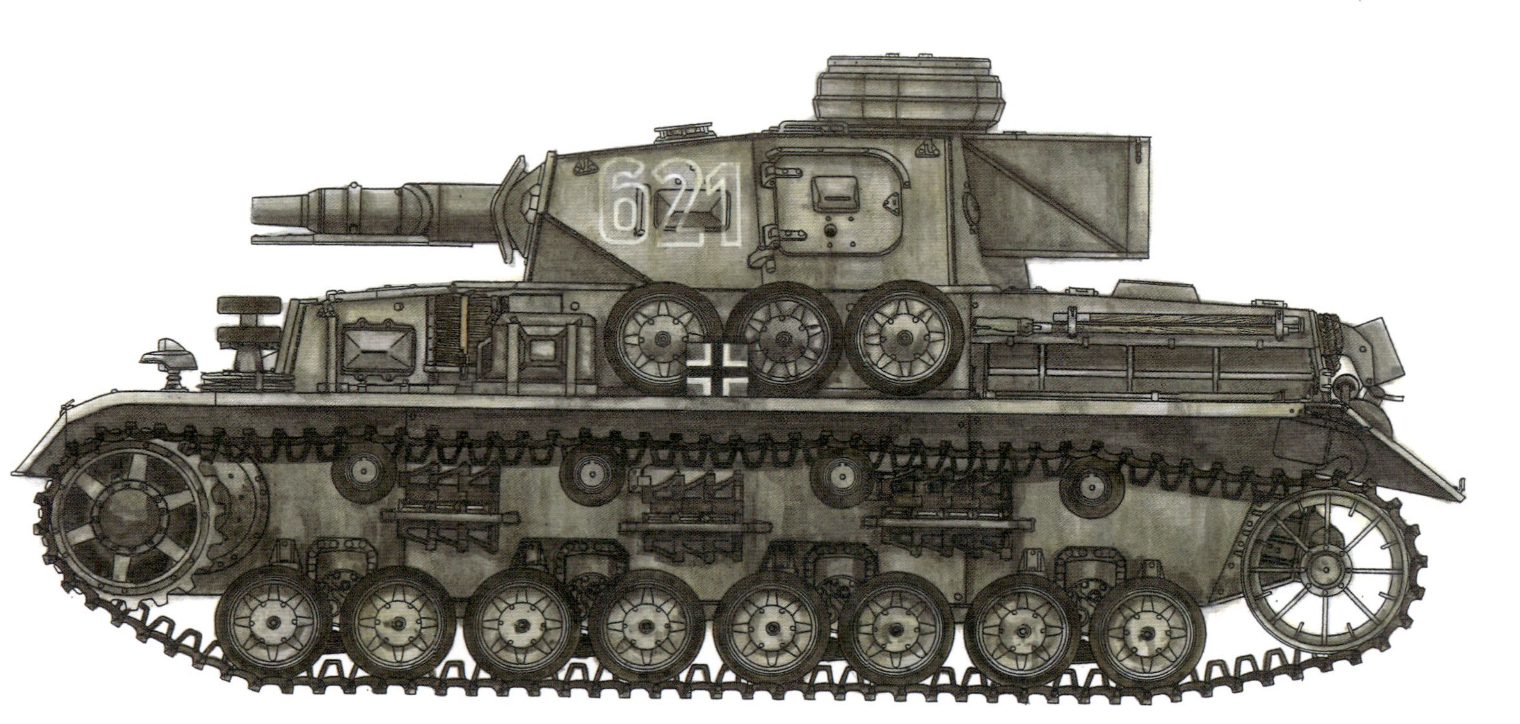
621

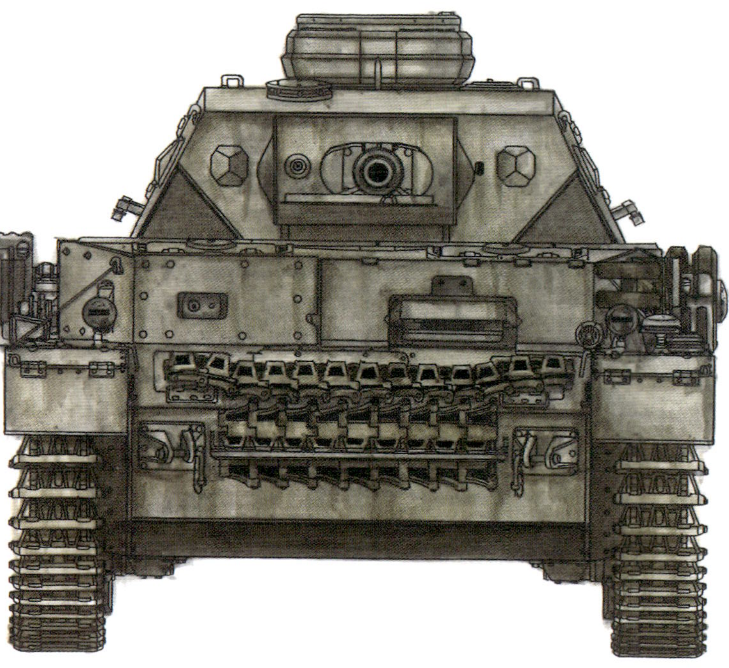

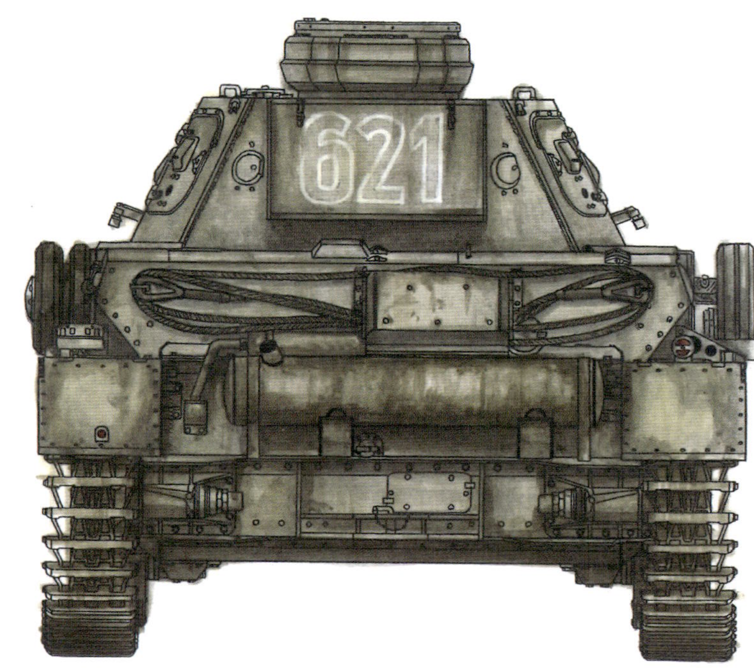
621

〔図28〕

Ⅳ号戦車E型

第 11 装甲師団第 15 戦車連隊 14 号車
1941 年　東部戦線

Pz.Kpfw.IV Ausf.E

Panzerregiment 15, 11.Panzerdivision, No.14
1941 Eastern Front

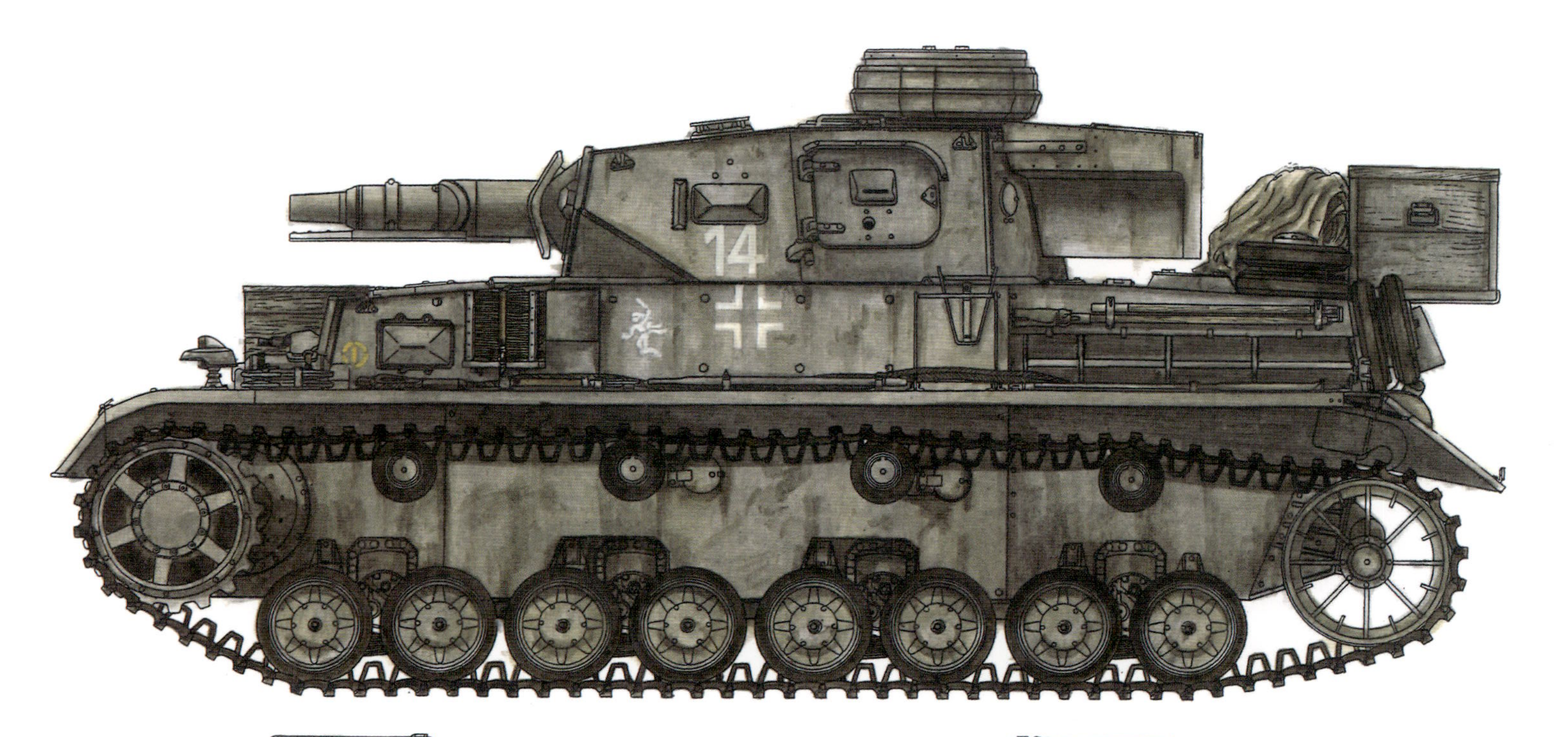

14

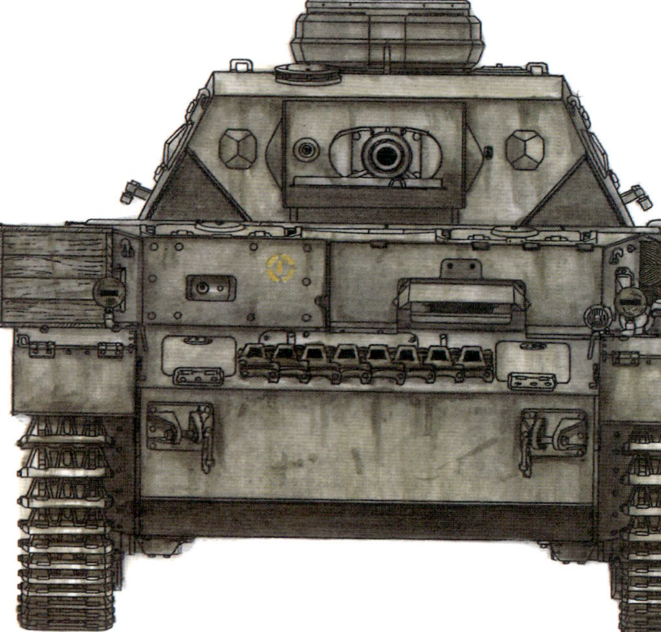

K

基本色 RAL7021 ドゥンケルグラウの単色塗装。砲塔番号の“14”は、砲塔側面とゲペックカステンの後面に白色で記入。車体上部前面右側と車体上部側面の最前部に黄色い正規の師団マークが描かれ、さらに車体上部側面の国籍標識の前方には第 11 装甲師団所属車で用いられた白い“幽霊”マーク（こちらは非正規）も描かれている。国籍標識は白縁のみのタイプが用いられており、車体上部側面と車体後面上部左側、さらに車体後部に増設した収納箱の後面にも描かれている。また、同収納箱にはクライストの第 1 装甲軍を示す“K”の文字も記入されている。

［図27］

Ⅳ号戦車E型　所属部隊不明621号車

Pz.Kpfw.IV Ausf.E Unit unknown, No.621

車体各部の特徴

車体上部前面に増加装甲板を装着したE型。砲塔後面のゲペックカステンは標準型でなく、部隊作製の非正規品を装着している。

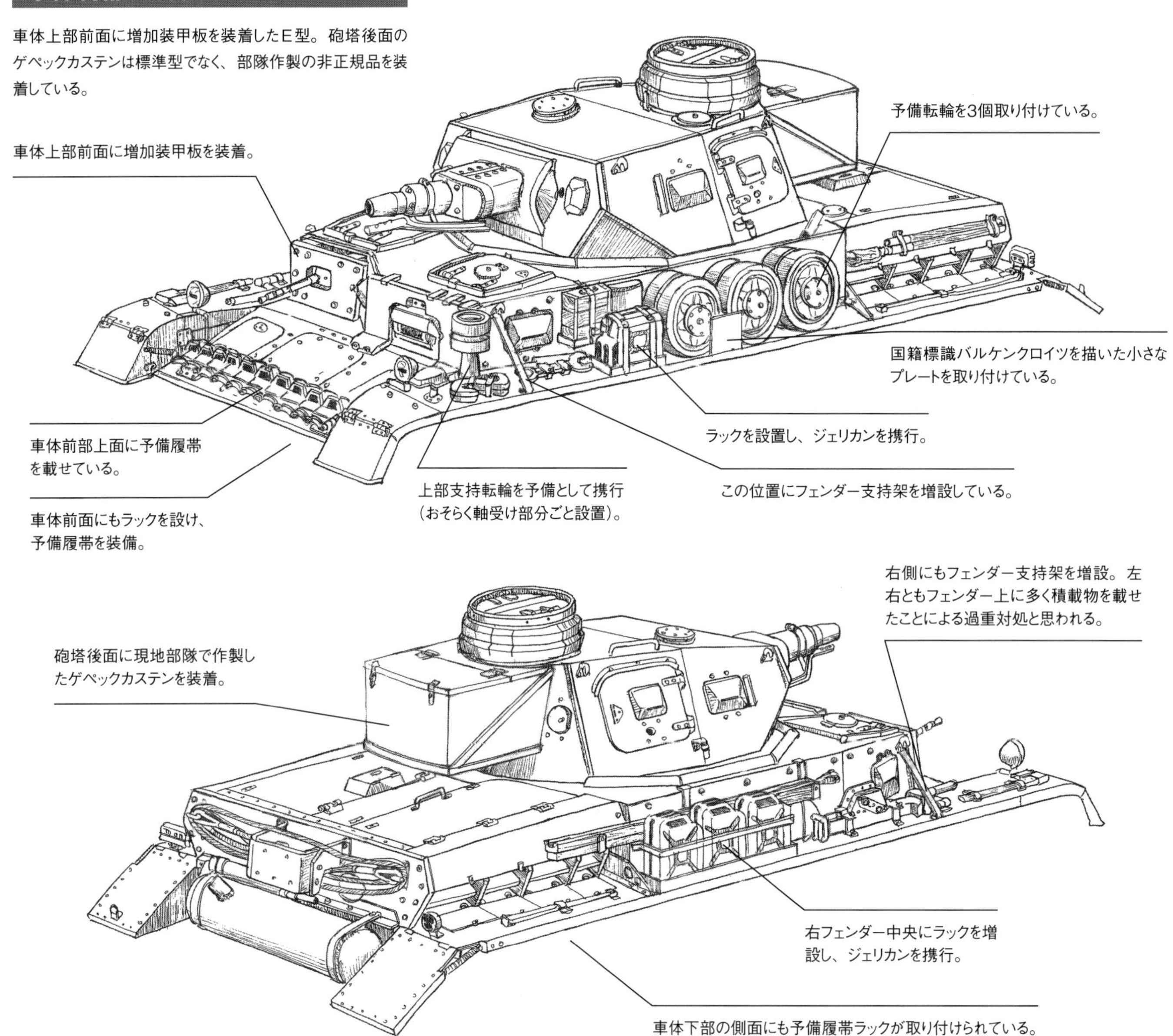
車体上部前面に増加装甲板を装着。
予備転輪を3個取り付けている。
国籍標識バルケンクロイツを描いた小さなプレートを取り付けている。
ラックを設置し、ジェリカンを携行。
この位置にフェンダー支持架を増設している。
車体前部上面に予備履帯を載せている。
車体前面にもラックを設け、予備履帯を装備。
上部支持転輪を予備として携行（おそらく軸受け部分ごと設置）。
右側にもフェンダー支持架を増設。左右ともフェンダー上に多く積載物を載せたことによる過重対処と思われる。
砲塔後面に現地部隊で作製したゲペックカステンを装着。
右フェンダー中央にラックを増設し、ジェリカンを携行。
車体下部の側面にも予備履帯ラックが取り付けられている。

621号車の車体前面

車体前面には予備履帯ラックを設置している。

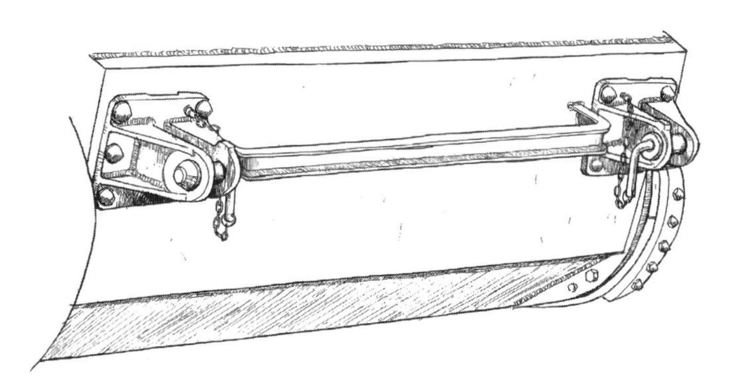

621号車の左フェンダー上のジェリカンラック

左フェンダーに増設されたジェリカンラック。ジェリカンを革バンドで固定するようになっているようだ。

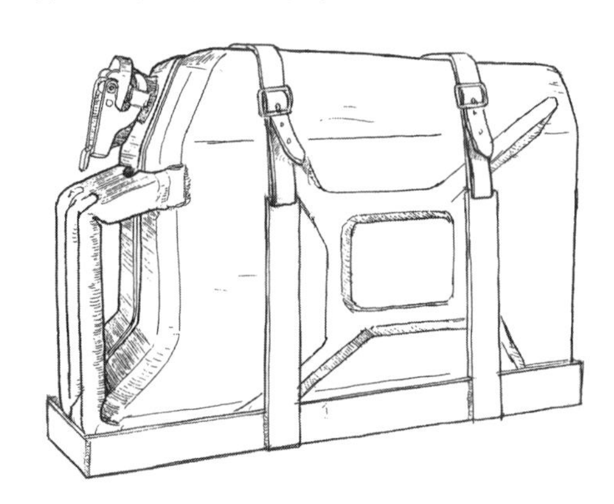

[図28]

Ⅳ号戦車E型　第11装甲師団第15戦車連隊14号車

Pz.Kpfw.IV Ausf.E Pz.Regt.15, 11.Pz.Div., No.14

車体各部の特徴

車体上部前面の増加装甲板、砲塔後面のゲペックカステンを備えたE型後期生産車。

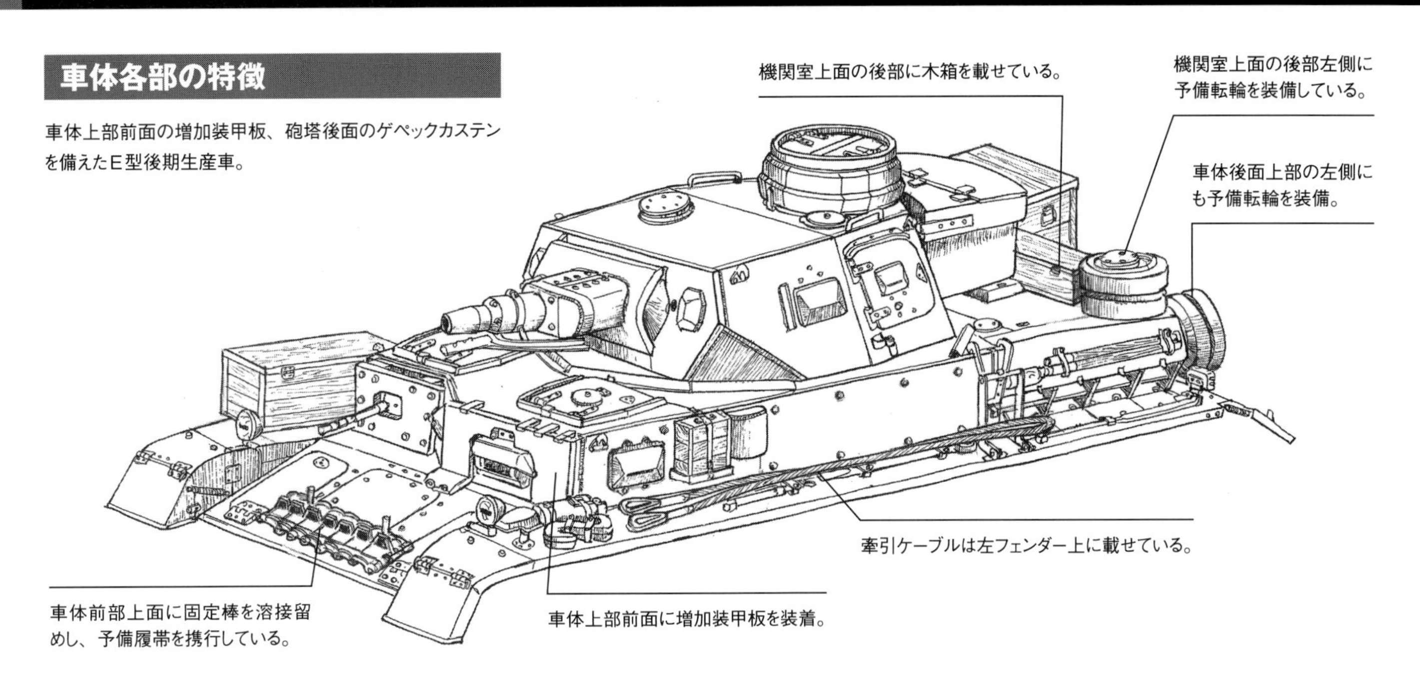

機関室上面の後部に木箱を載せている。
機関室上面の後部左側に予備転輪を装備している。
車体後面上部の左側にも予備転輪を装備。
牽引ケーブルは左フェンダー上に載せている。
車体前部上面に固定棒を溶接留めし、予備履帯を携行している。
車体上部前面に増加装甲板を装着。

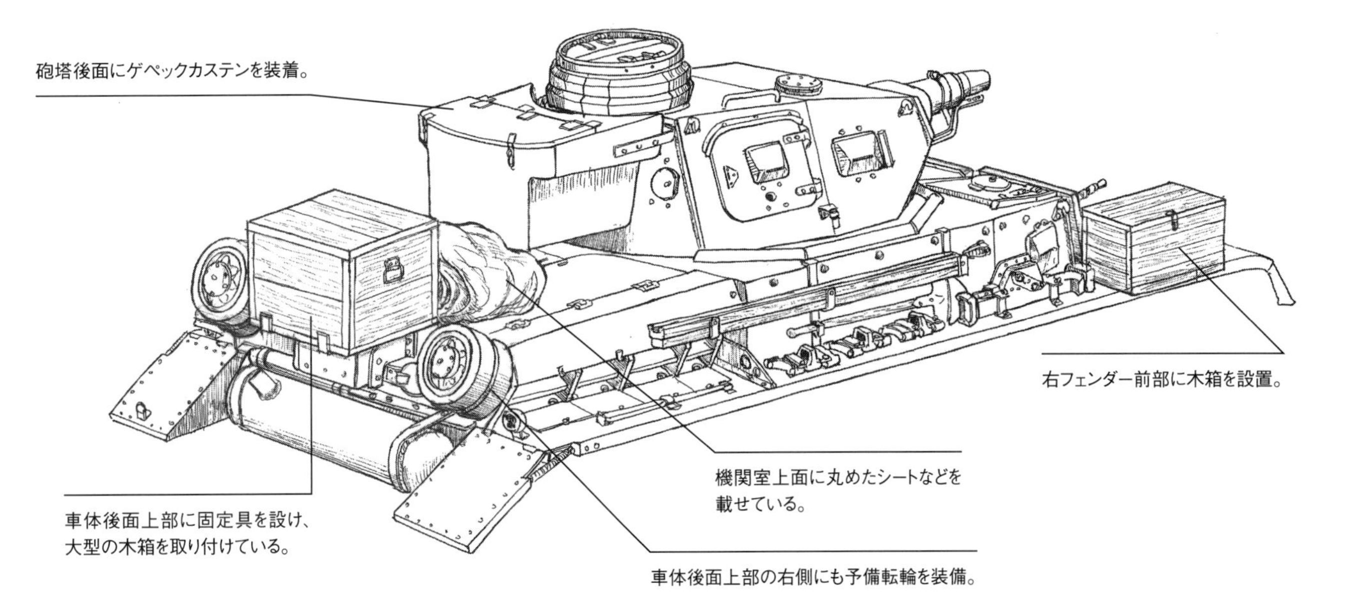

砲塔後面にゲペックカステンを装着。
右フェンダー前部に木箱を設置。
機関室上面に丸めたシートなどを載せている。
車体後面上部に固定具を設け、大型の木箱を取り付けている。
車体後面上部の右側にも予備転輪を装備。

E型の操縦手用視察バイザーの構造

E型から導入された新型の30mm厚装甲板対応のFahrersehklappe 30。前面の装甲カバーが回転式になった。

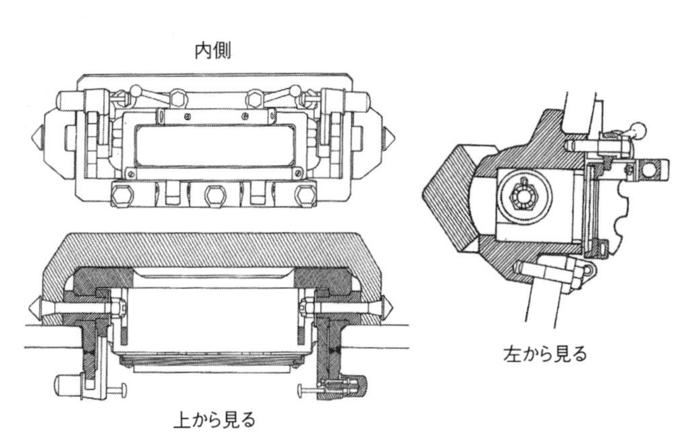

内側
上から見る
左から見る

E型の車体後面

E型から発煙筒ラックは装甲カバー付きとなるが、D型と同じ旧タイプを取り付けている車両も少なくない。図は標準的なE型だが、14号車は上部左右に予備転輪を備え、発煙筒ラックの上に木箱を載せるための固定具を増設している。

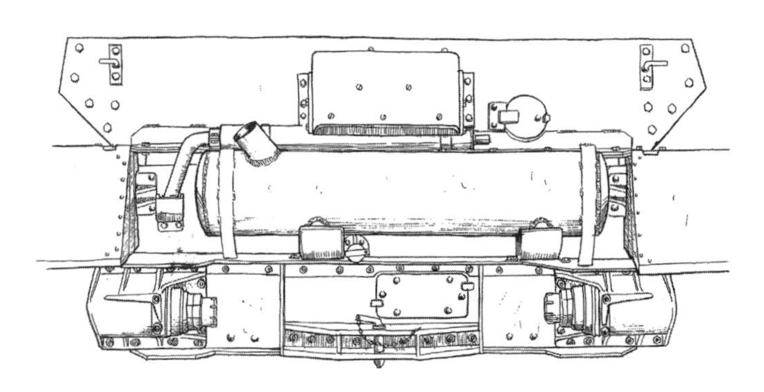

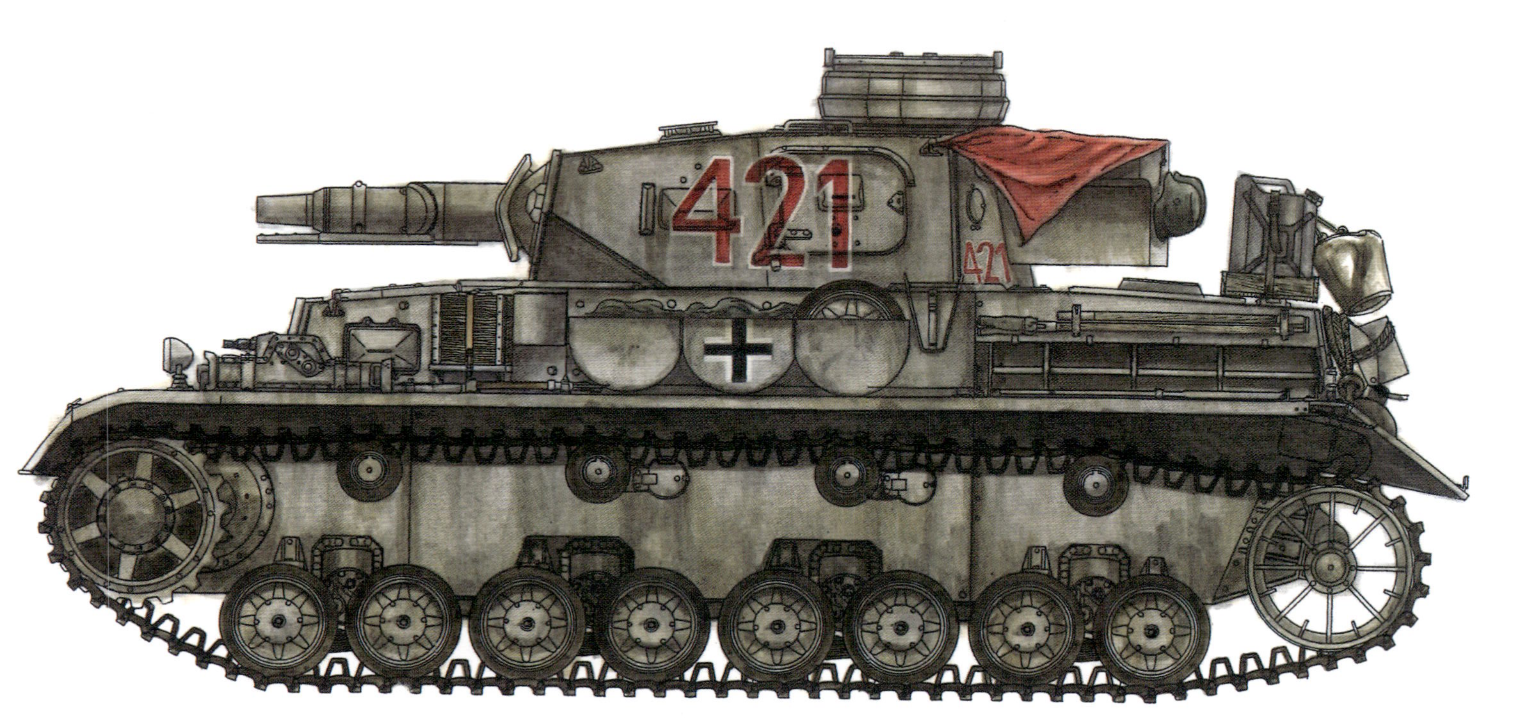
421
421

〔図29〕

Ⅳ号戦車E型

第 7 装甲師団第 25 戦車連隊 421 号車
1941 年　東部戦線

Pz.Kpfw.IV Ausf.E
4./Panzerregiment 25, 7.Panzerdivision, No.421
1941 Eastern Front

基本色 RAL7021 ドゥンケルグラウの単色塗装。砲塔番号“421”は、白縁付きの赤色数字で、砲塔側面には大きく、砲塔後面両側の下部には小さく描いている。国籍標識バルケンクロイツは、白縁付きの黒十字で、車体上部側面とゲペックカステン後面に描き、また、車体上部前面の左端には黄色の師団マークを描いている。

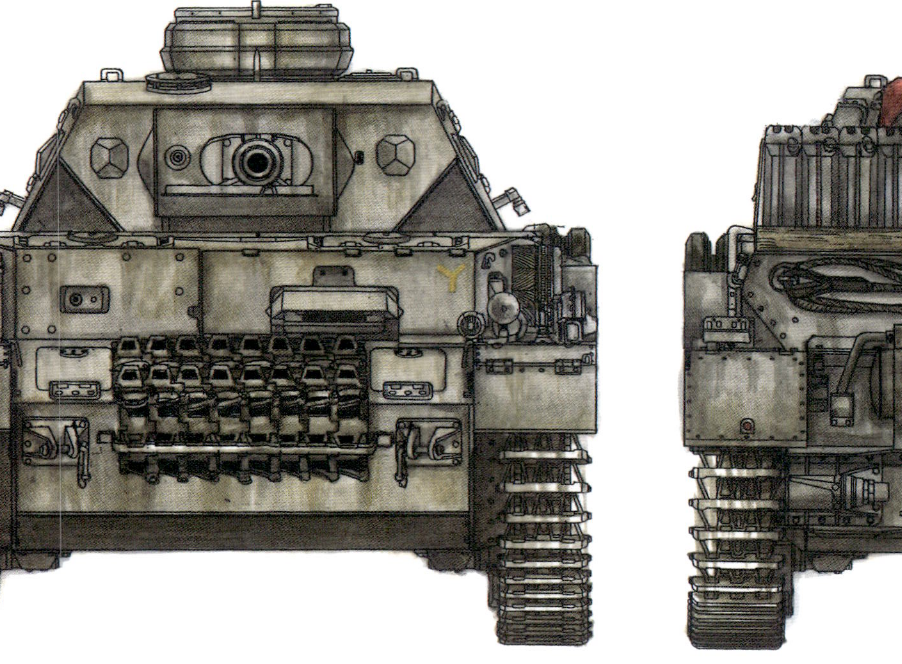

〔図30〕

Ⅳ号戦車E型

第 22 装甲師団第 204 戦車連隊 822 号車
1942 年春　東部戦線 / クリミア

Pz.Kpfw.IV Ausf.E
8./Panzerregiment 204, 22.Panzerdivision, No.822
Spring of 1942 Eastern Front/ Crimea

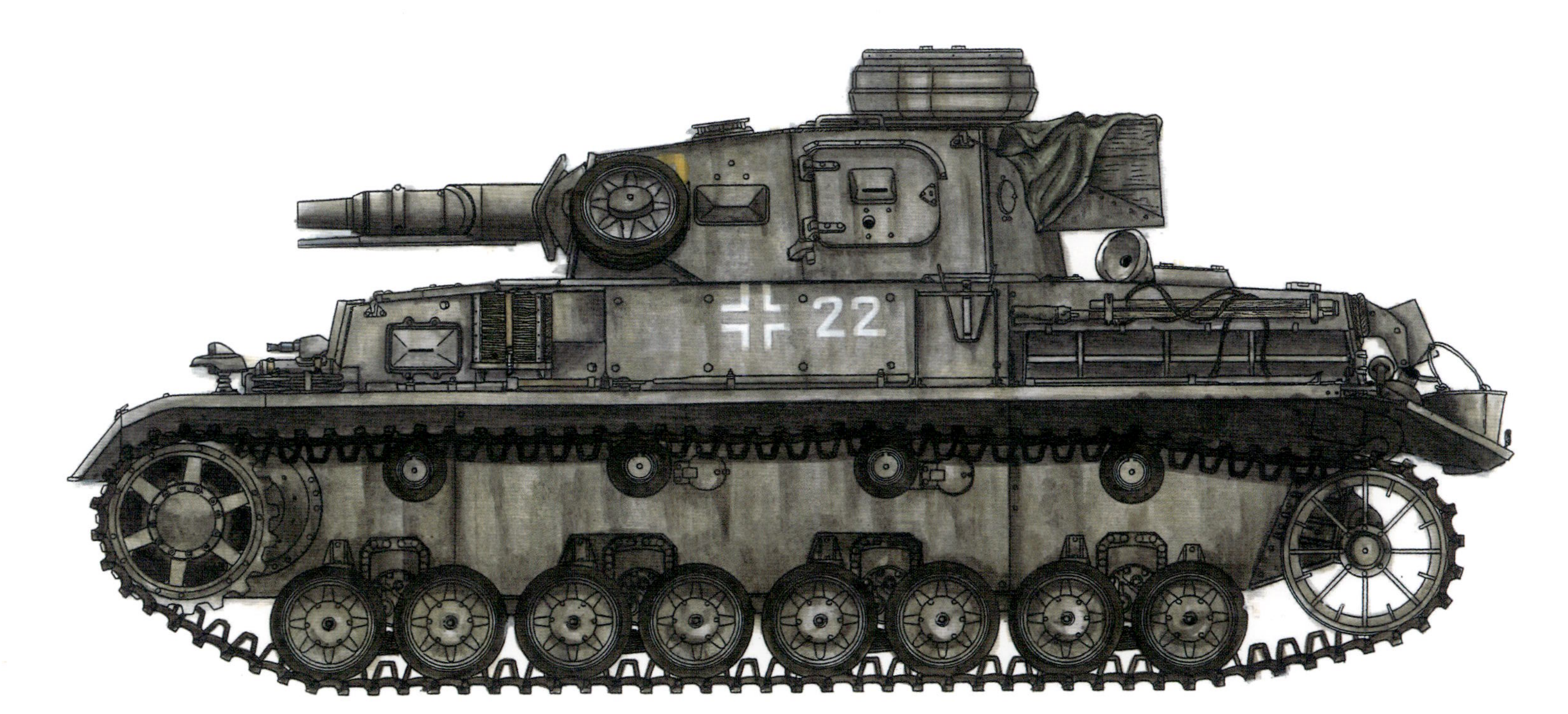

22

8
22

車体は、基本色 RAL7021 ドゥンケルグラウの単色塗装が施されている。砲塔側面の前部と砲塔後面に増設されたゲペックカステン（現地部隊作製の木箱）には中隊番号を示す“8”のみを黄色で大きく描き、車体上部側面と左側のリアフェンダーには小隊番号と号車を示す下２桁の“22”が描かれている。車体上部側面と車体後面上部左側に描かれた国籍標識バルケンクロイツは白縁のみのタイプとなっている。

[図29]

Ⅳ号戦車E型　第7装甲師団第25戦車連隊421号車

Pz.Kpfw.IV Ausf.E　Pz.Regt.25, 7.Pz.Div., No.421

車体各部の特徴

車体上部前面の増加装甲板、砲塔後面のゲペックカステンを備えたE型後期生産車。

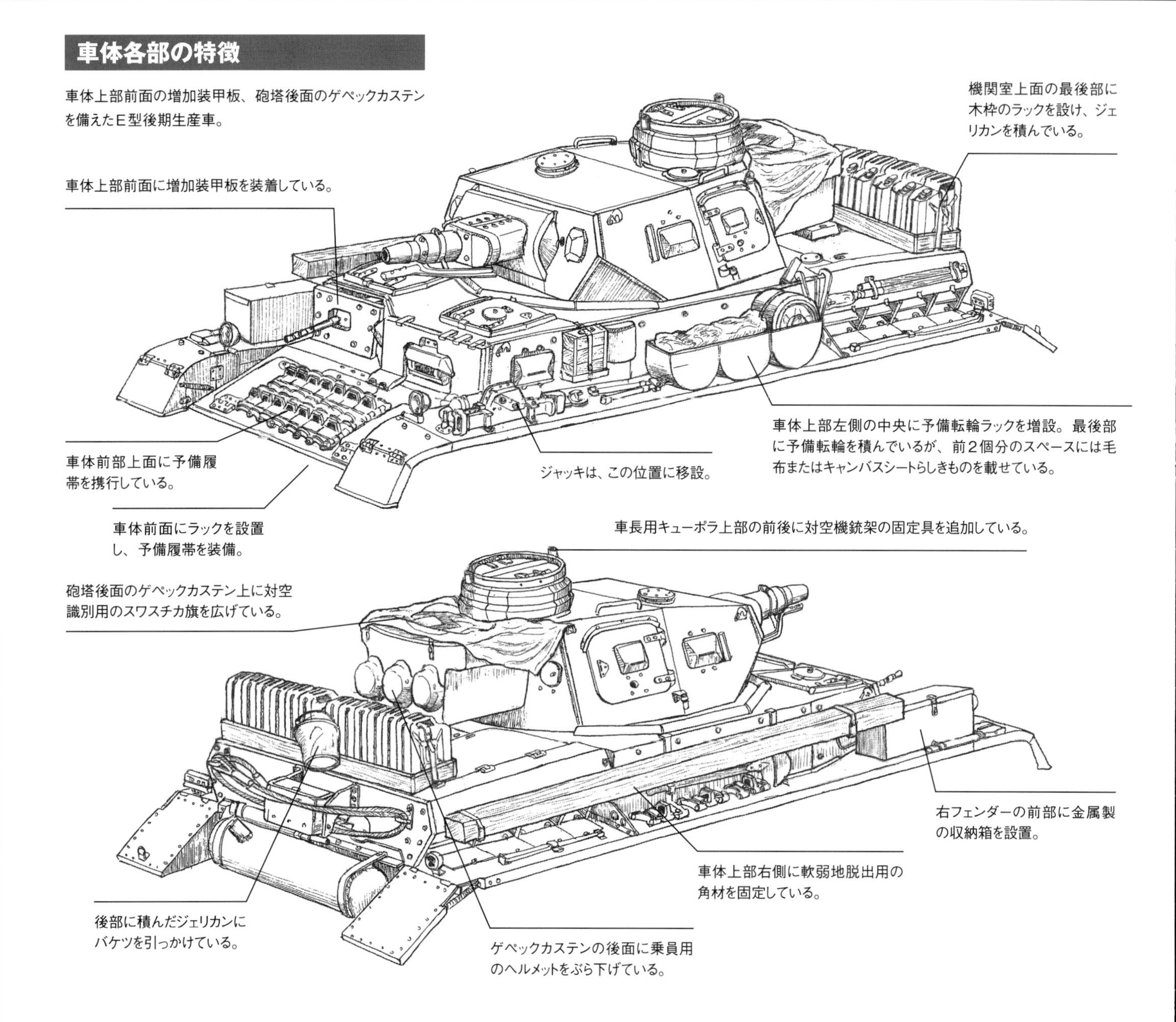

機関室上面の最後部に木枠のラックを設け、ジェリカンを積んでいる。
車体上部前面に増加装甲板を装着している。
車体前部上面に予備履帯を携行している。
車体前面にラックを設置し、予備履帯を装備。
ジャッキは、この位置に移設。
車体上部左側の中央に予備転輪ラックを増設。最後部に予備転輪を積んでいるが、前2個分のスペースには毛布またはキャンバスシートらしきものを載せている。
車長用キューポラ上部の前後に対空機銃架の固定具を追加している。
砲塔後面のゲペックカステン上に対空識別用のスワスチカ旗を広げている。
右フェンダーの前部に金属製の収納箱を設置。
車体上部右側に軟弱地脱出用の角材を固定している。
後部に積んだジェリカンにバケツを引っかけている。
ゲペックカステンの後面に乗員用のヘルメットをぶら下げている。

421号車の車体前面

421号車は前面に予備履帯ラックを増設している。

421号車の予備転輪ラック

車体上部左側に増設されたジェリカンラック。間に仕切り板があり、1個ずつ収容する凝った造りになっている。421号車は最後部のラックに予備転輪を収納しているが、前2個には毛布あるいはキャンバスシートのようなものを入れている。

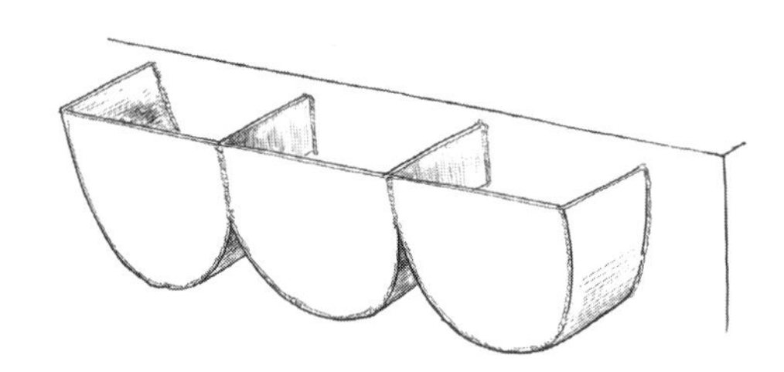

421号車のジェリカンラック

機関室上面の最後部に木枠で作ったラックを設置し、ジェリカンを積んでいる。ジェリカンは革製のベルトで固定している。図はラックの右側部分を示す。

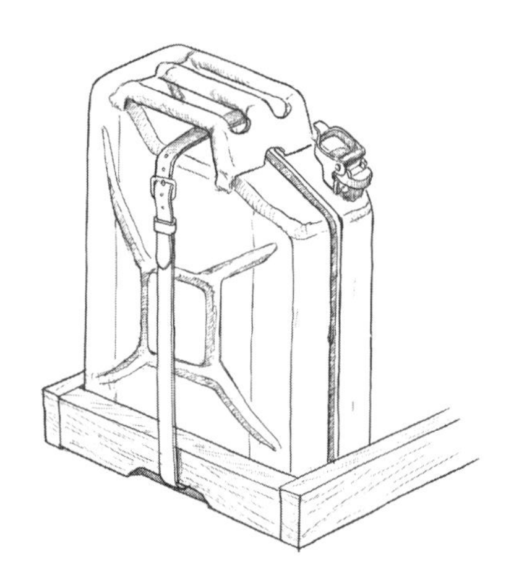

[図30]

Ⅳ号戦車E型　第22装甲師団第204戦車連隊822号車

Pz.Kpfw.IV Ausf.E 8./Pz.Regt.204, 22.Pz.Div., No.822

車体各部の特徴

車体上部前面に増加装甲板を装着したE型。砲塔後面のゲペックカステンは標準型ではなく、部隊作製の非正規品を取り付けている。

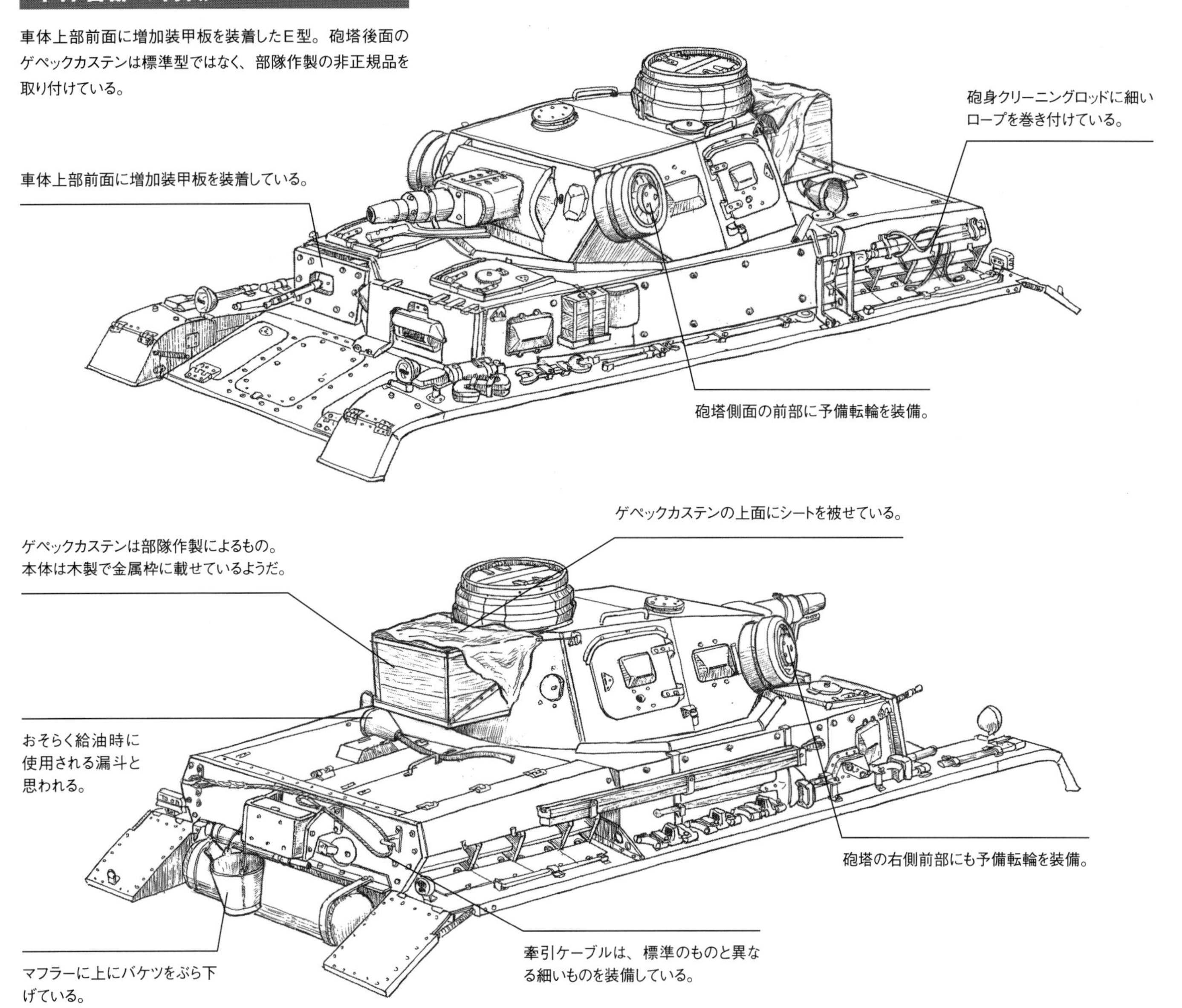

車体上部前面に増加装甲板を装着している。
砲身クリーニングロッドに細いロープを巻き付けている。
砲塔側面の前部に予備転輪を装備。
ゲペックカステンの上面にシートを被せている。
ゲペックカステンは部隊作製によるもの。本体は木製で金属枠に載せているようだ。
おそらく給油時に使用される漏斗と思われる。
砲塔の右側前部にも予備転輪を装備。
マフラーに上にバケツをぶら下げている。
牽引ケーブルは、標準のものと異なる細いものを装備している。

砲塔側面ハッチ

図は砲塔右側ハッチの裏側。防弾ガラス内蔵の視察孔やロック・ハンドルを設置している。

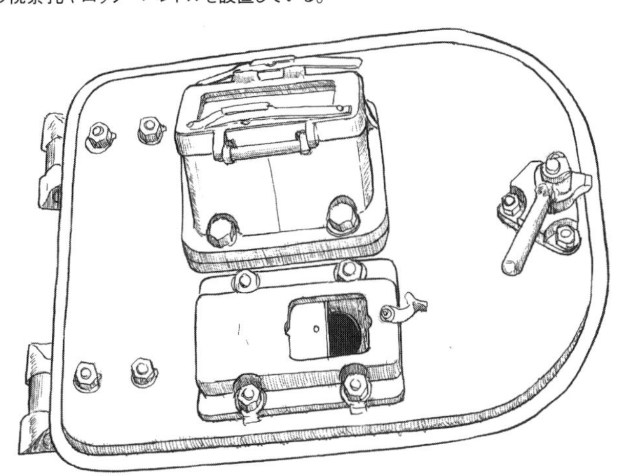

E型の砲塔後面

E型から砲塔後部が拡大されたため、車長用キューポラ後部の張り出しはなくなった。左右のピストルポートのカバーはD型と同じ。

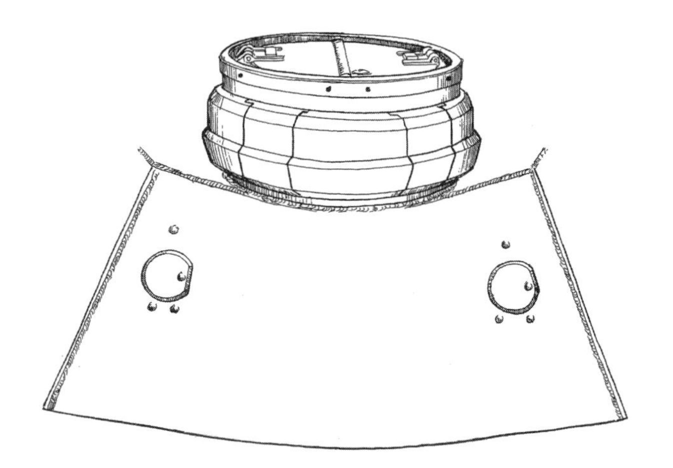

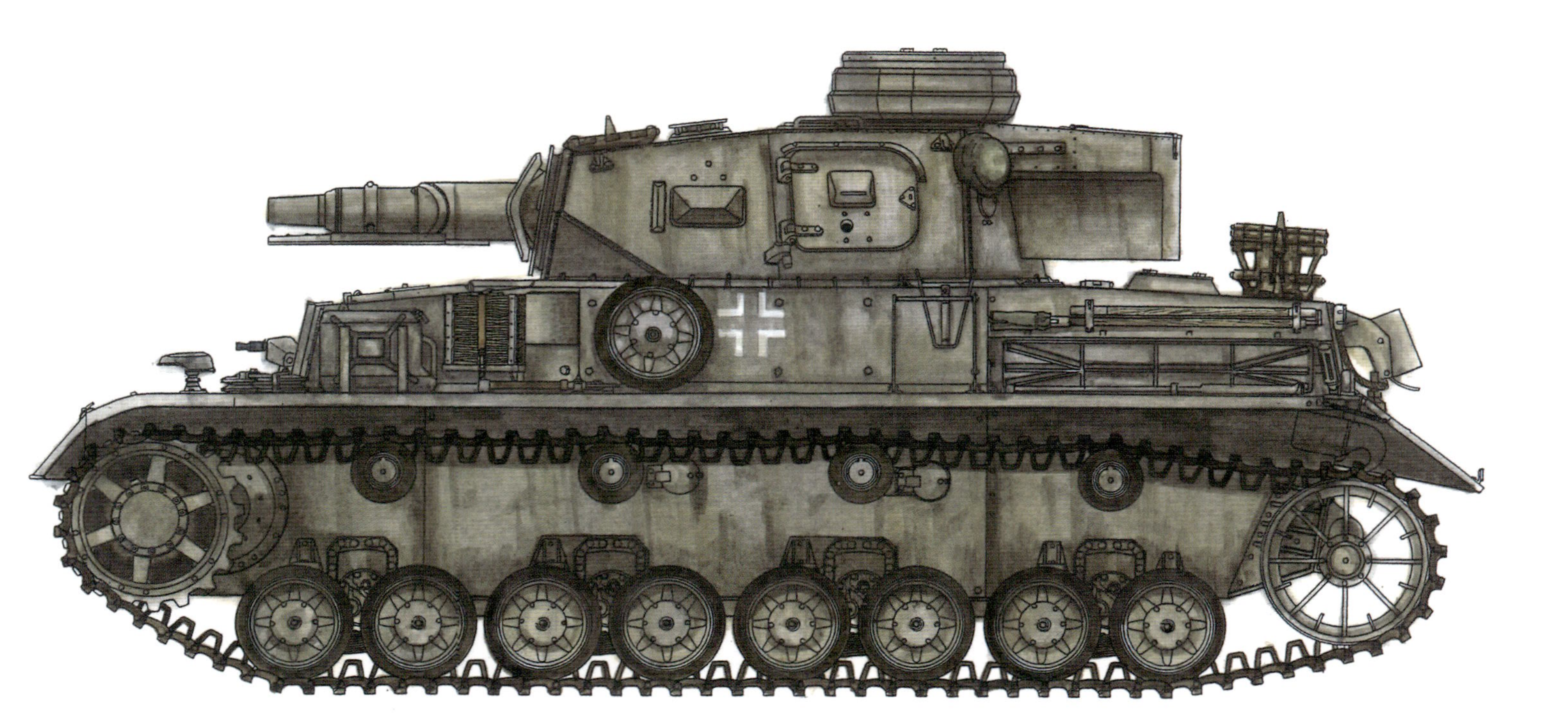

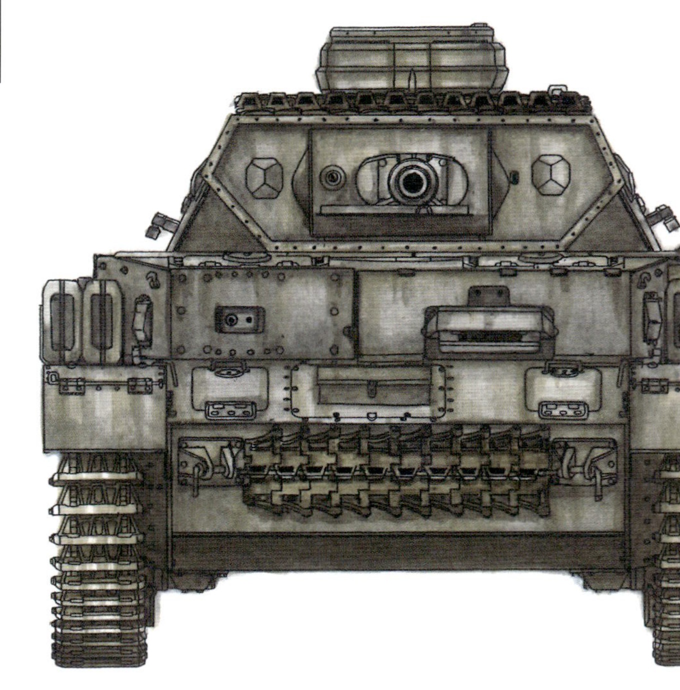

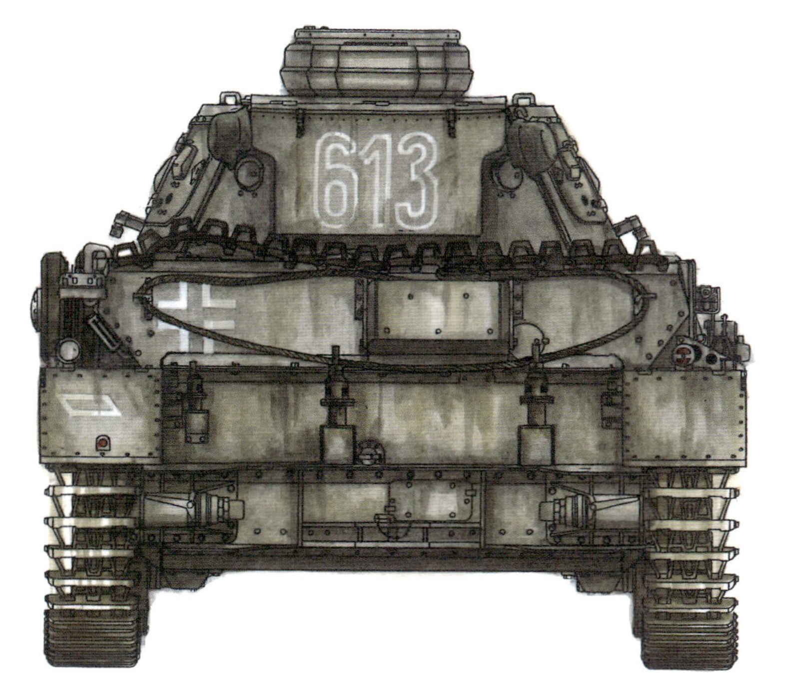
613

〔図31〕

Ⅳ号潜水戦車E型

所属部隊不明 613 号車
1941 年　東部戦線

Touch Pz.IV Ausf.E
Unit unknown, No.613
1941 Eastern Front

車体は、基本色 RAL7021 ドゥンケルグラウの単色塗装。砲塔番号“613”は白縁のみのタイプで、ゲペックカステン後面のみに大きく記入。車体上部側面と車体後面上部左側の国籍標識も白縁のみのタイプを用いている。また、左側のリアフェンダーには戦車を示す平行四辺形の記号が描かれている。

〔図32〕

Ⅳ号戦車E型

第 15 装甲師団第 8 戦車連隊 4 号車
1941 年晩秋　北アフリカ戦線 / リビア

Pz.Kpfw.IV Ausf.E
4./Panzerregiment 8, 15.Panzerdivision, No.4
Late Autumn of 1941 North African Front/ Libya

車体は、北アフリカ戦線向けの基本色RAL8000ゲルプブラウンで塗装されているが、写真からでは迷彩色RAL7008グラウグリュンが塗られているかは判断しずらい。砲塔番号の“4”は、白縁付きの黒色（あるいは赤色）数字で砲塔側面とゲペックカステンの後面に大きく描かれている。車体上部前面の左端に赤色の師団マーク、また、車体上部側面には白縁付き黒十字の国籍標識バルケンクロイツが描かれている。

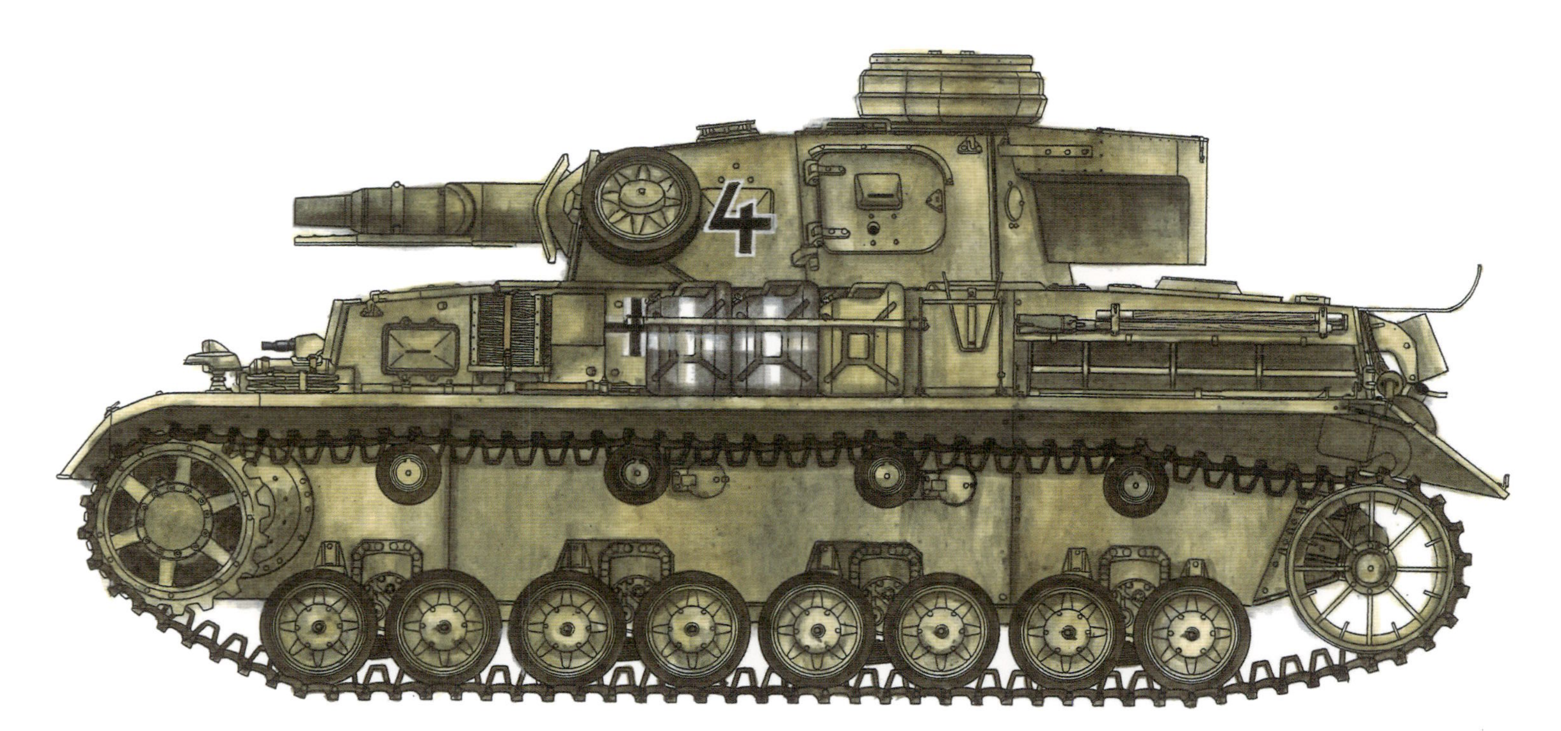

[図31]

Ⅳ号潜水戦車E型　所属部隊不明613号車

Touch Pz.IV Ausf.E Unit unknown, No.613

車体各部の特徴

1941年1～3月までに85両造られたⅣ号潜水戦車E型の内の1両。車体と砲塔はⅣ号潜水戦車D型と同様の潜水用防水装備が施されている。部隊配備後に砲塔後部にゲペックカステンを装着。

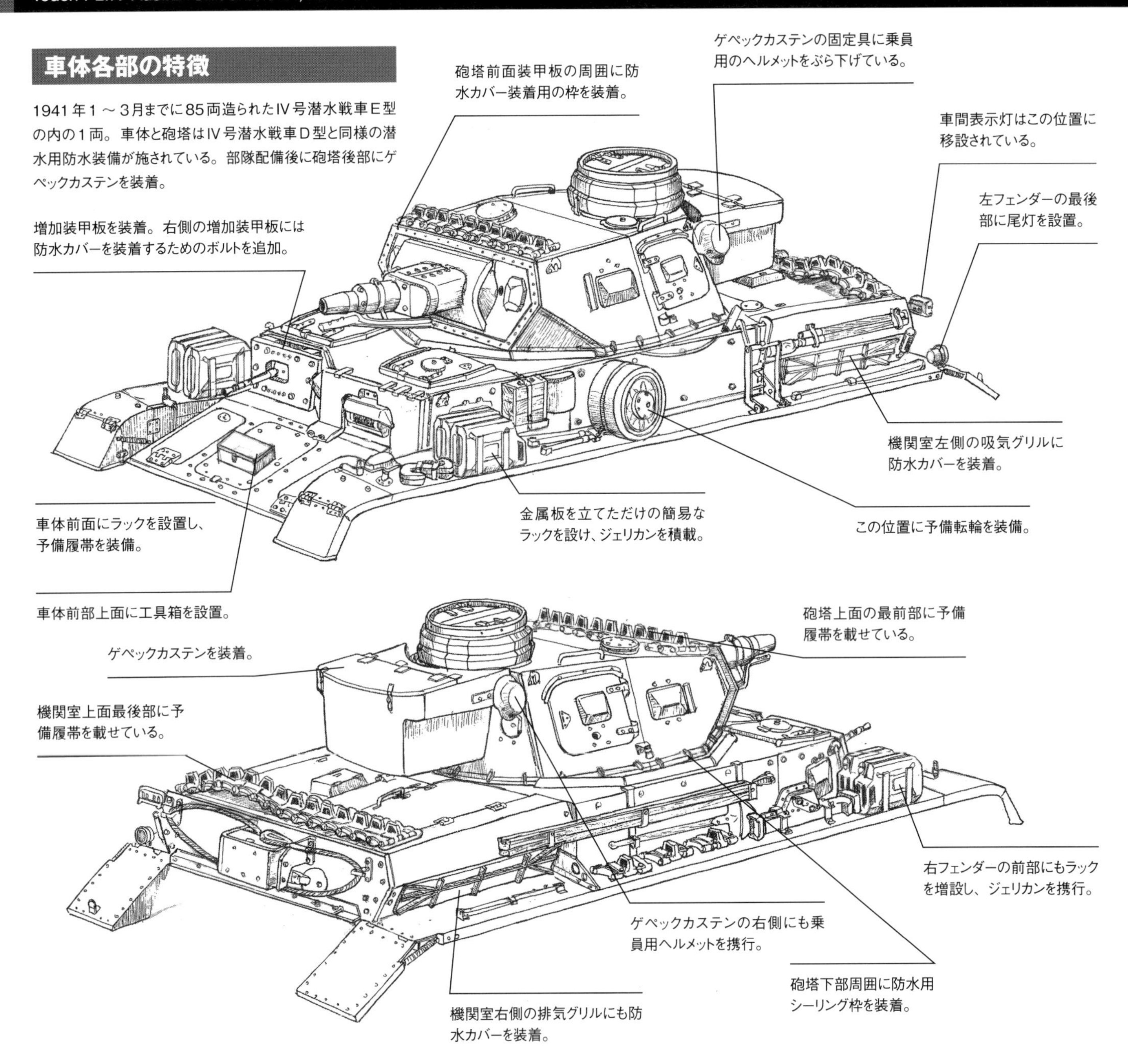

増加装甲板を装着。右側の増加装甲板には防水カバーを装着するためのボルトを追加。
砲塔前面装甲板の周囲に防水カバー装着用の枠を装着。
ゲペックカステンの固定具に乗員用のヘルメットをぶら下げている。
車間表示灯はこの位置に移設されている。
左フェンダーの最後部に尾灯を設置。
機関室左側の吸気グリルに防水カバーを装着。
この位置に予備転輪を装備。
金属板を立てただけの簡易なラックを設け、ジェリカンを積載。
車体前面にラックを設置し、予備履帯を装備。
車体前部上面に工具箱を設置。
ゲペックカステンを装着。
機関室上面最後部に予備履帯を載せている。
砲塔上面の最前部に予備履帯を載せている。
右フェンダーの前部にもラックを増設し、ジェリカンを携行。
ゲペックカステンの右側にも乗員用ヘルメットを携行。
砲塔下部周囲に防水用シーリング枠を装着。
機関室右側の排気グリルにも防水カバーを装着。

613号車の車体前面

車体前面に予備履帯ラックを増設。同ラックは、金属棒を溶接留めしただけの簡易な造り。

Ⅳ号潜水戦車E型の右側増加装甲板

前部機銃用の右側の増加装甲板には防水カバーを取り付けるための小さなボルトが追加されている。

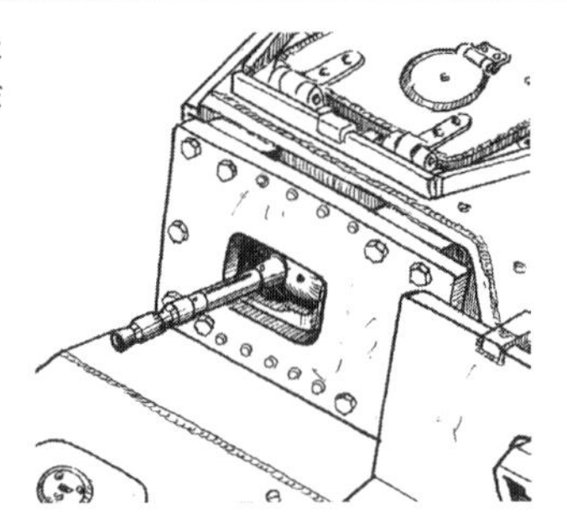

613号車の機関室左側

潜水戦車なので、吸気グリルに防水カバーを装着。さらに左フェンダーの後部に防水用の尾灯らしきものを設置。それに伴い車間表示灯は上部に移設されている。

[図32]

Ⅳ号戦車E型　第15装甲師団第8戦車連隊4号車

Pz.Kpfw.IV Ausf.E 4./Pz.Regt.8, 15.Pz.Div., No.4

車体各部の特徴

1941年2月に造られたE型の熱帯地仕様。車体上部前面の増加装甲板、砲塔後面のゲペックカステンを備え、さらに熱帯地仕様として機関室上面の左右点検ハッチには吸気ルーバーも設置されている。

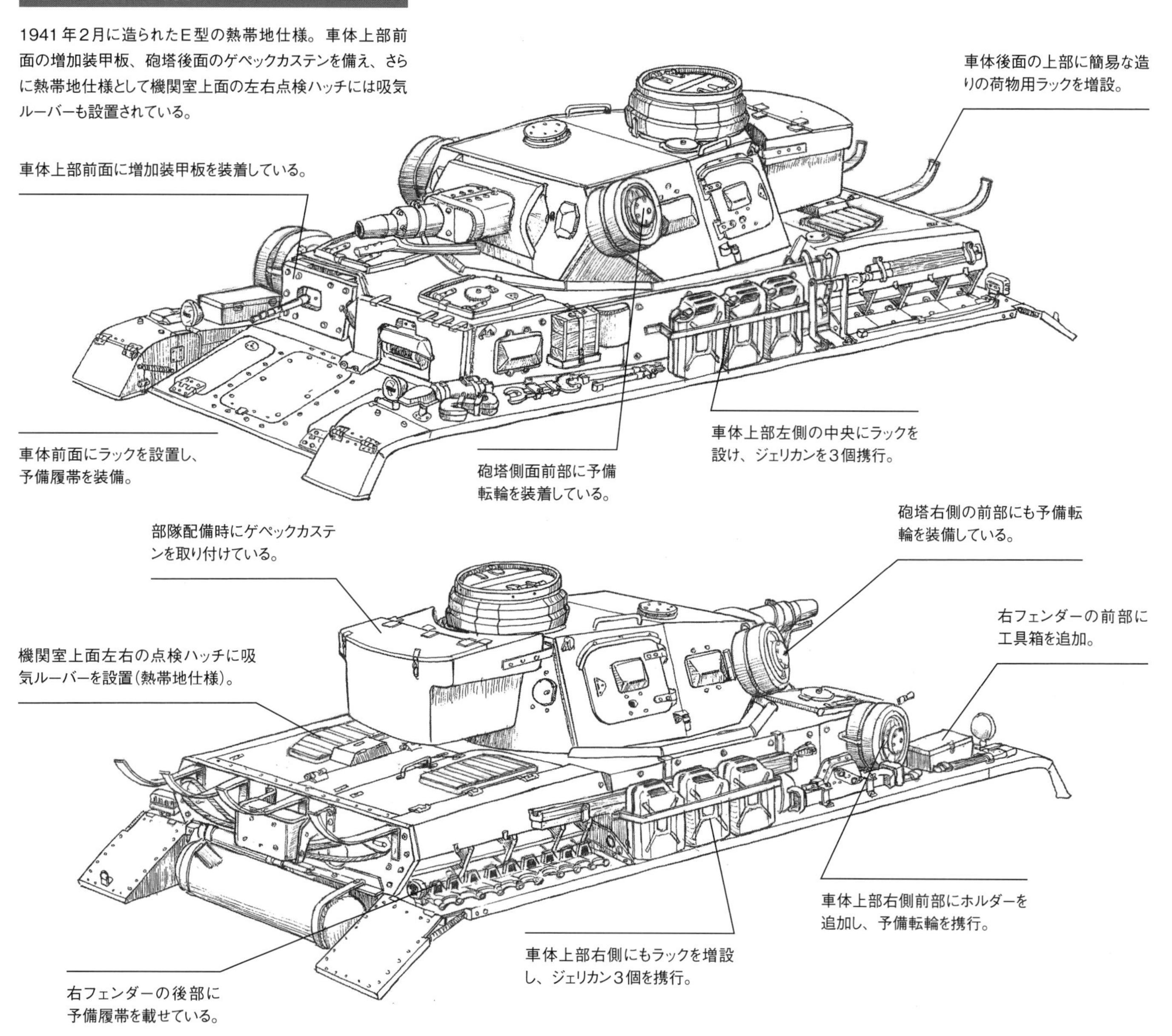
車体後面の上部に簡易な造りの荷物用ラックを増設。
車体上部前面に増加装甲板を装着している。
車体前面にラックを設置し、予備履帯を装備。
砲塔側面前部に予備転輪を装着している。
車体上部左側の中央にラックを設け、ジェリカンを3個携行。
部隊配備時にゲペックカステンを取り付けている。
砲塔右側の前部にも予備転輪を装備している。
右フェンダーの前部に工具箱を追加。
機関室上面左右の点検ハッチに吸気ルーバーを設置(熱帯地仕様)。
車体上部右側前部にホルダーを追加し、予備転輪を携行。
車体上部右側にもラックを増設し、ジェリカン3個を携行。
右フェンダーの後部に予備履帯を載せている。

4号車の車体前面

車体前面に予備履帯ラックを増設している。

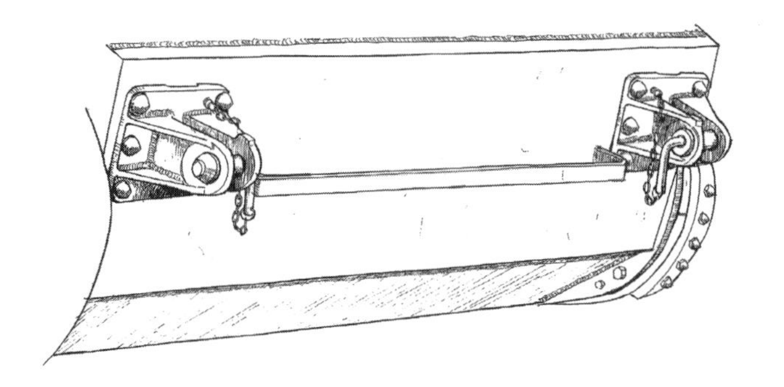

4号車の車体上部左側

車体上部左側の中央にジェリカンラック(ジェリカン3個を収納)を増設している。車体上部右側のジェリカンラックも同じ造り。

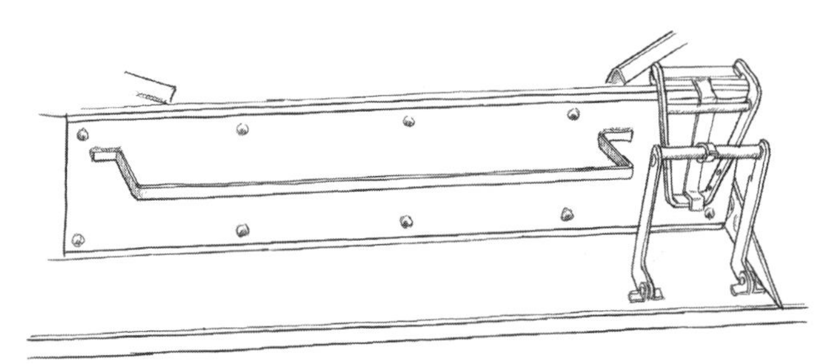

〔図33〕

Ⅳ号戦車E型

第 26 装甲師団第 26 戦車連隊 113 号車（推定）
1944 年　イタリア戦線

Pz.Kpfw.IV Ausf.E
1./Panzerregiment 26, 26.Panzerdivision, No.113
1944 Italian Front

車体は、1943年2月13日に制定された新しい基本色RAL7028ドゥンケルゲルプの単色塗装と思われる。砲塔番号“113”は、白縁付きの黒色数字で、砲塔側面に記入。車体上部前面左端と砲塔側面上部には師団マーク（黒い正方形の中に丸）が小さく描かれている。国籍標識バルケンクロイツは、白縁付きの黒十字で、車体上部側面と車体後面上部左側に描かれている。

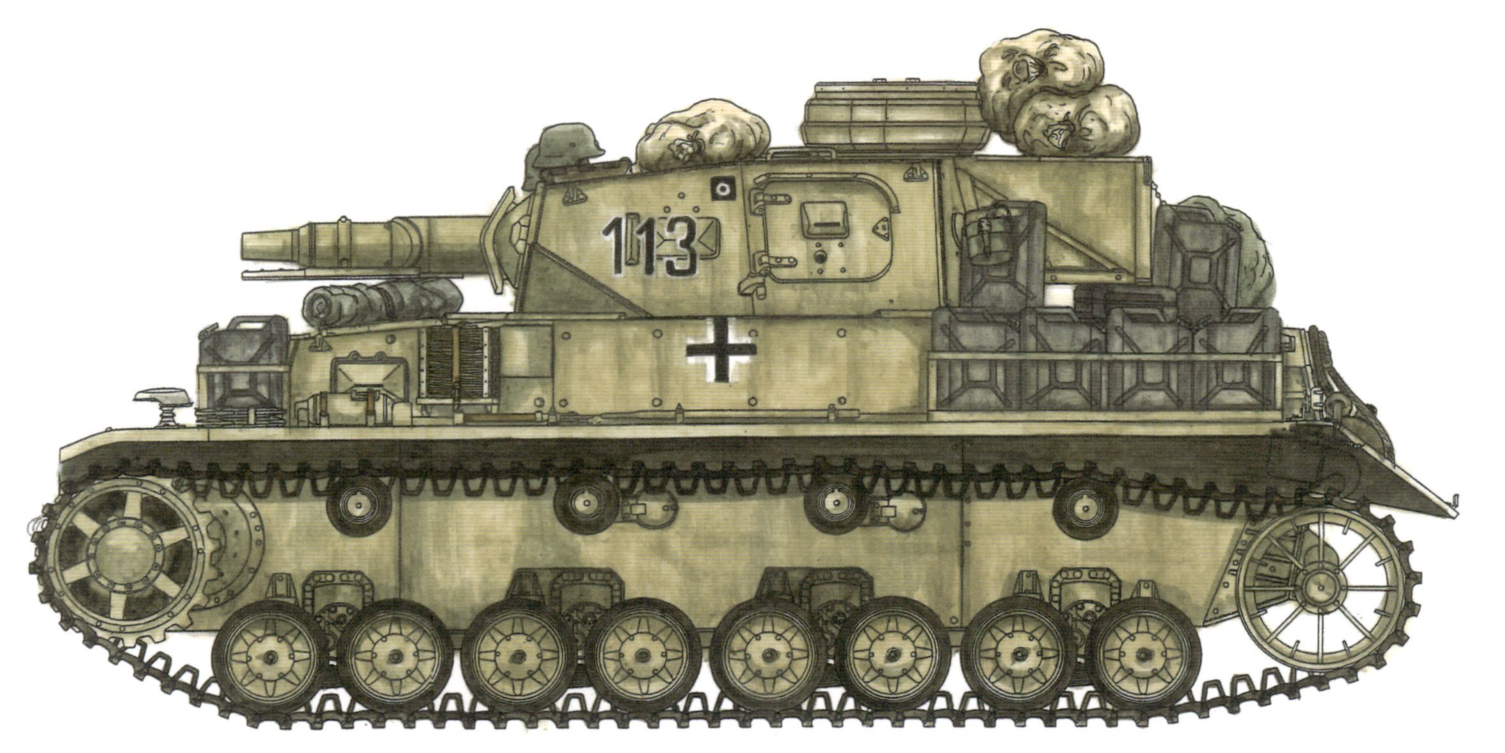
113

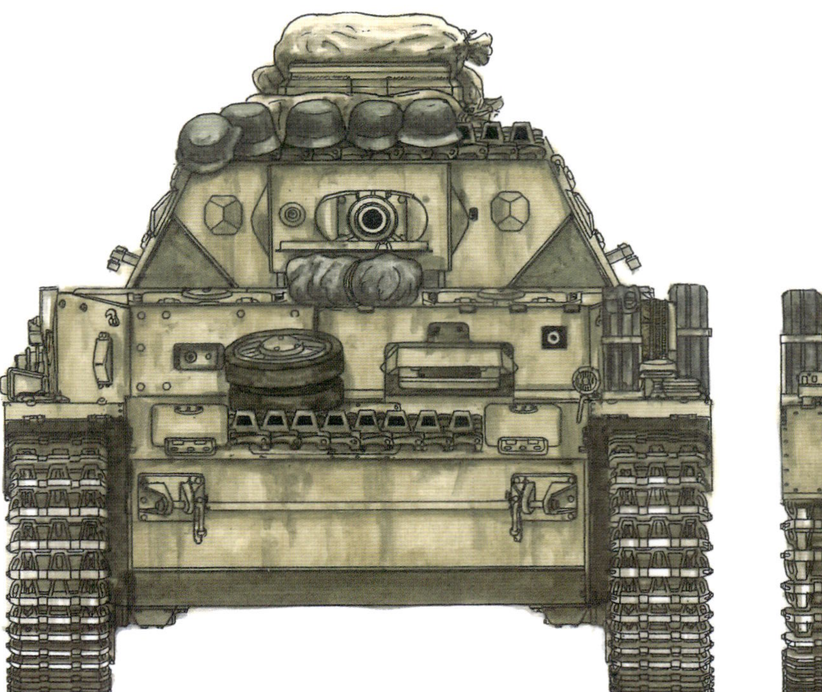

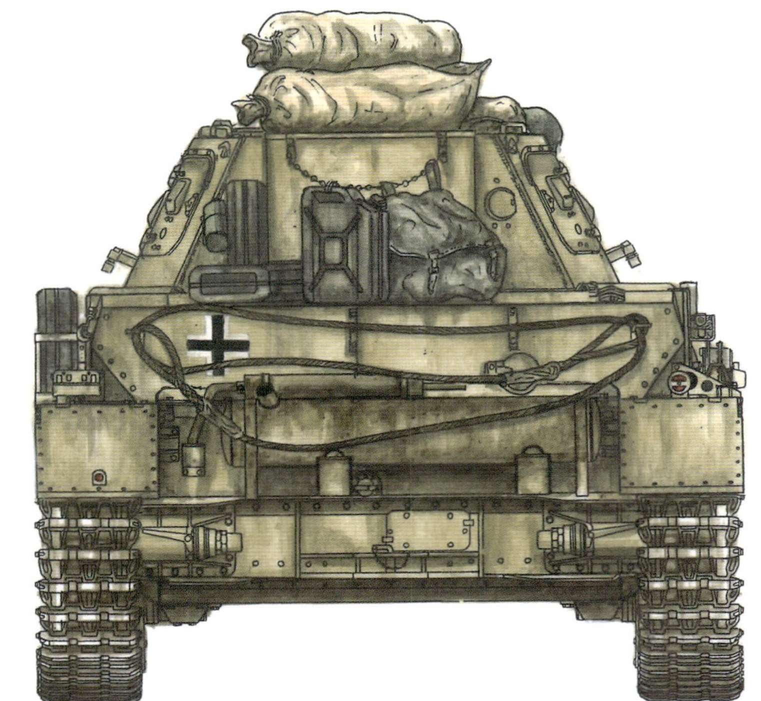

〔図34〕

Ⅳ号戦車E型

第 280 戦車大隊所属車
1944 年夏　アドリア海沿岸作戦地域（OZAK）

Pz.Kpfw.IV Ausf.E
Panzerabteilung 280
Summer of 1944 Adriatic Sea Coast sector

車体には RAL7028 ドゥンケルゲルプの基本色の上に RAL6003 オリーフグリュンと RAL8017 ロートブラウンを用いた第二次大戦後期の標準的な３色迷彩が施されている。車体上部前面左端に車両規格を示す標識を記入。国籍標識バルケンクロイツは、標準的な白縁付きの黒十字で、車体後面上部の左側のみに描かれている。

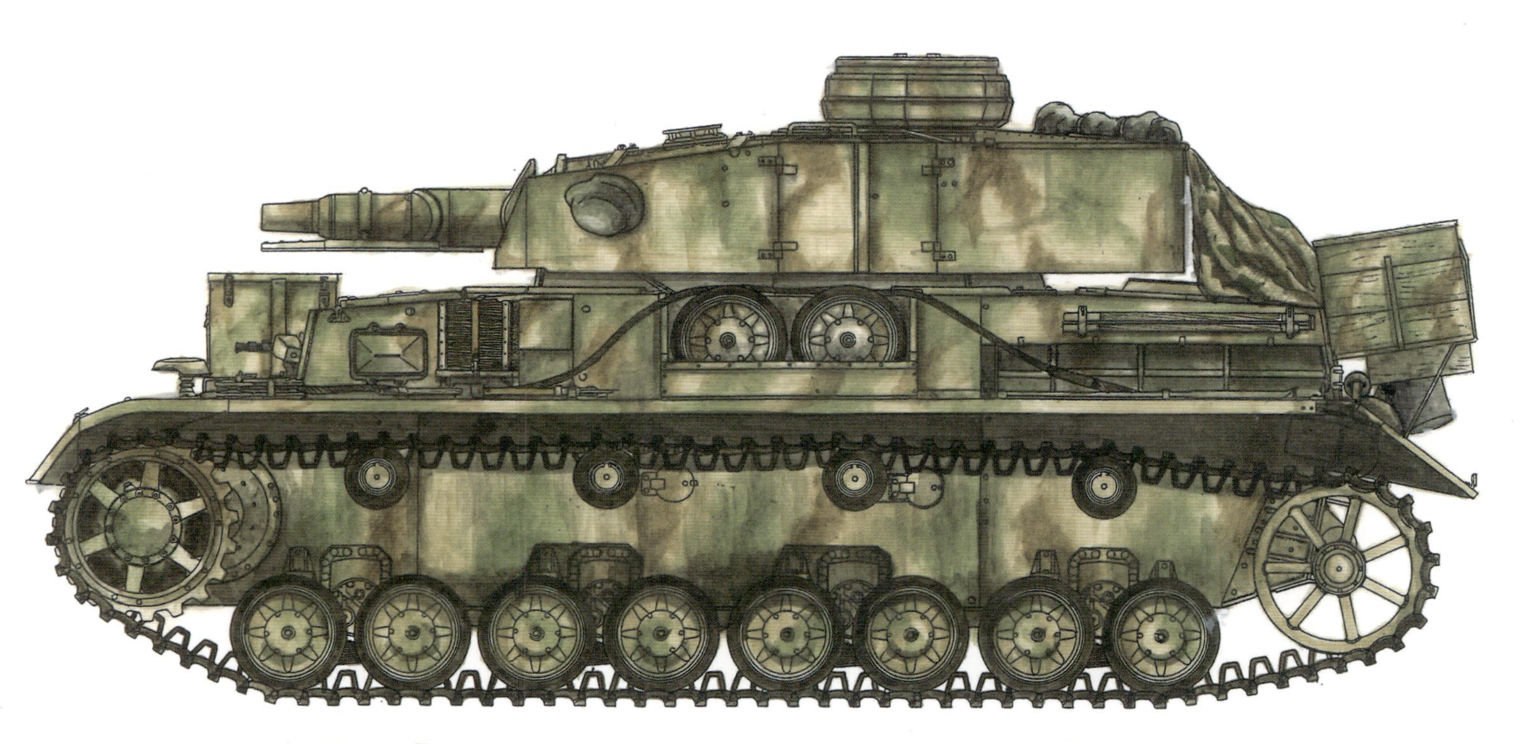

[図33]

Ⅳ号戦車E型　第26装甲師団第26戦車連隊113号車(推定)

Pz.Kpfw.IV Ausf.E 1./Pz.Regt.26, 26.Pz.Div., No.113

車体各部の特徴

車体上部前面に増加装甲板を装着したE型。砲塔後面のゲペックカステンは部隊で作製したものを取り付けている。また、起動輪と履帯は40cm幅のものを使用している。

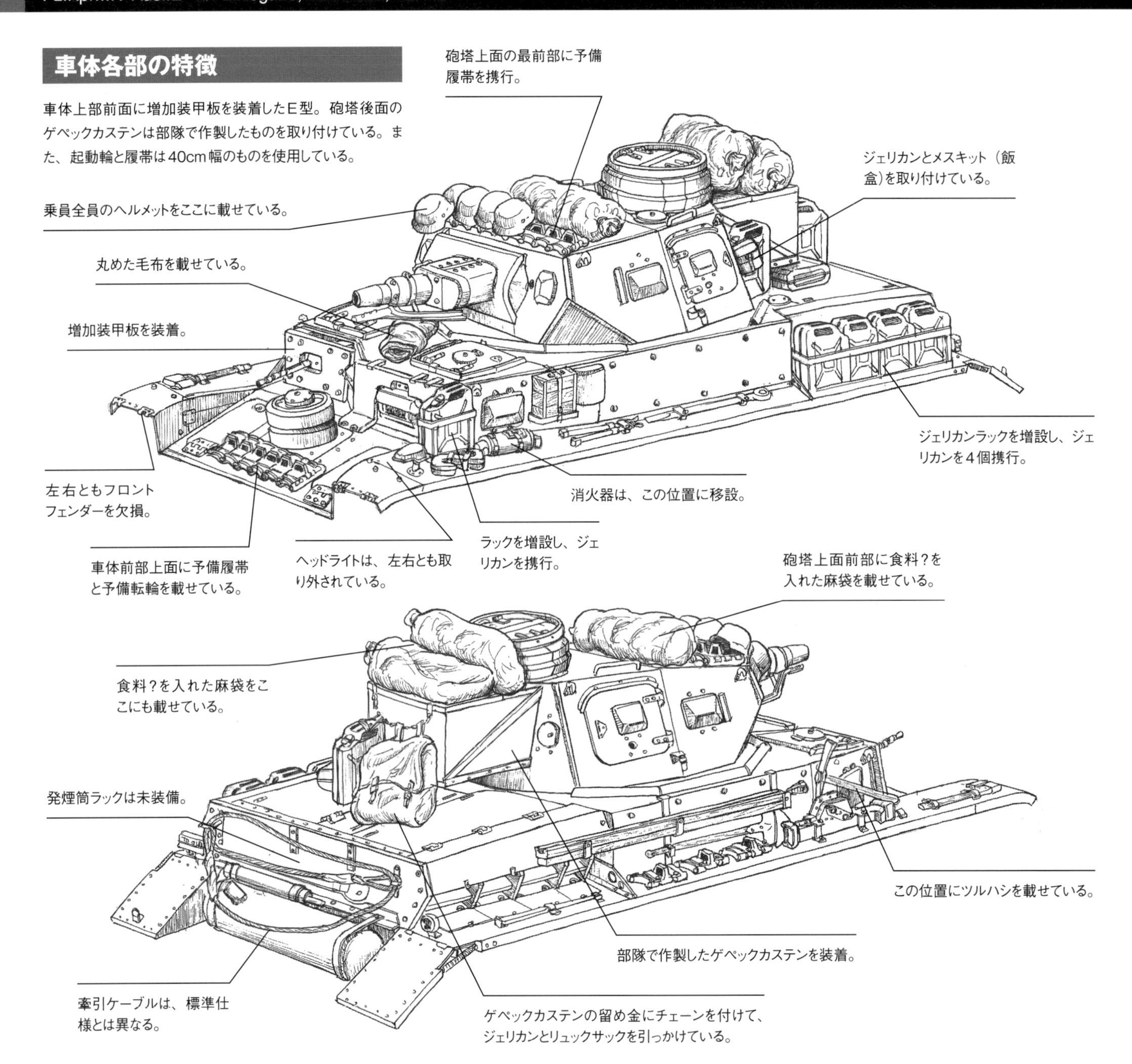

砲塔上面の最前部に予備履帯を携行。
ジェリカンとメスキット（飯盒)を取り付けている。
乗員全員のヘルメットをここに載せている。
丸めた毛布を載せている。
増加装甲板を装着。
ジェリカンラックを増設し、ジェリカンを４個携行。
左右ともフロントフェンダーを欠損。
消火器は、この位置に移設。
ラックを増設し、ジェリカンを携行。
車体前部上面に予備履帯と予備転輪を載せている。
ヘッドライトは、左右とも取り外されている。
砲塔上面前部に食料？を入れた麻袋を載せている。
食料？を入れた麻袋をここにも載せている。
発煙筒ラックは未装備。
この位置にツルハシを載せている。
部隊で作製したゲペックカステンを装着。
牽引ケーブルは、標準仕様とは異なる。
ゲペックカステンの留め金にチェーンを付けて、ジェリカンとリュックサックを引っかけている。

113号車の車体上部左側前部のジェリカンラック

車体上部左側の前部に設置されたジェリカンラック。ジェリカン1個を収納する。

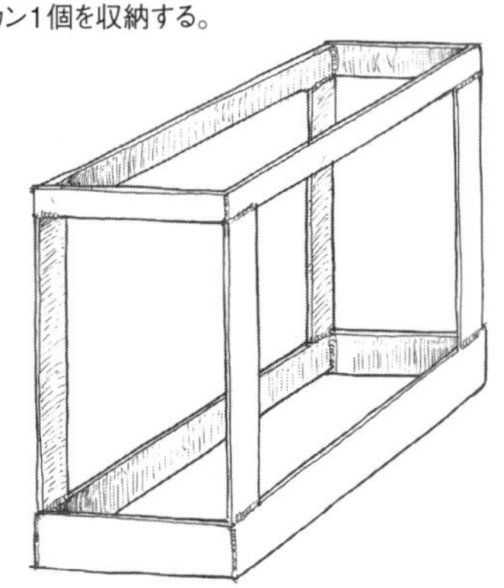

113号車の機関室左側に設置されたジェリカンラック

機関室左側に設置されたジェリカンラック。ジェリカン４個を収納している。

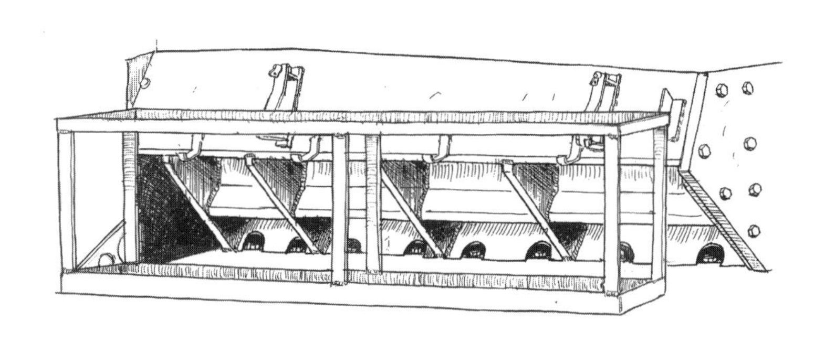

[図34]

Ⅳ号戦車E型　第280戦車大隊所属車

Pz.Kpfw.IV Ausf.E Pz.Abt.280

車体各部の特徴

元は増加装甲板とゲペックカステンを装着したE型後期生産車と思われるが、かなり改修されている。増加装甲板は取り外され、砲塔にはシュルツェン、車体上部左側には予備転輪ラックがレトロフィットされている。また、起動輪と履帯は40cm幅のもの（履帯はハの字形の滑り止めモールドの付いたタイプ）に、誘導輪もF型以降のパイプ製のものに交換されている。

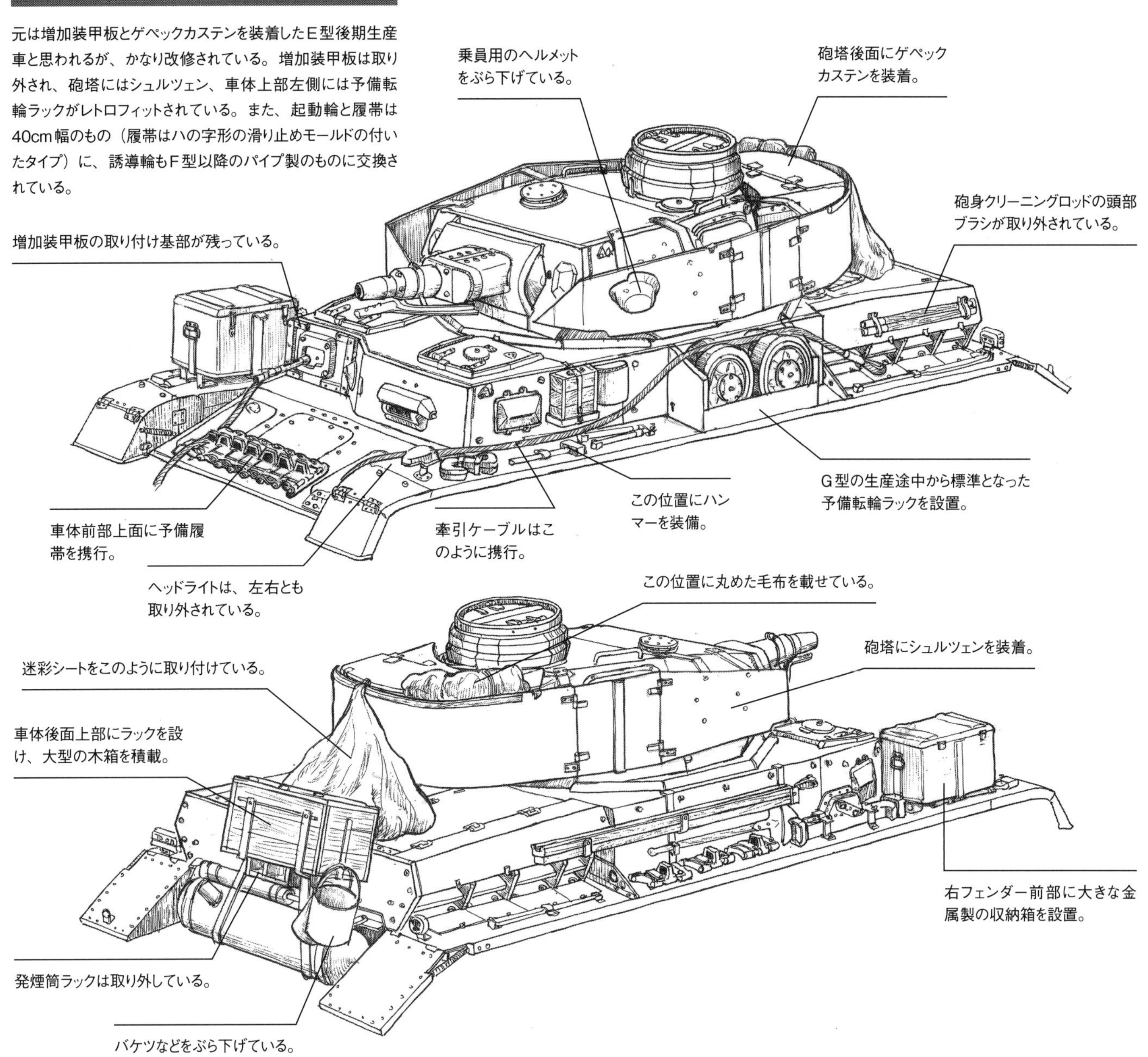
乗員用のヘルメットをぶら下げている。
砲塔後面にゲペックカステンを装着。
砲身クリーニングロッドの頭部ブラシが取り外されている。
増加装甲板の取り付け基部が残っている。
G型の生産途中から標準となった予備転輪ラックを設置。
この位置にハンマーを装備。
車体前部上面に予備履帯を携行。
牽引ケーブルはこのように携行。
ヘッドライトは、左右とも取り外されている。
この位置に丸めた毛布を載せている。
迷彩シートをこのように取り付けている。
砲塔にシュルツェンを装着。
車体後面上部にラックを設け、大型の木箱を積載。
右フェンダー前部に大きな金属製の収納箱を設置。
発煙筒ラックは取り外している。
バケツなどをぶら下げている。

車体前面の予備履帯ラック

予備履帯ラックは、G型で標準化されたものを装着。さらに金属棒を曲げ加工した足掛けを履帯のセンターガイド（図は予備履帯を省略）に引っかけている。

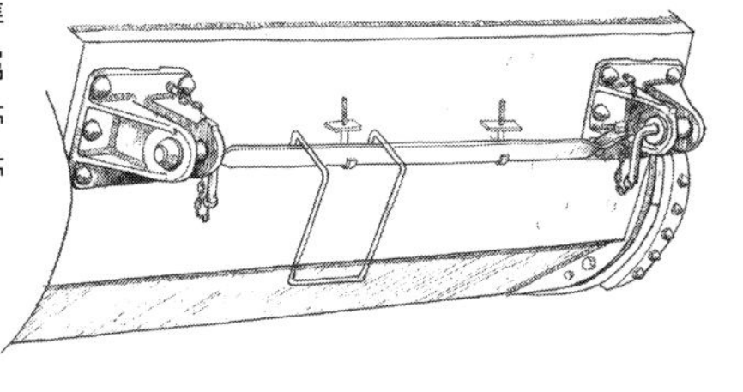

砲塔シュルツェンの前部

シュルツェンの前部下縁は矢印のように削り込まれている。

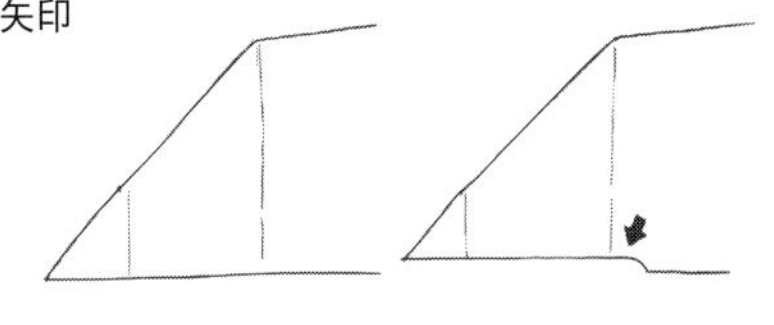

右フェンダー前部の収納箱ラック

ラックは、細長い金属板を加工した構造となっている。

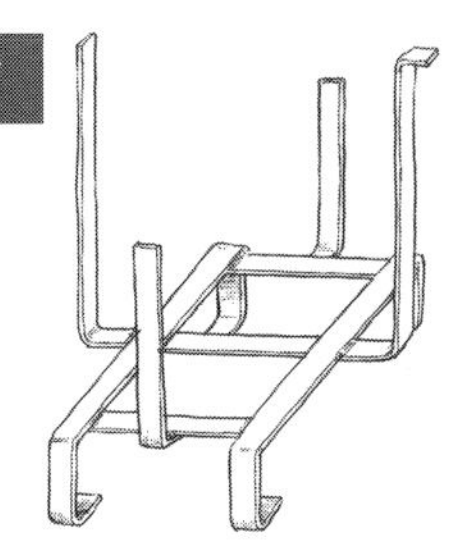

前部機銃マウント周囲

増加装甲板の取り付け基部は残されている。

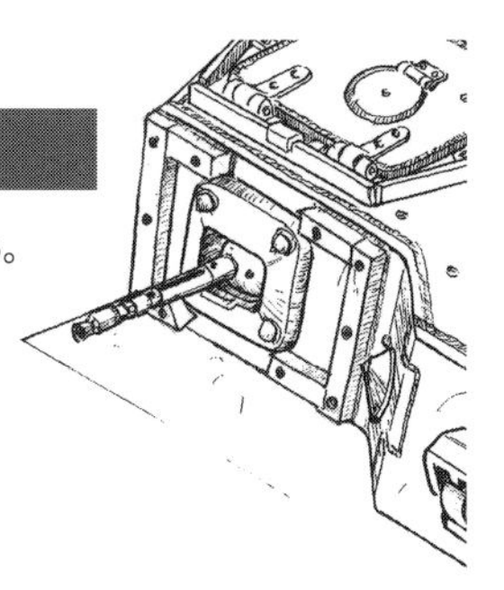

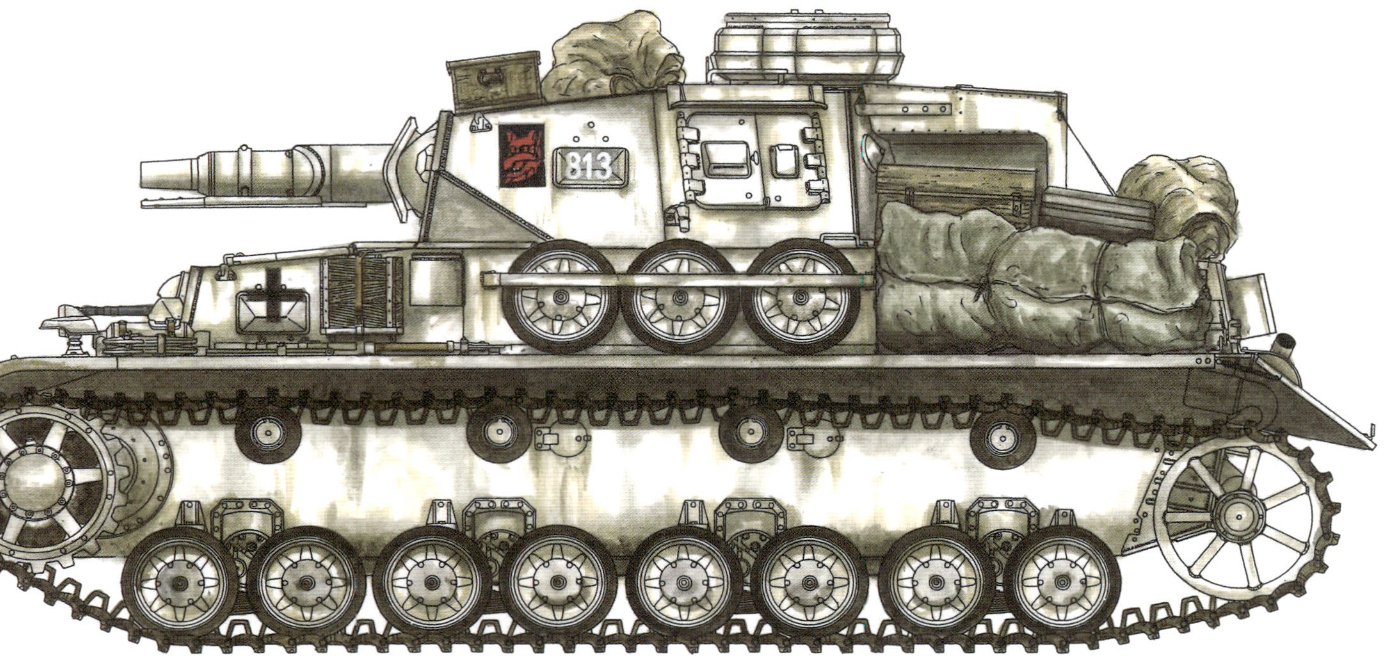

813

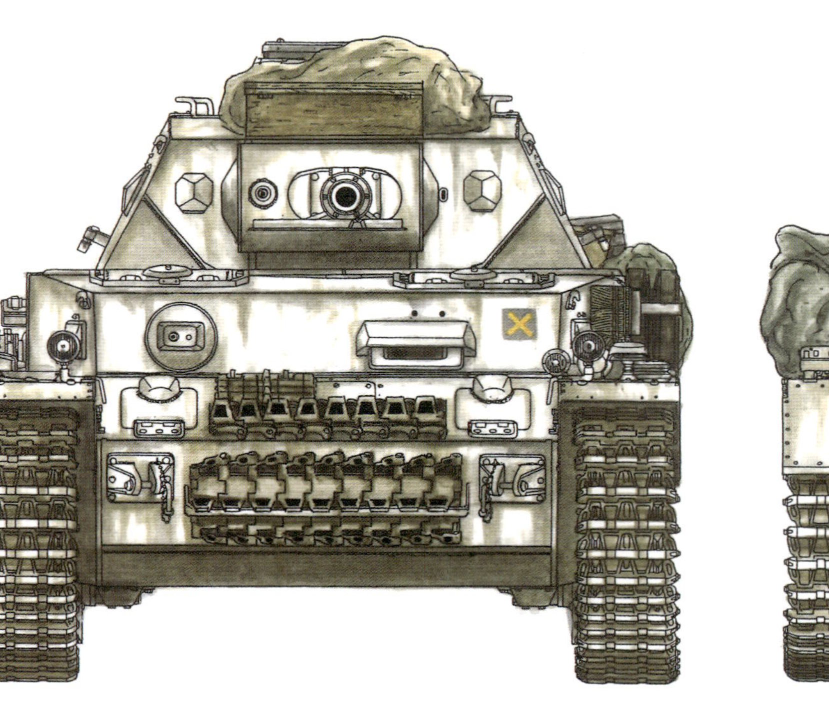

〔図35〕

Ⅳ号戦車F型

第 5 装甲師団第 31 戦車連隊 813 号車（推定）
1941 ～ 1942 年冬　東部戦線

Pz.Kpfw.IV Ausf.F
8./Panzerregiment 31, 5.Panzerdivision, No.813
Winter of 1941-1942 Eastern Front

車体は、基本色 RAL7021 ドゥンケルグラウの上に白色の塗料を上塗りした冬季迷彩が施されている。砲塔側面に記された白色の砲塔番号“813”や車体上部前面左端と車体後面上部左端に記された黄色の師団マークの周囲は下地のドゥンケルグラウを塗り残している。砲塔側面の前部には連隊マークの“赤い悪魔”、車体上部側面の前部と車体後面上部左側の発煙筒ラックには白縁付き黒十字の国籍標識バルケンクロイツを描いている。

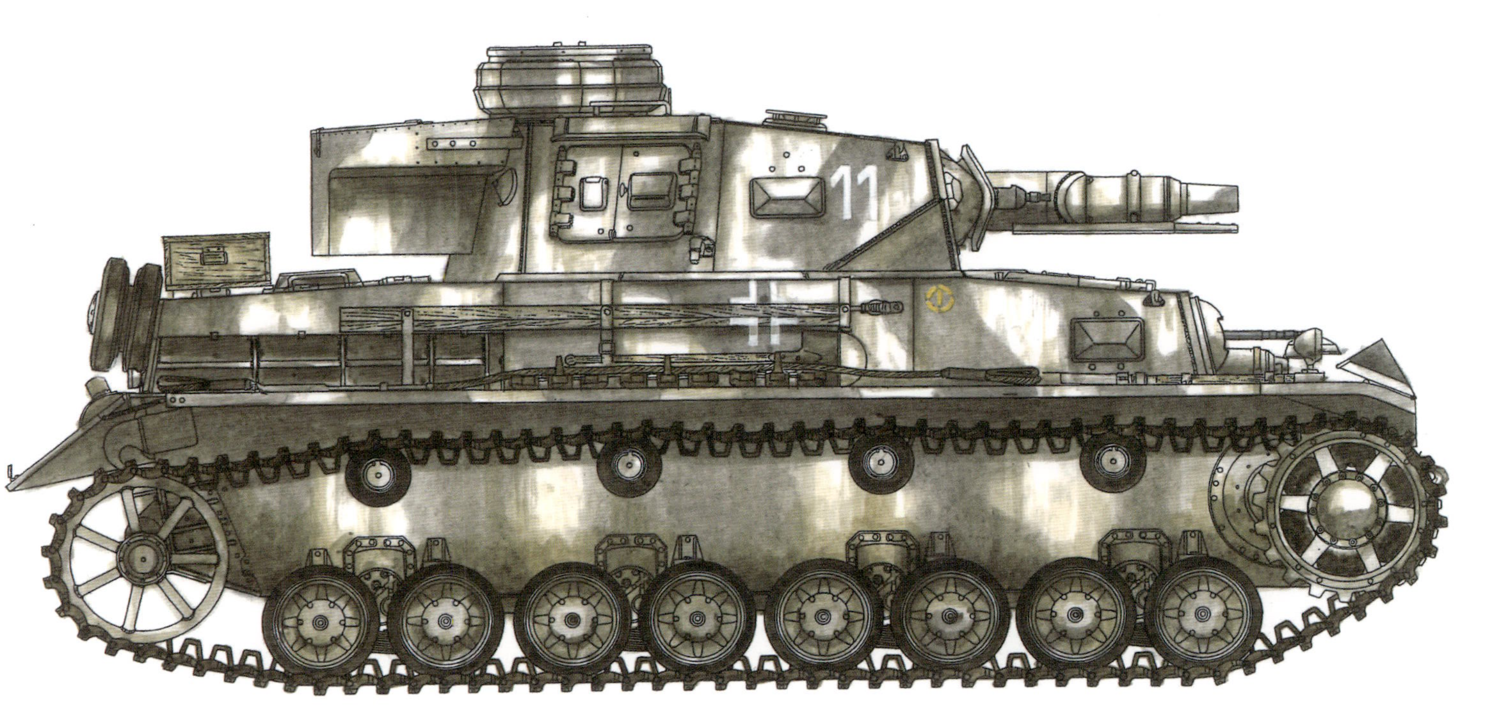

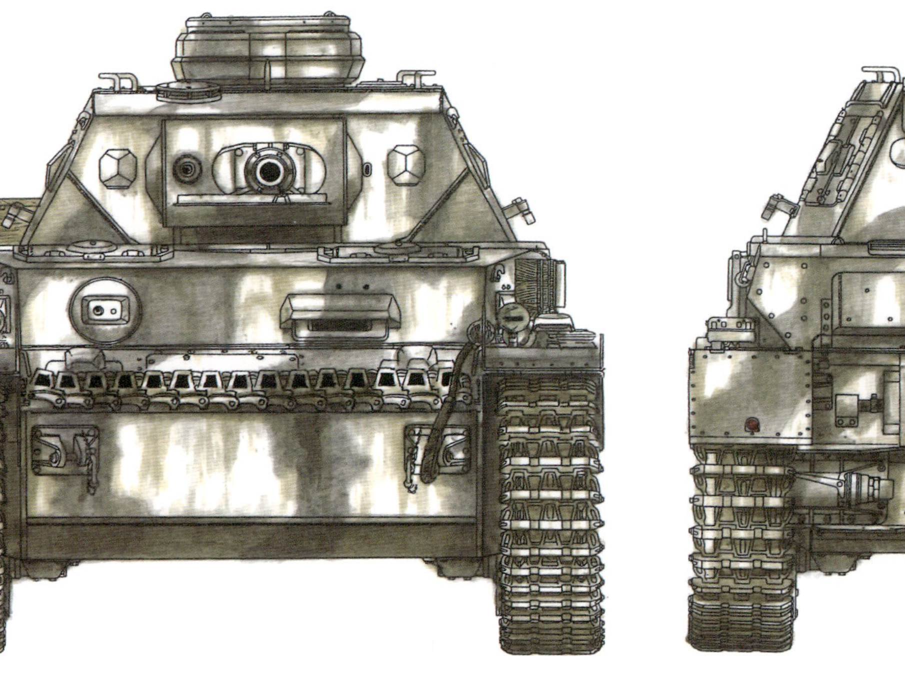

〔図36〕

Ⅳ号戦車F型

第 11 装甲師団第 15 戦車連隊 11 号車
1941 ~ 1942 年冬　東部戦線

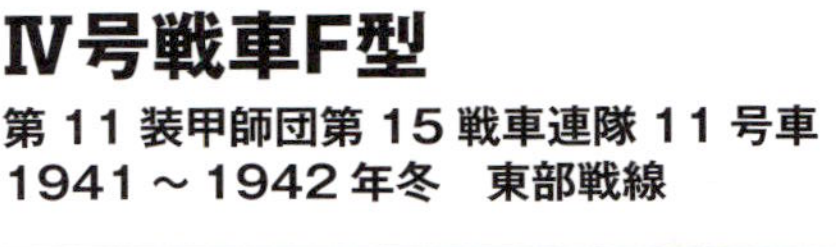

Pz.Kpfw.IV Ausf.F
1./Panzerregiment 15, 11.Panzerdivision, No.11
Winter of 1941-1942 Eastern Front

車体は、RAL7021 ドゥンケルグラウの基本色の上に白色塗料を帯状に大まかに塗布した冬季迷彩が施されている。砲塔側面の前部とゲペックカステンの後面に白色で“11”の砲塔番号を描いている。また、車体上部側面には黄色の師団マークと白縁のみの国籍標識バルケンクロイツが描かれている。

[図35]

Ⅳ号戦車F型　第5装甲師団第31戦車連隊813号車（推定）

Pz.Kpfw.IV Ausf.F 8./Pz.Regt.31, 5.Pz.Div., No.813

車体各部の特徴

標準的なF型。履帯は表面2カ所に凹みが設けられた初期の40cm幅履帯を使用している。

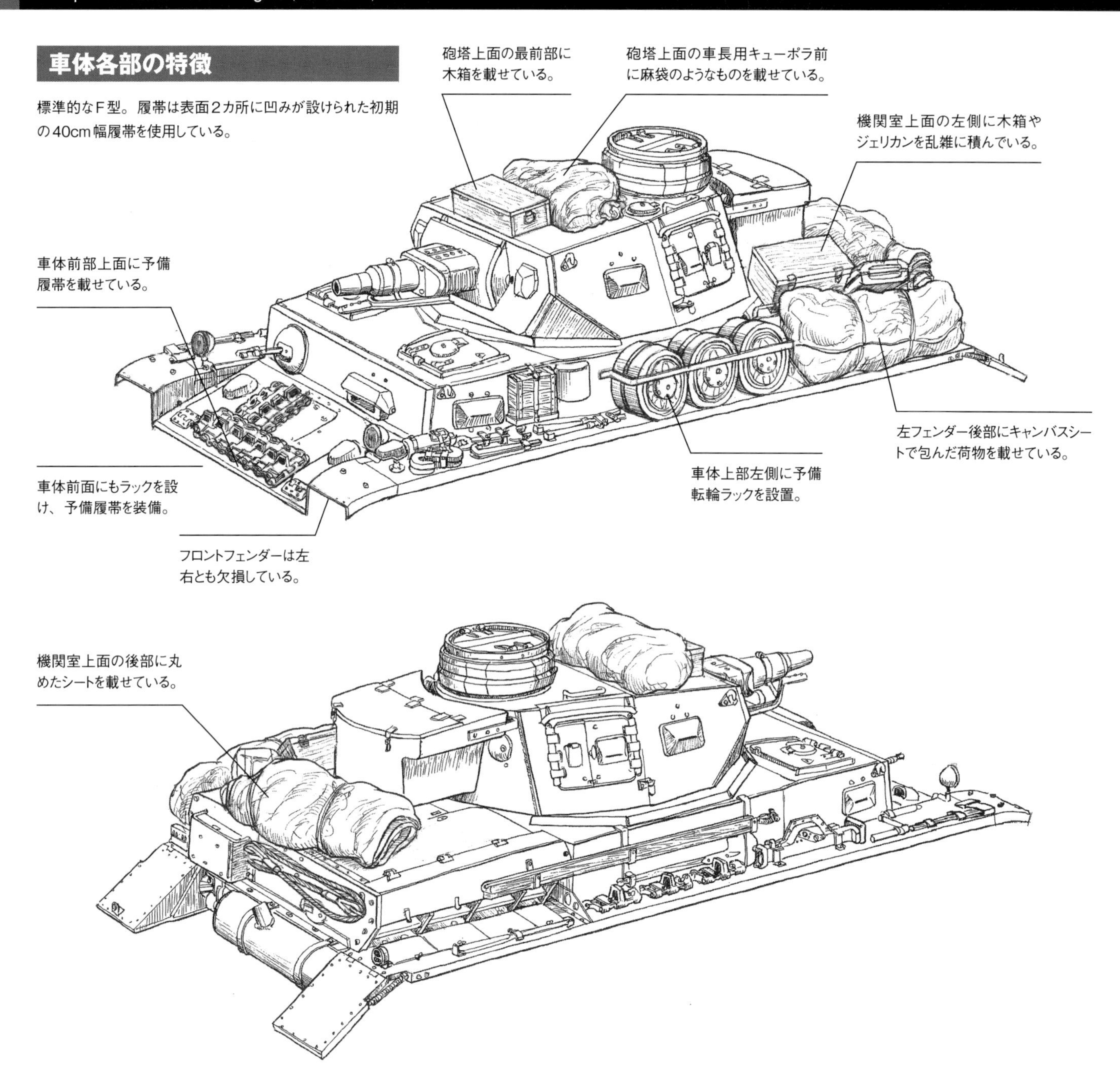
砲塔上面の最前部に木箱を載せている。
砲塔上面の車長用キューポラ前に麻袋のようなものを載せている。
機関室上面の左側に木箱やジェリカンを乱雑に積んでいる。
車体前部上面に予備履帯を載せている。
左フェンダー後部にキャンバスシートで包んだ荷物を載せている。
車体前面にもラックを設け、予備履帯を装備。
車体上部左側に予備転輪ラックを設置。
フロントフェンダーは左右とも欠損している。
機関室上面の後部に丸めたシートを載せている。

813号車の車体前面

車体前面に予備履帯ラックを取り付けている。

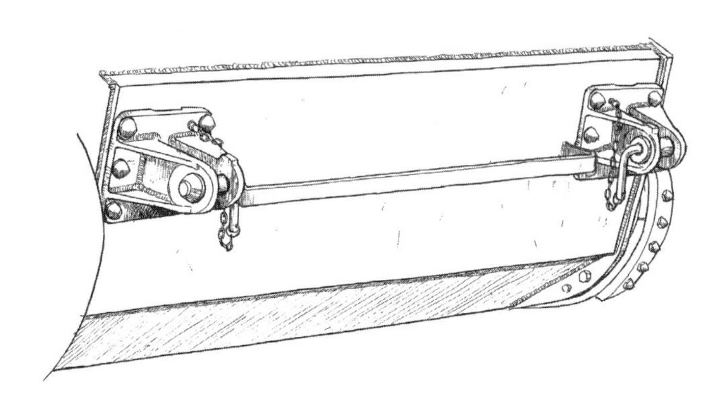

F型の砲塔

E型よりも装甲が強化（前面30mm厚→50mm厚、防盾35mm厚→50mm厚、側面20mm厚→30mm厚）され、側面ハッチは両開き式の新型に変更されている。

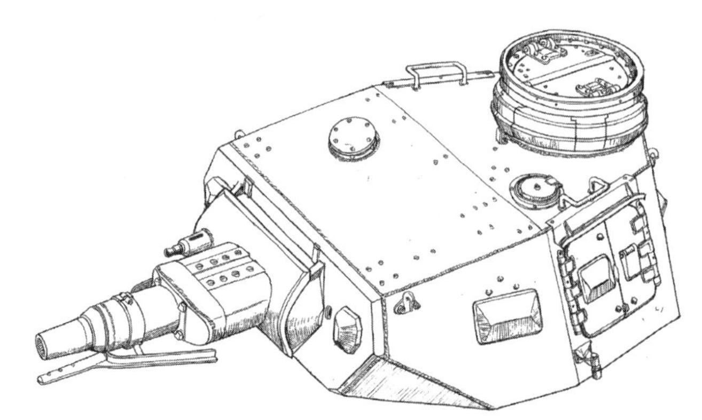

[図36]

Ⅳ号戦車F型　第11装甲師団第15戦車連隊11号車

Pz.Kpfw.IV Ausf.F 1./Pz.Regt.15, 11.Pz.Div., No.11

車体各部の特徴

標準的なF型。履帯は表面2カ所に凹みが設けられた初期の40cm幅履帯を使用している。

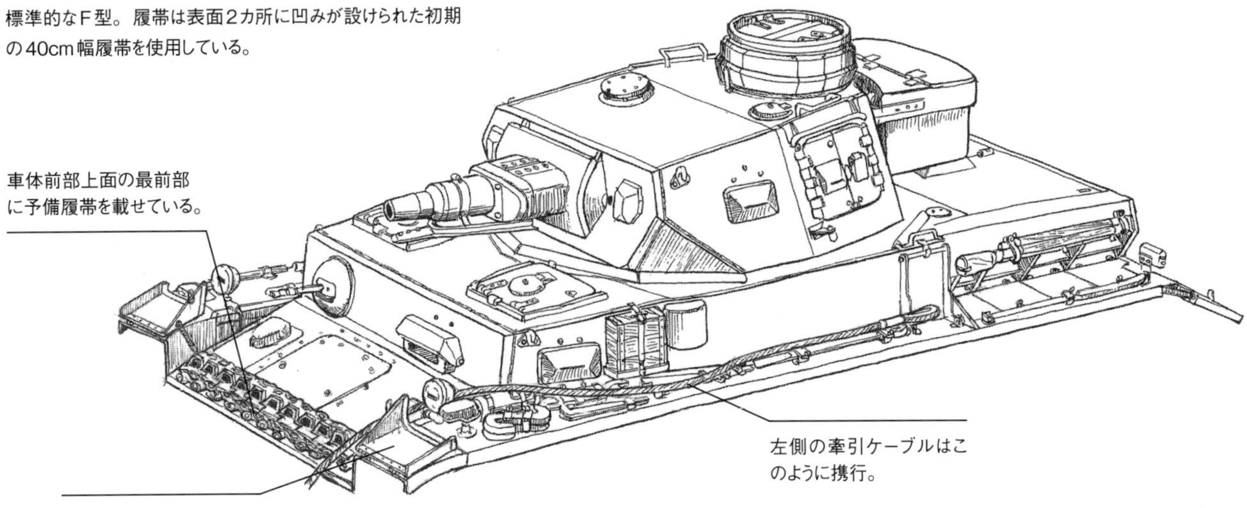

車体前部上面の最前部に予備履帯を載せている。
左側の牽引ケーブルはこのように携行。
左側のフロントフェンダーを上げている。

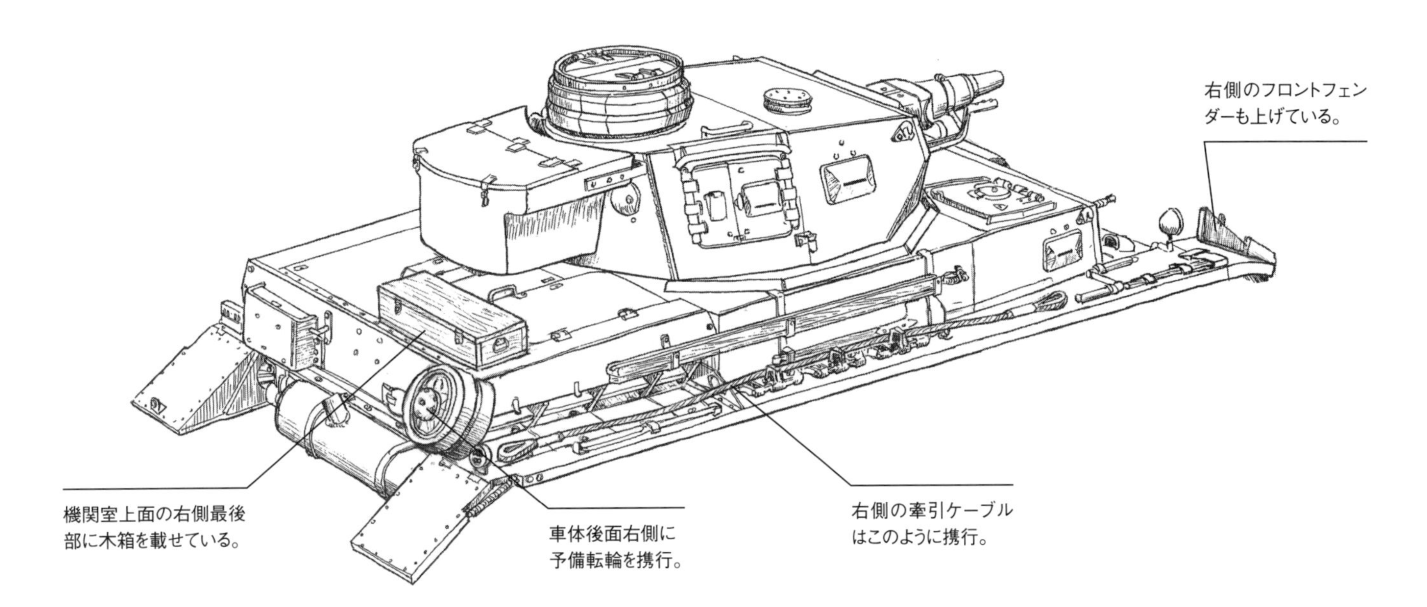

右側のフロントフェンダーも上げている。
機関室上面の右側最後部に木箱を載せている。
車体後面右側に予備転輪を携行。
右側の牽引ケーブルはこのように携行。

F型の起動輪

E型とデザインは同じだが、スポークが外側に傾斜し、スプロケットが外側に張り出すようになり、40cm幅の履帯に対応した形状となった。この起動輪は、H型初期生産車まで使用されている。

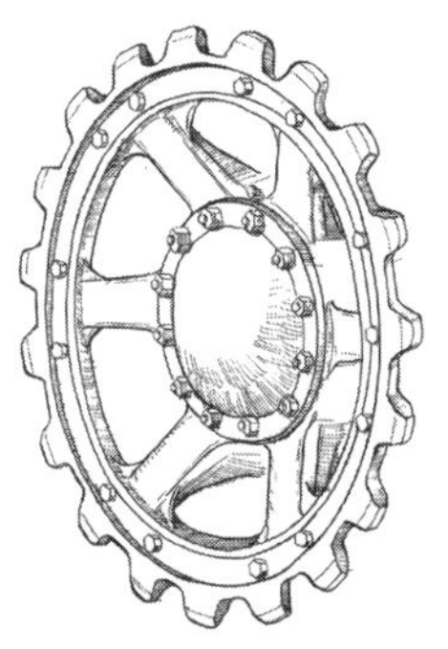

F型の車体前部

E型よりも装甲が強化され、車体上部前面は50mm厚、側面は30mm厚となり、前面装甲板は1枚板となってD型/E型のような段はなくなった。また、前部機銃は50mm厚装甲板に対応したKugelblend 50に変更されている。

F型の誘導輪

F型から使用されるようになったパイプ構造の誘導輪。

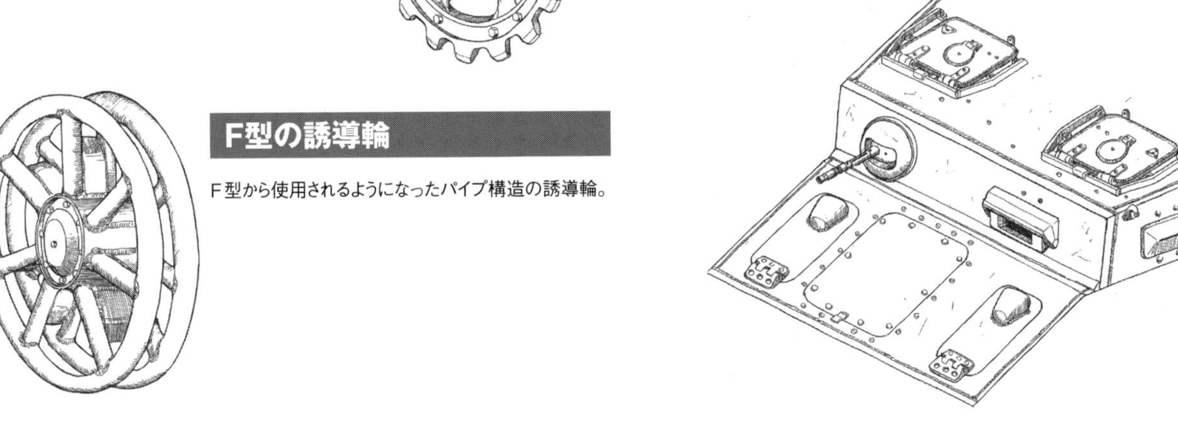

〔図37〕

Ⅳ号戦車F型

グロスドイッチュラント戦車大隊 34 号車
1942 年 7 月　東部戦線

Pz.Kpfw.IV Ausf.F

Panzerabteilung Grossdeutschland, No.34
July 1942 Eastern Front

車体は、RAL7021 ドゥンケルグラウの基本色の上にゲルプ系カラーで迷彩が施されている。砲塔側面とゲペックカステン後面に砲塔番号“4”が描かれているが、グロスドイッチュラント戦車大隊独特の表記になっており、横線の数が小隊、数字が車両番号を示す。よって、この車両は第 3 小隊 4 号車であることがわかる。車体上部側面に描かれた国籍標識のバルケンクロイツは、標準的な白縁付きの黒十字。左側のフェンダー前部とリアフェンダーには師団マークの“白いヘルメット”が描かれている。

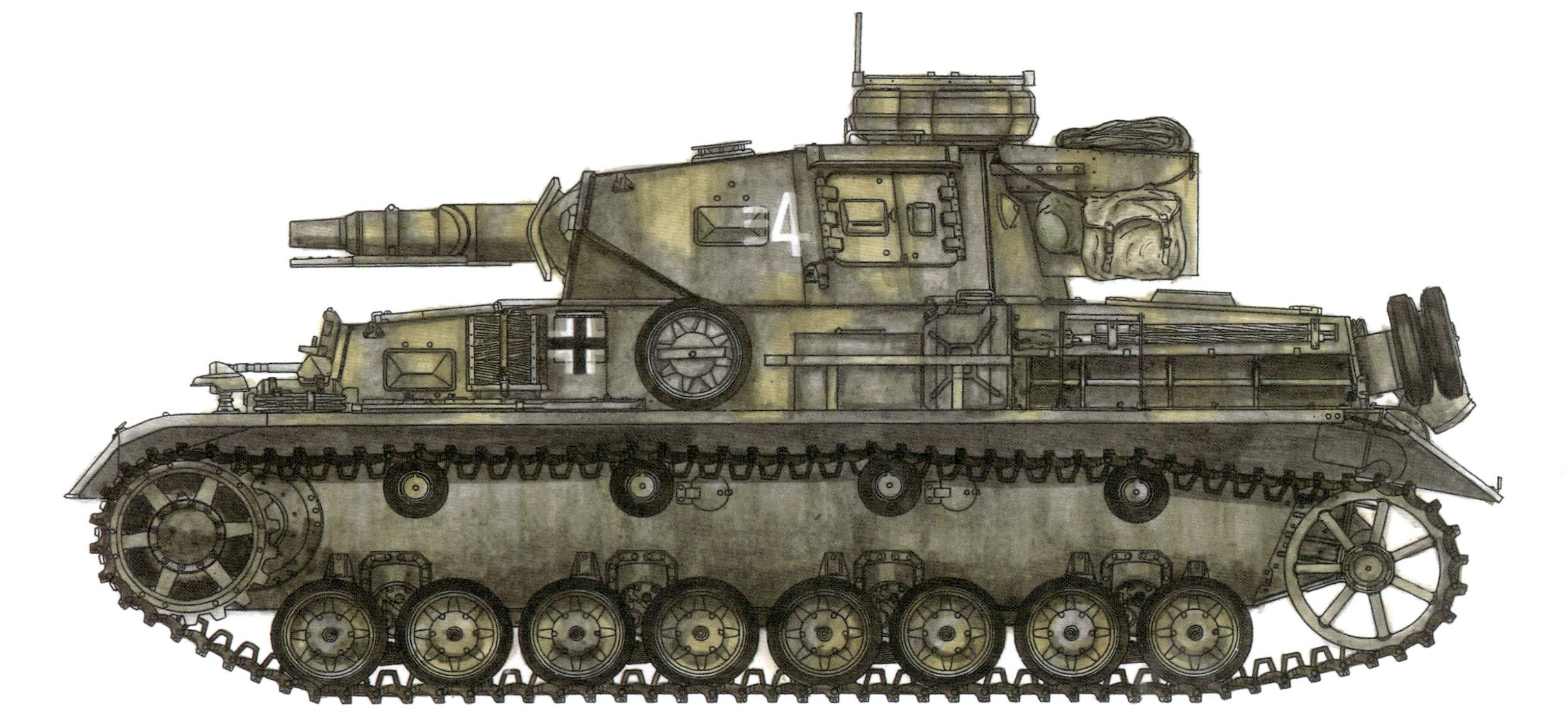
≡4

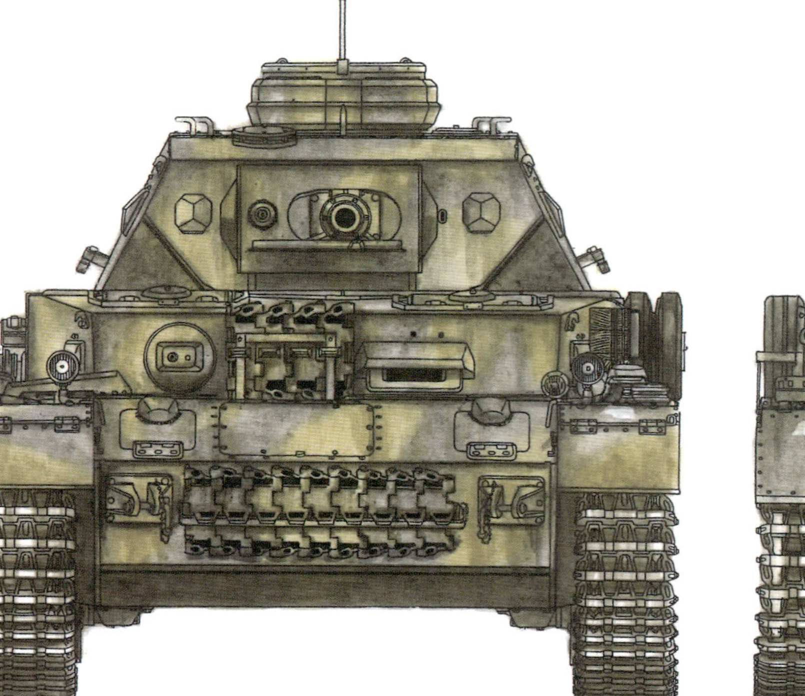

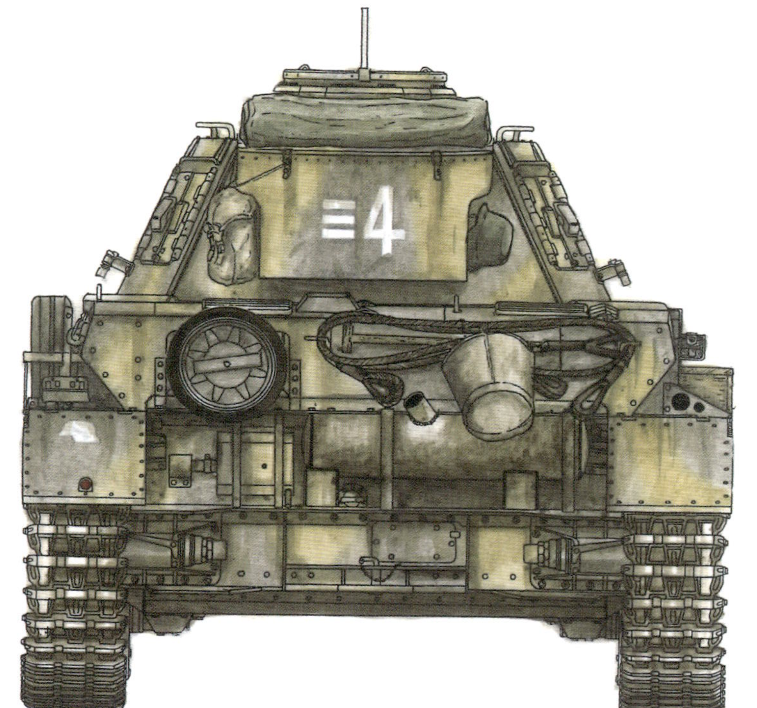
≡4

〔図38〕

Ⅳ号戦車F型

第 14 装甲師団第 36 戦車連隊 424 号車
1942 年夏　東部戦線

Pz.Kpfw.IV Ausf.F
4./Panzerregiment 36, 14.Panzerdivision, No.424
Summer of 1942 Eastern Front

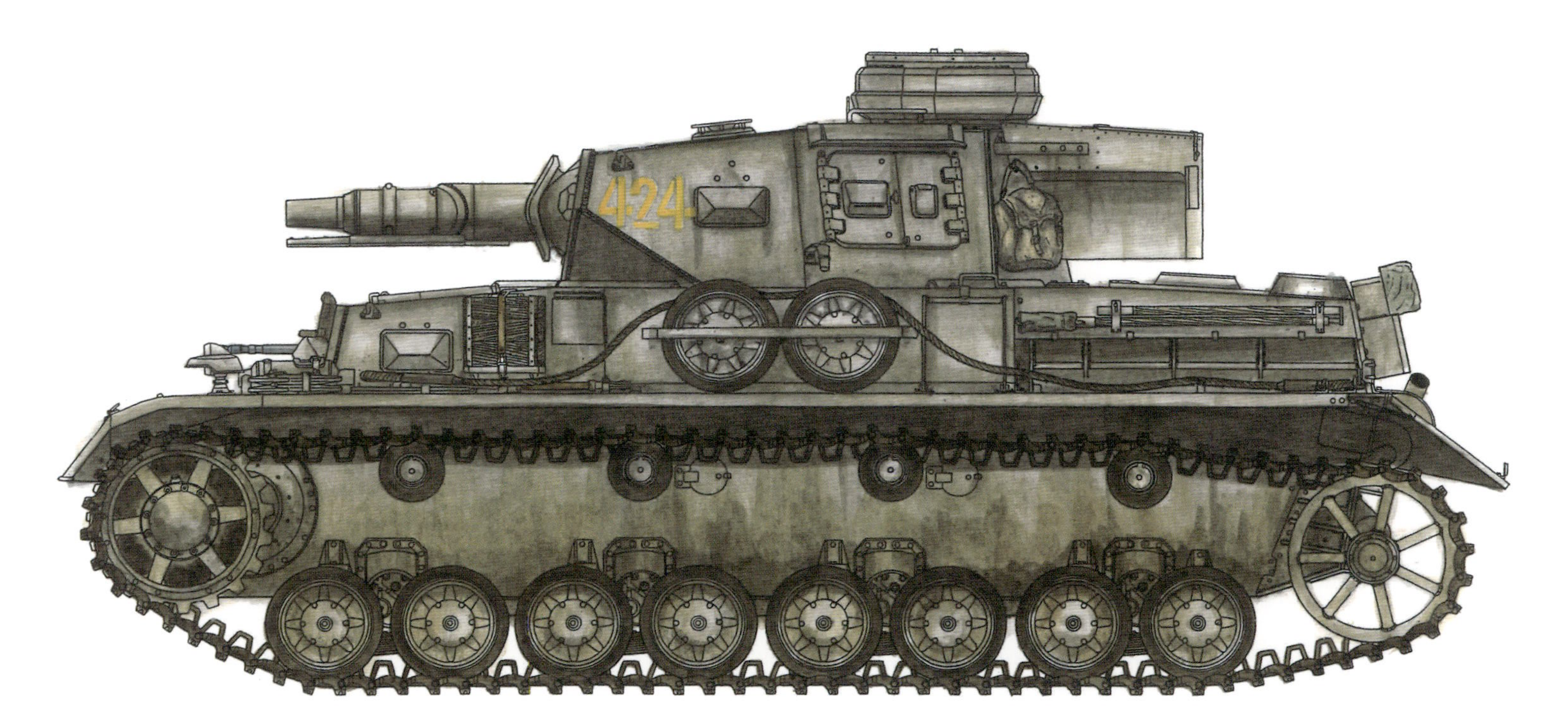

424

K

424

車体は、基本色 RAL7021 ドゥンケルグラウの単色塗装。砲塔側面の前部とゲペックカステンの後面にはステンシルタイプの砲塔番号“424”が黄色で描かれている。また、車体上部前面左側とゲペックカステン後面の上部には黄色の師団マークが描かれている。さらに車体上部前面左端と右側のリアフェンダーにはクライスト第 1 装甲軍所属を示す“K”の文字も描かれている。国籍標識バルケンクロイツは描かれていない。

Ⅳ号戦車F型　グロスドイッチュラント戦車大隊34号車

Pz.Kpfw.IV Ausf.F Pz.Abt. Grossdeutschland, No.34

車体各部の特徴

標準的なF型。履帯は表面2カ所に凹みが設けられた初期の40cm幅履帯を使用している。

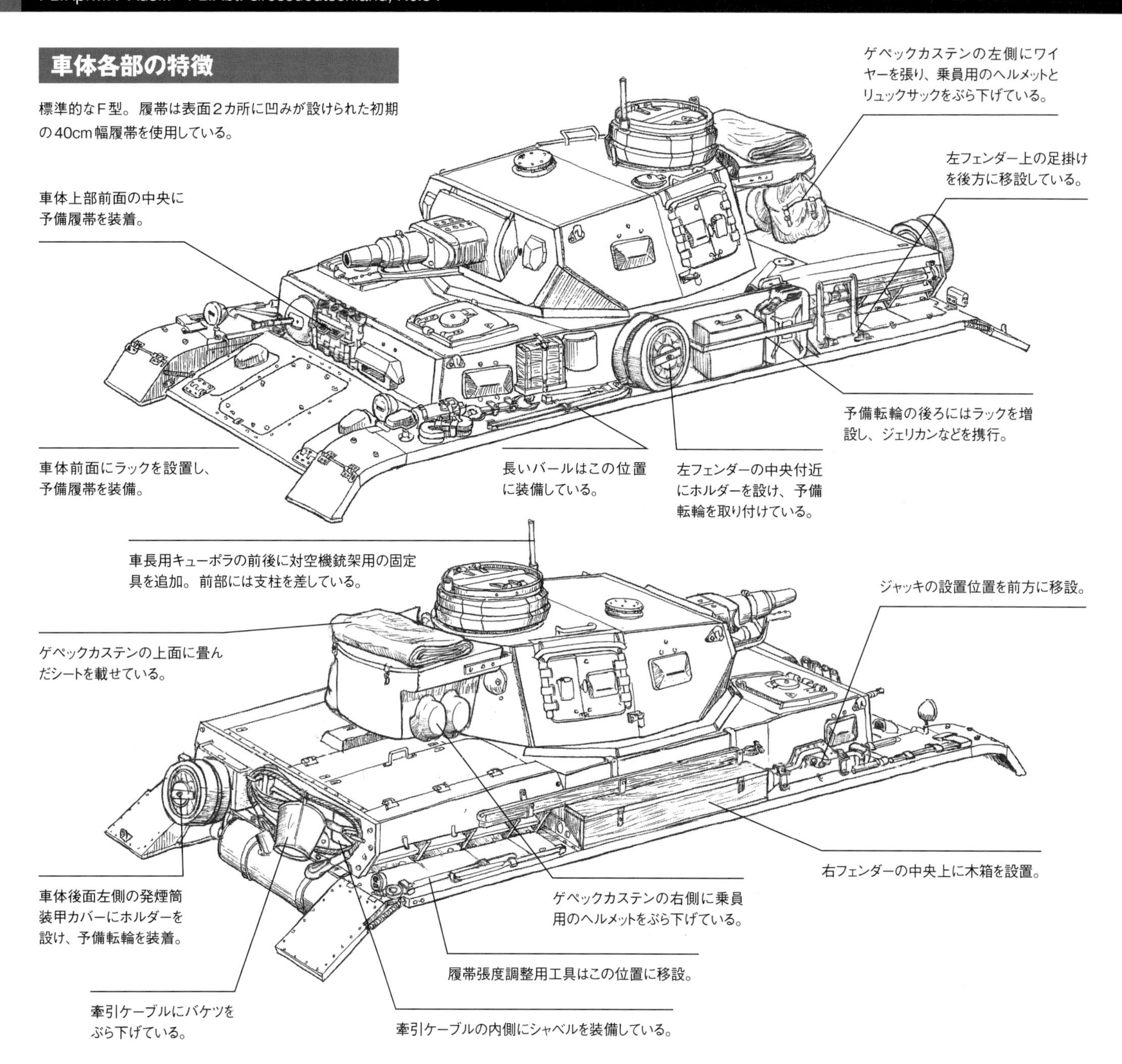

ゲペックカステンの左側にワイヤーを張り、乗員用のヘルメットとリュックサックをぶら下げている。
左フェンダー上の足掛けを後方に移設している。
車体上部前面の中央に予備履帯を装着。
予備転輪の後ろにはラックを増設し、ジェリカンなどを携行。
車体前面にラックを設置し、予備履帯を装備。
長いバールはこの位置に装備している。
左フェンダーの中央付近にホルダーを設け、予備転輪を取り付けている。
車長用キューポラの前後に対空機銃架用の固定具を追加。前部には支柱を差している。
ジャッキの設置位置を前方に移設。
ゲペックカステンの上面に畳んだシートを載せている。
右フェンダーの中央上に木箱を設置。
車体後面左側の発煙筒装甲カバーにホルダーを設け、予備転輪を装着。
ゲペックカステンの右側に乗員用のヘルメットをぶら下げている。
履帯張度調整用工具はこの位置に移設。
牽引ケーブルにバケツをぶら下げている。
牽引ケーブルの内側にシャベルを装備している。

車体上部前面の予備履帯ラック

予備履帯は、センターガイドを利用し、このようにラックに固定されている。

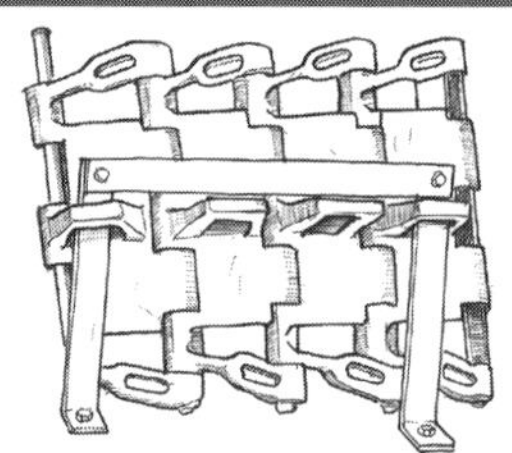

右フェンダー上の木箱

木箱は、側面板の下部にヒンジのようなものがあるので、矢印のように開くものと思われる。

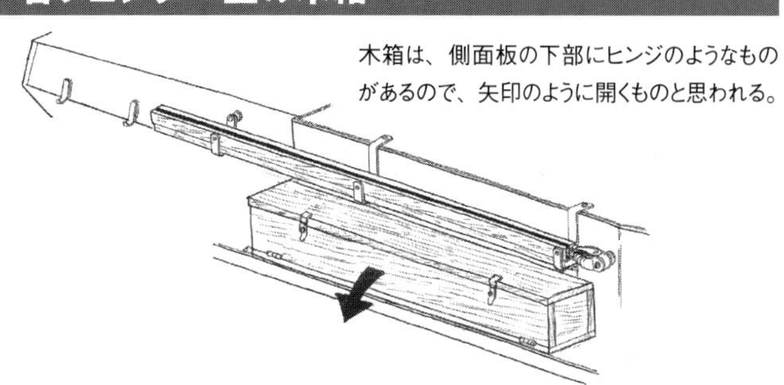

車体前面

前面に予備履帯ラックを設置。同じ部隊の中には図のように車体上面にL字形の固定板を取り付けている車両も見られる。

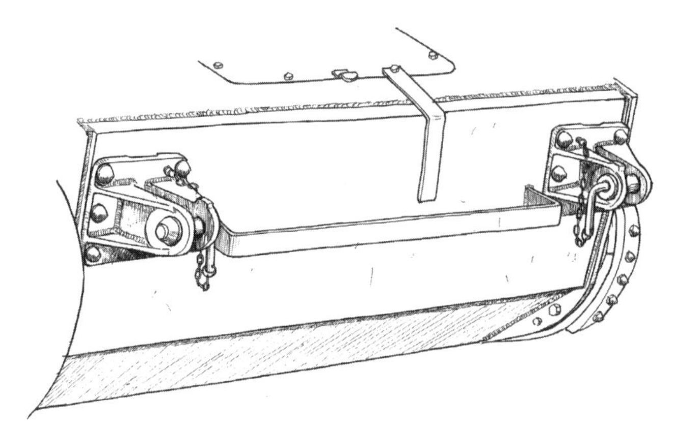

[図38]

Ⅳ号戦車F型　第14装甲師団第36戦車連隊424号車

Pz.Kpfw.IV Ausf.F 4./Pz.Regt.36, 14.Pz.Div., No.424

車体各部の特徴

機関室上面の点検ハッチに吸気ルーバーが設けられた熱帯地仕様のF型。履帯は表面2カ所に凹みが設けられた初期の40cm幅履帯を装着している。

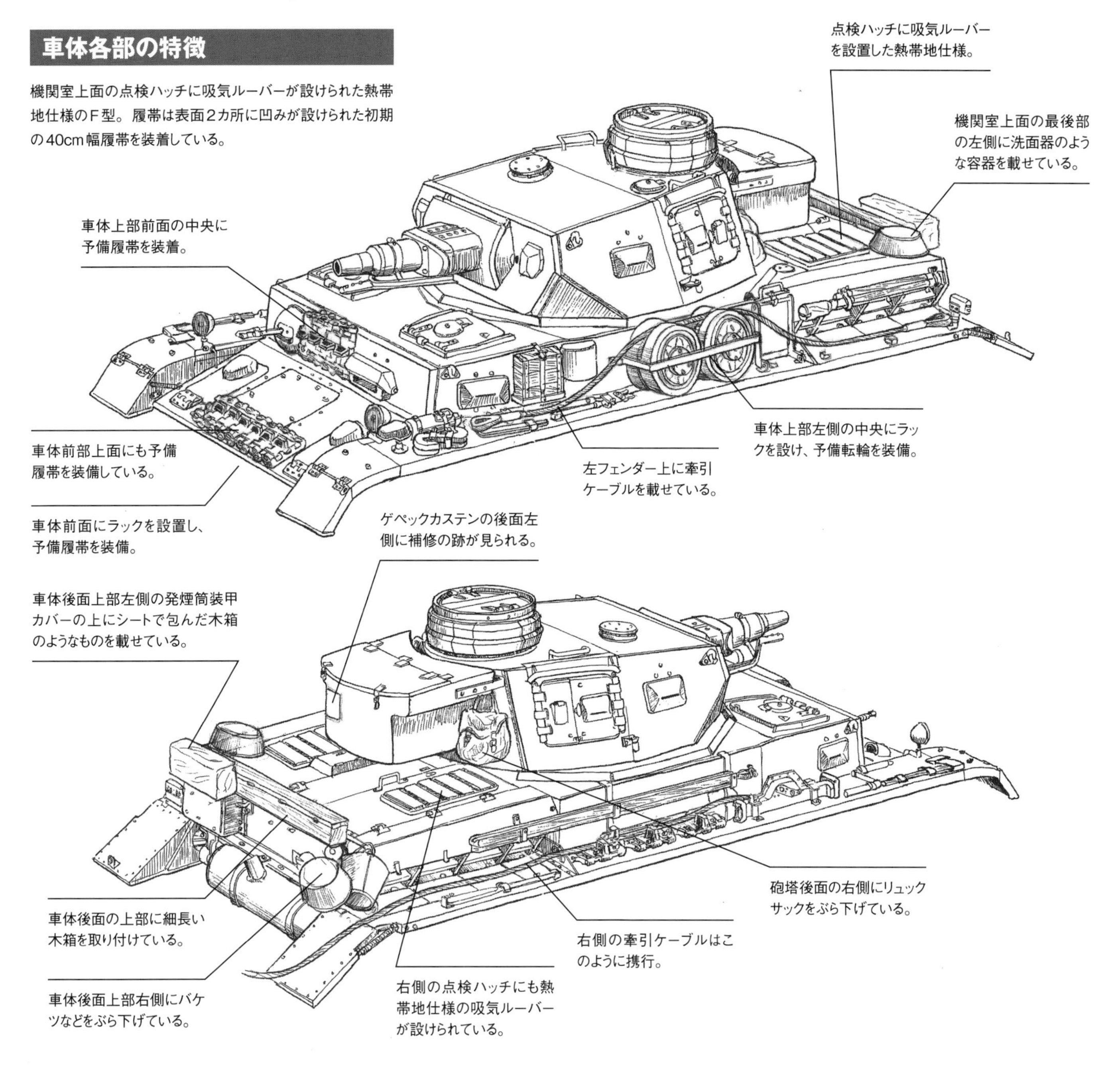

点検ハッチに吸気ルーバーを設置した熱帯地仕様。
機関室上面の最後部の左側に洗面器のような容器を載せている。
車体上部前面の中央に予備履帯を装着。
車体前部上面にも予備履帯を装備している。
車体前面にラックを設置し、予備履帯を装備。
車体上部左側の中央にラックを設け、予備転輪を装備。
左フェンダー上に牽引ケーブルを載せている。
ゲペックカステンの後面左側に補修の跡が見られる。
車体後面上部左側の発煙筒装甲カバーの上にシートで包んだ木箱のようなものを載せている。
車体後面の上部に細長い木箱を取り付けている。
車体後面上部右側にバケツなどをぶら下げている。
右側の点検ハッチにも熱帯地仕様の吸気ルーバーが設けられている。
右側の牽引ケーブルはこのように携行。
砲塔後面の右側にリュックサックをぶら下げている。

F型の砲塔後面

左右に設置されたピストルポートの装甲カバーは、円錐状に変更された。

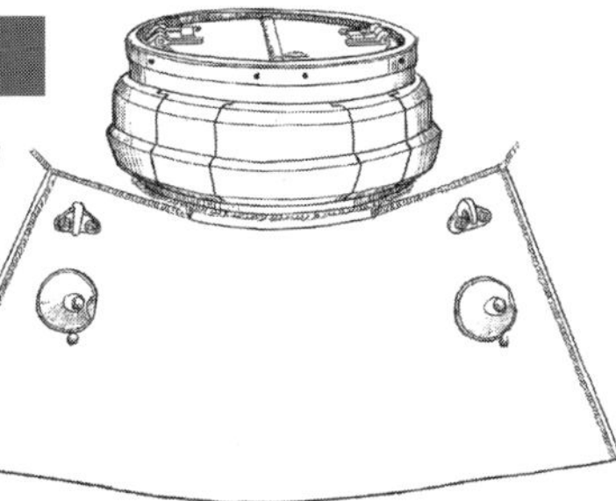

砲塔側面ハッチの構造

F型から両開き式のハッチに変更。前部ハッチに視察クラッペ、後部ハッチには射撃クラッペが設置されている。図は砲塔左側のハッチ。

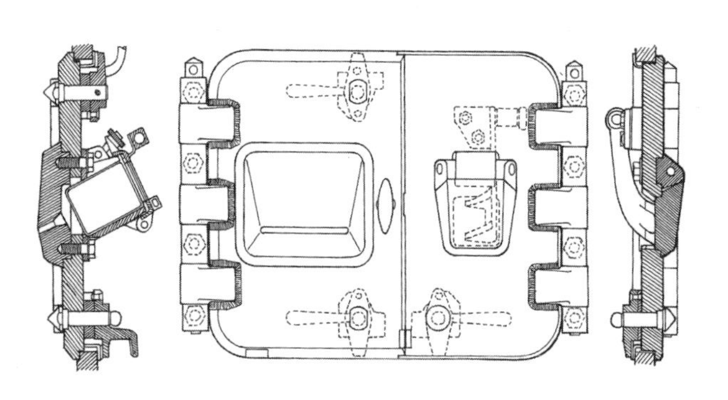

転輪の断面図

F型では、40cm幅のKgs61/400/120履帯を使用。それとともに転輪の幅も広くなった。左は、75mm幅のE型の転輪、右はF型の90mm幅のF型の転輪。

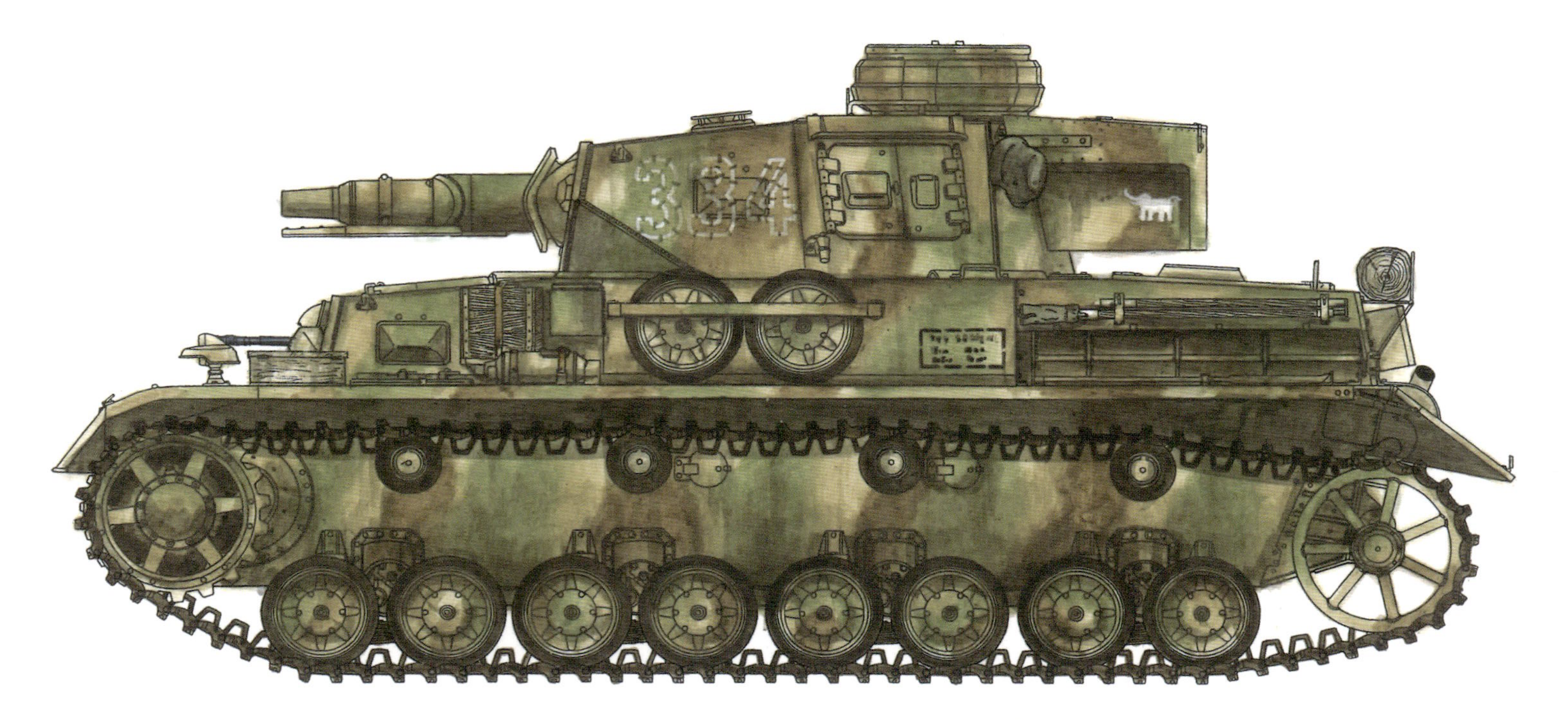

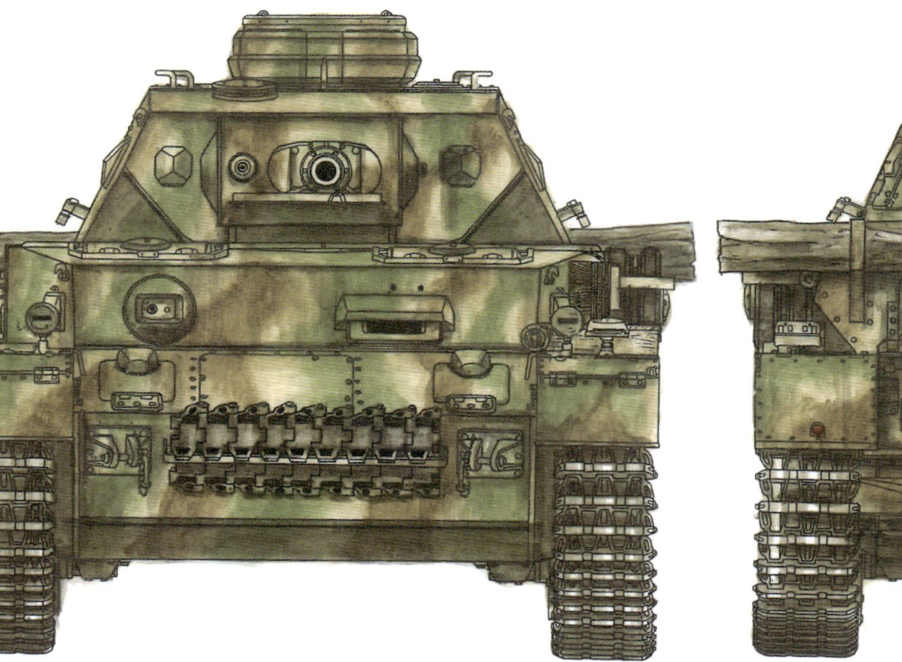

〔図39〕

Ⅳ号戦車F型

第 20 装甲師団第 21 戦車大隊 334 号車
1943 年夏　東部戦線 / クルスク

Pz.Kpfw.IV Ausf.F

3./Panzerabteilung 21, 20.Panzerdivision, No.334
Summer of 1943 Eastern Front/ Kursk

車体は、RAL7028 ドゥンケルゲルプの基本色の上に RAL6003 オリーフグリュンと RAL8017 ロートブラウンで迷彩を施した標準的な 3 色迷彩。砲塔側面とゲペックカステン後面に大きく描かれた白い砲塔番号 “334” はステンシル風にリタッチされている。ゲペックカステンの側面には大隊マークの “白い象” が描かれており、また、車体上部の左側後方には車両規格を示すマーキングも記されている。国籍標識のバルケンクロイツは、描かれていないようだ。

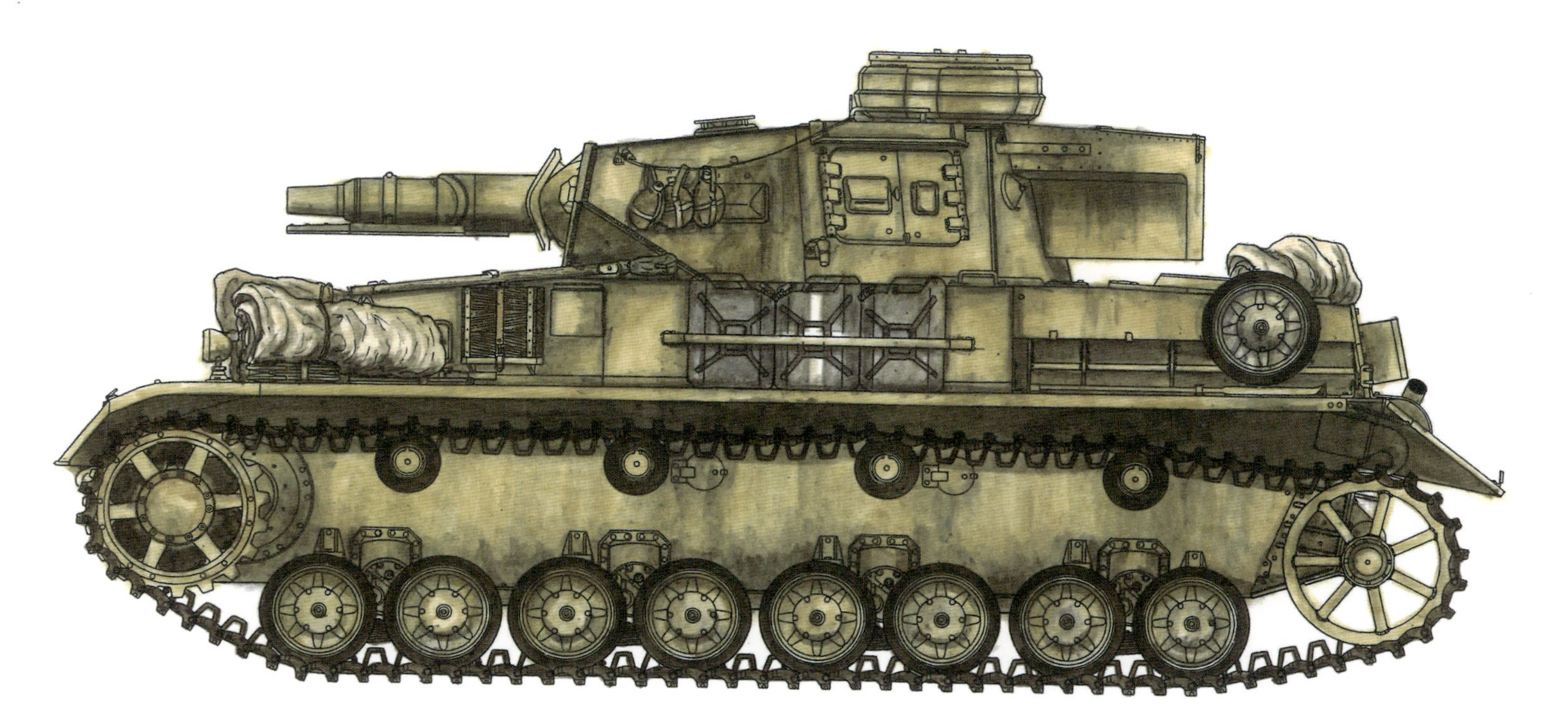

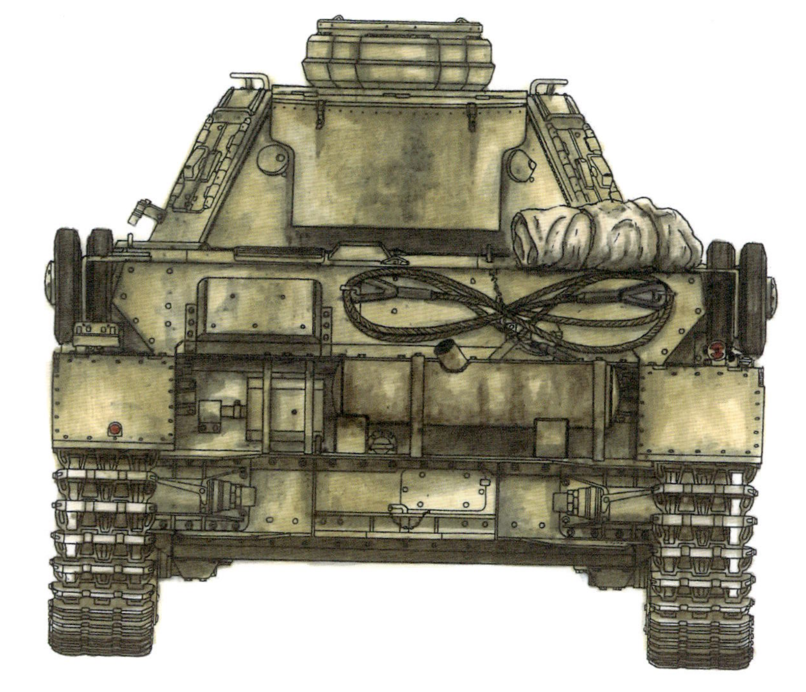

〔図40〕

Ⅳ号戦車F型

第 15 装甲師団第 8 戦車連隊所属車
1942 年　北アフリカ戦線 / リビア

Pz.Kpfw.IV Ausf.F

Panzerregiment 8, 15.Panzerdivision
1942 North African Front/ Libya

車体は、基本色 RAL8000 ゲルプブラウンの北アフリカ戦線向け塗装が施されているが、写真からでは迷彩色 RAL7008 グラウグリュンを用いた迷彩が施されているかどうかははっきりしない。左側のフロントフェンダーに白色の連隊マークが描かれており、砲塔番号は同じ部隊の他の車両（図 22、図 32 参照）と同様に中隊番号のみの 1 桁数字が描かれているものと思われるが、写真では確認できない。

[図39]

Ⅳ号戦車F型　第20装甲師団第21戦車大隊334号車

Pz.Kpfw.IV Ausf.F 3./Pz.Abt.21, 20.Pz.Div., No.334

車体各部の特徴

標準的なF型。履帯は表面2カ所に凹みが設けられた初期の40cm幅の履帯を使用している。

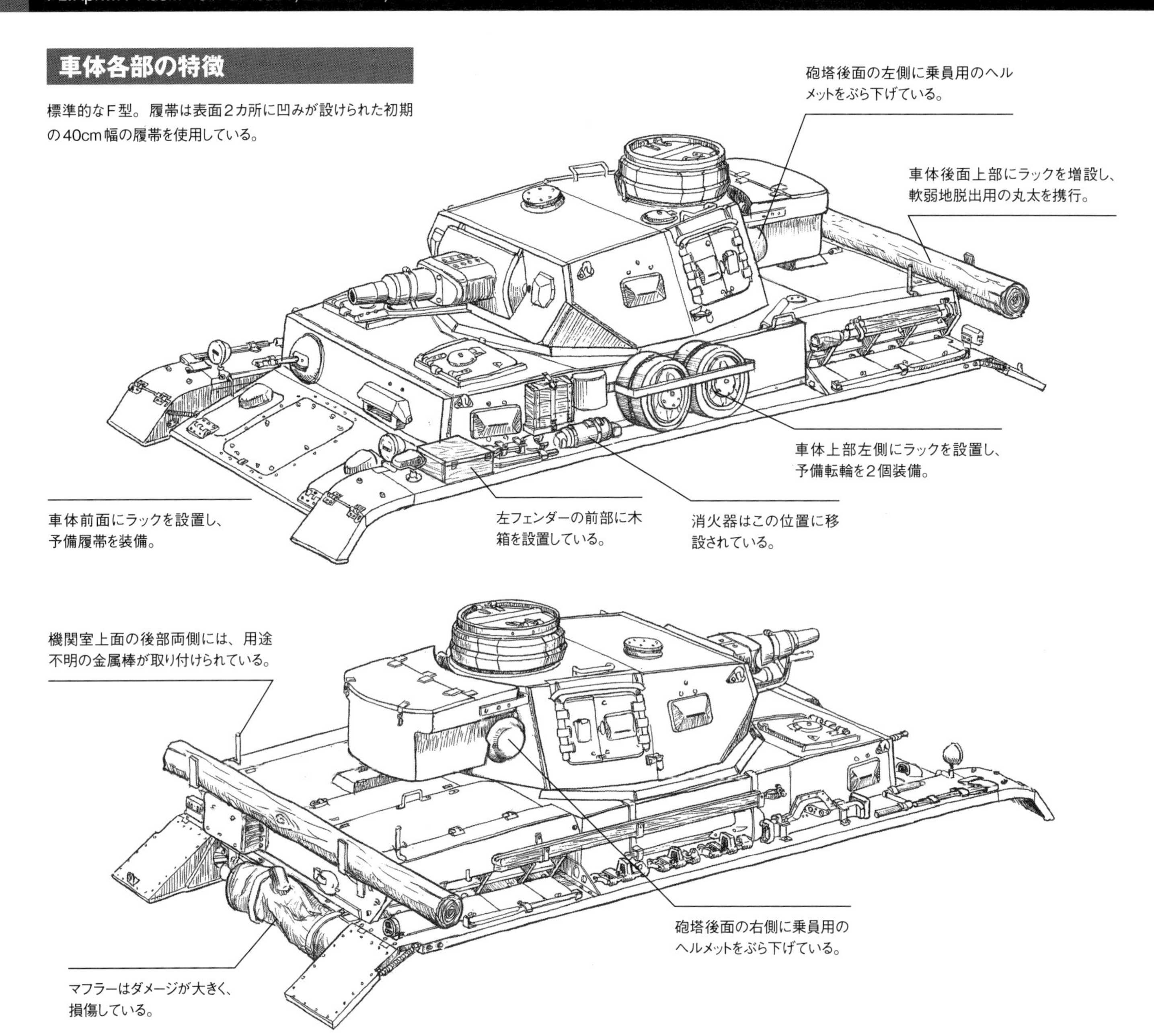
砲塔後面の左側に乗員用のヘルメットをぶら下げている。
車体後面上部にラックを増設し、軟弱地脱出用の丸太を携行。
車体上部左側にラックを設置し、予備転輪を2個装備。
車体前面にラックを設置し、予備履帯を装備。
左フェンダーの前部に木箱を設置している。
消火器はこの位置に移設されている。
機関室上面の後部両側には、用途不明の金属棒が取り付けられている。
砲塔後面の右側に乗員用のヘルメットをぶら下げている。
マフラーはダメージが大きく、損傷している。

50mm厚装甲板用の前部機銃ボールマウント

F型から50mm厚装甲板用のKugelblend 50球形ボールマウントが採用された。それに伴い表面の装甲カバーも球形となった。

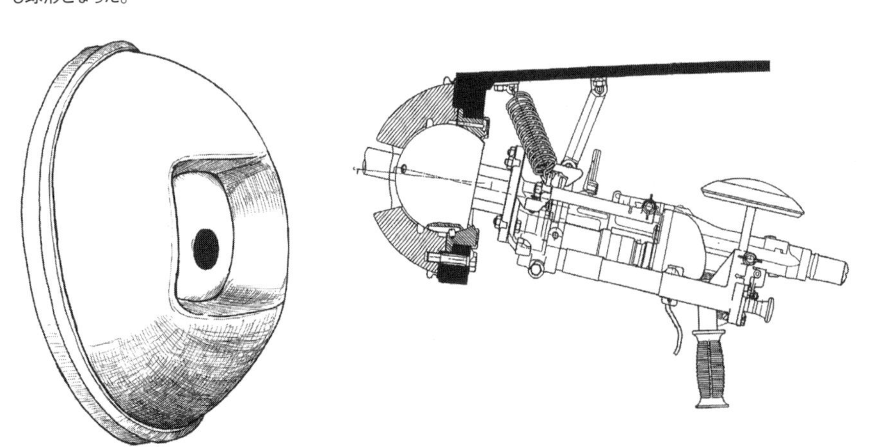

334号車の車体後面上部

図は車体後面上部の右側。牽引ケーブル固定具の内側に丸太用ラックが増設されている。機関室上面に溶接された金属棒は用途不明。

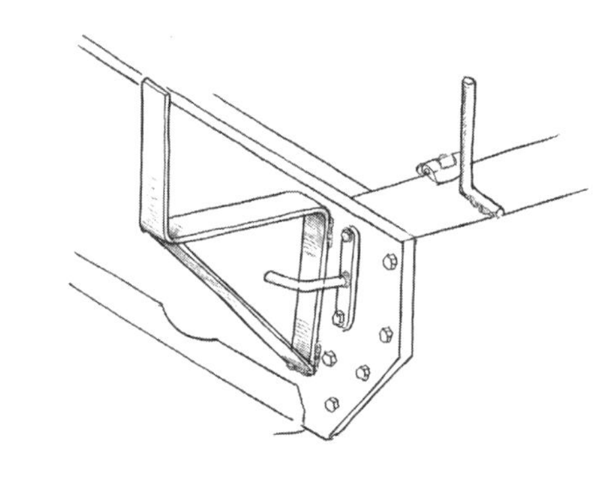

[図40]

Ⅳ号戦車F型　第15装甲師団第8戦車連隊所属車

Pz.Kpfw.IV Ausf.F　Pz.Regt.8, 15.Pz.Div.

車体各部の特徴

機関室上面は確認できないが、おそらく吸気ルーバーを設置したF型の熱帯地仕様と思われる。履帯は表面2カ所に凹みが設けられた初期の40cm幅履帯を使用。

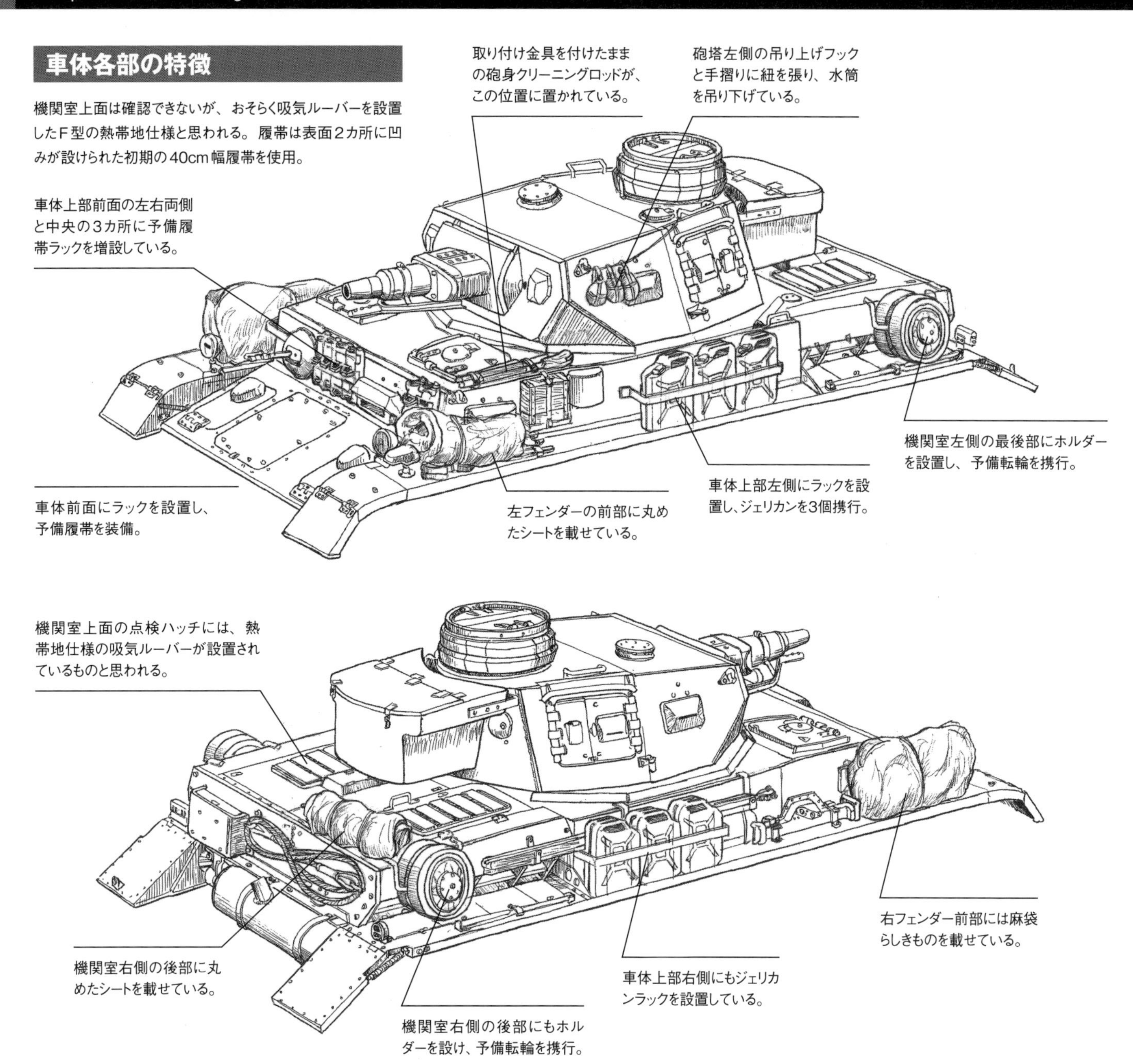
車体上部前面の左右両側と中央の3カ所に予備履帯ラックを増設している。
取り付け金具を付けたままの砲身クリーニングロッドが、この位置に置かれている。
砲塔左側の吊り上げフックと手摺りに紐を張り、水筒を吊り下げている。
機関室左側の最後部にホルダーを設置し、予備転輪を携行。
車体上部左側にラックを設置し、ジェリカンを3個携行。
左フェンダーの前部に丸めたシートを載せている。
車体前面にラックを設置し、予備履帯を装備。
機関室上面の点検ハッチには、熱帯地仕様の吸気ルーバーが設置されているものと思われる。
右フェンダー前部には麻袋らしきものを載せている。
車体上部右側にもジェリカンラックを設置している。
機関室右側の後部に丸めたシートを載せている。
機関室右側の後部にもホルダーを設け、予備転輪を携行。

車体前面

車体前面には予備履帯ラックが設置されている。

車体前部

車体上部前面には、前部機銃ボールマウントと操縦手用視察バイザーを挟むように左右両側と中央に予備履帯ラックが増設されている。

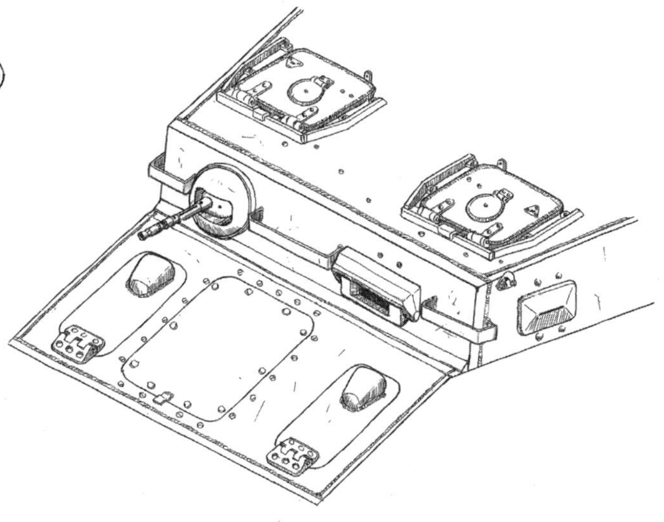

〔図41〕

Ⅳ号戦車F型

ノルウェー戦車大隊 411 号車
1943 年秋　ノルウェー

Pz.Kpfw.IV Ausf.F

Panzerabteilung Norway, No.411
Autumn of 1943 Norway

1943 年秋だが、塗装は新しい基本色ではなく、旧基本色 RAL7021 ドゥンケルグラウの単色塗装のままである。砲塔番号“411”は、砲塔側面とゲペックカステン後面に黄色で記入。また、国籍標識バルケンクロイツは標準的な白縁付き黒十字で、車体上部側面と車体後面上部左側の発煙筒ラックに描かれている。

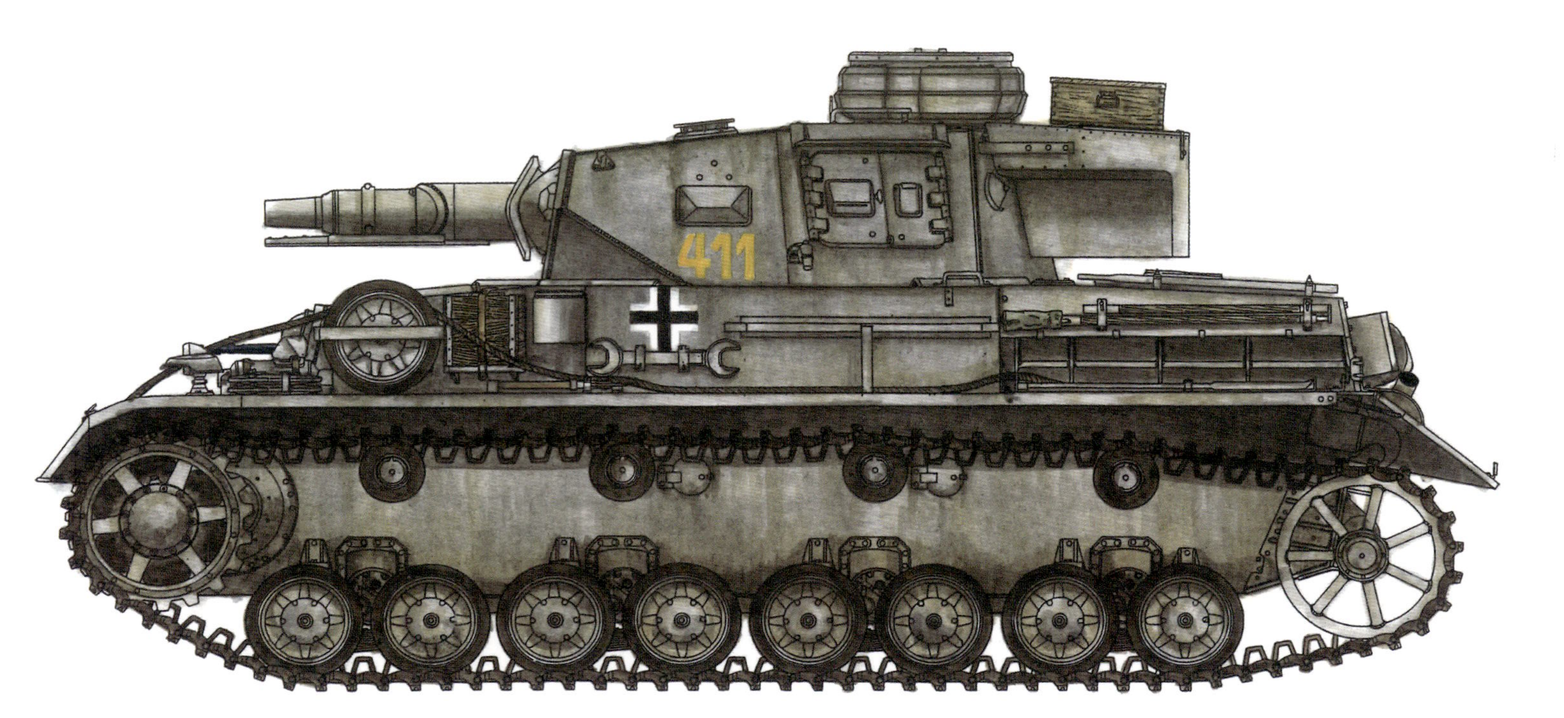
411

411

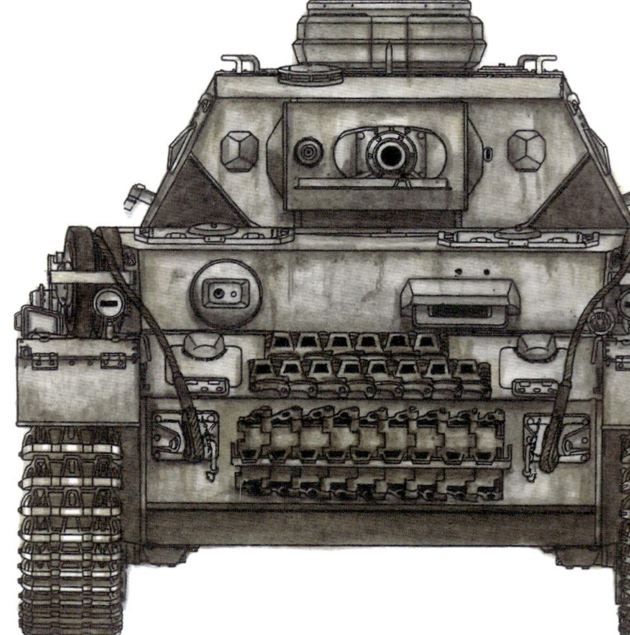

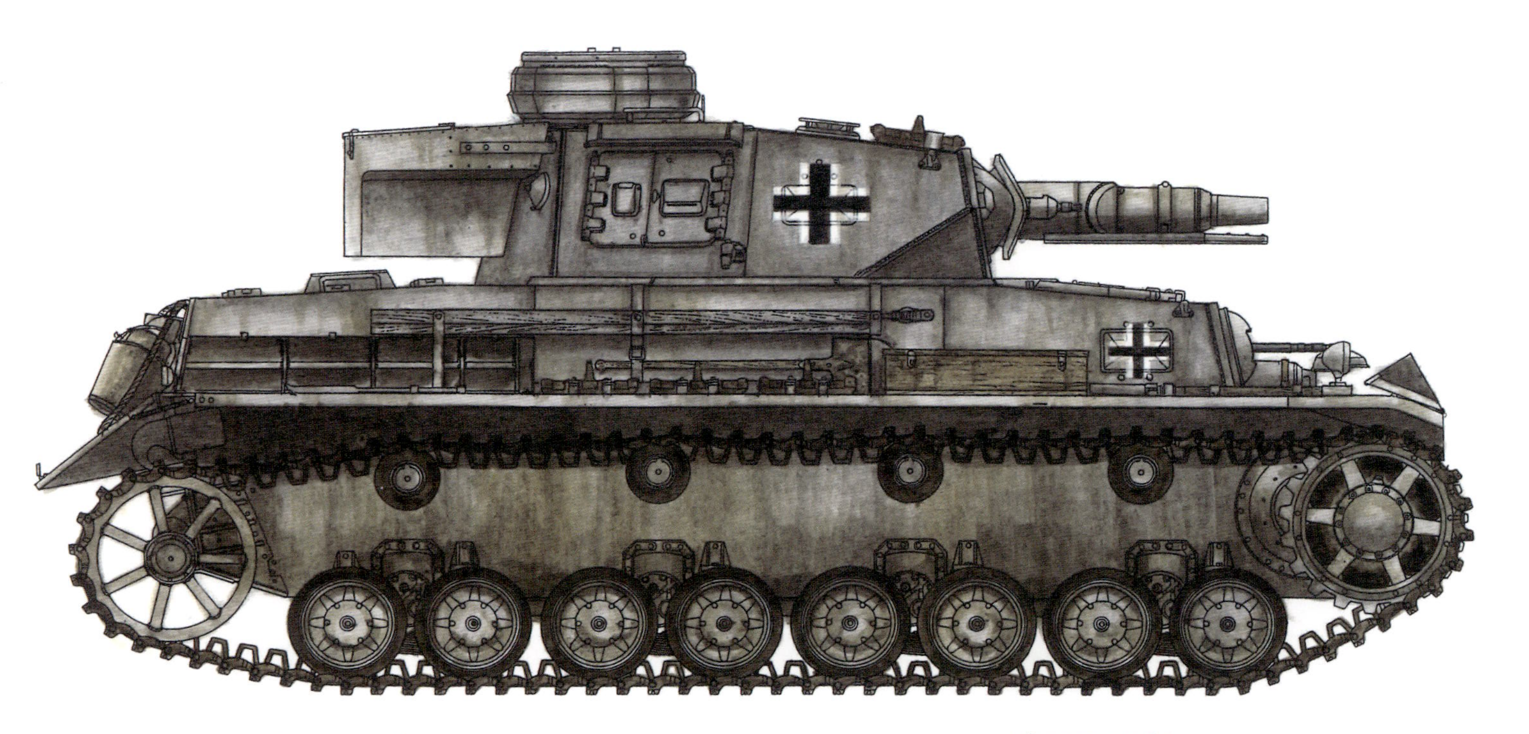

〔図42〕

Ⅳ号戦車F型

第14SS警察連隊第13警察戦車中隊所属車
1943年12月　スロベニア

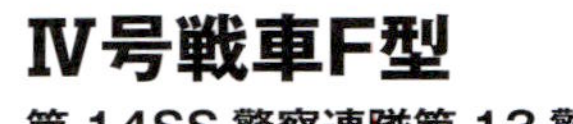

Pz.Kpfw.IV Ausf.F
13./Polizei Panzer Kompanie, SS.Polizei Regiment 14
December 1943　Slovenia

1943年末だが、塗装は旧基本色のRAL7021ドゥンケルグラウによる単色塗装である。国籍標識のバルケンクロイツ（白縁付きの黒十字）が警察連隊独特な表記となっており、車体前部上面、車体上部側面の前部、車体後面上部左側の発煙筒ラック、さらに砲塔側面にも描かれている。また、車体前面右側と右側のリアフェンダーには連隊マーク、車体前面の左側上部には小さく5桁の番号“28141”が記されている。

Ⅳ号戦車F型　ノルウェー戦車大隊411号車

Pz.Kpfw.IV Ausf.F Pz.Abt. Norway, No.411

車体各部の特徴

標準的なF型。履帯は表面2カ所に凹みが設けられた初期の40cm幅の履帯を使用している。

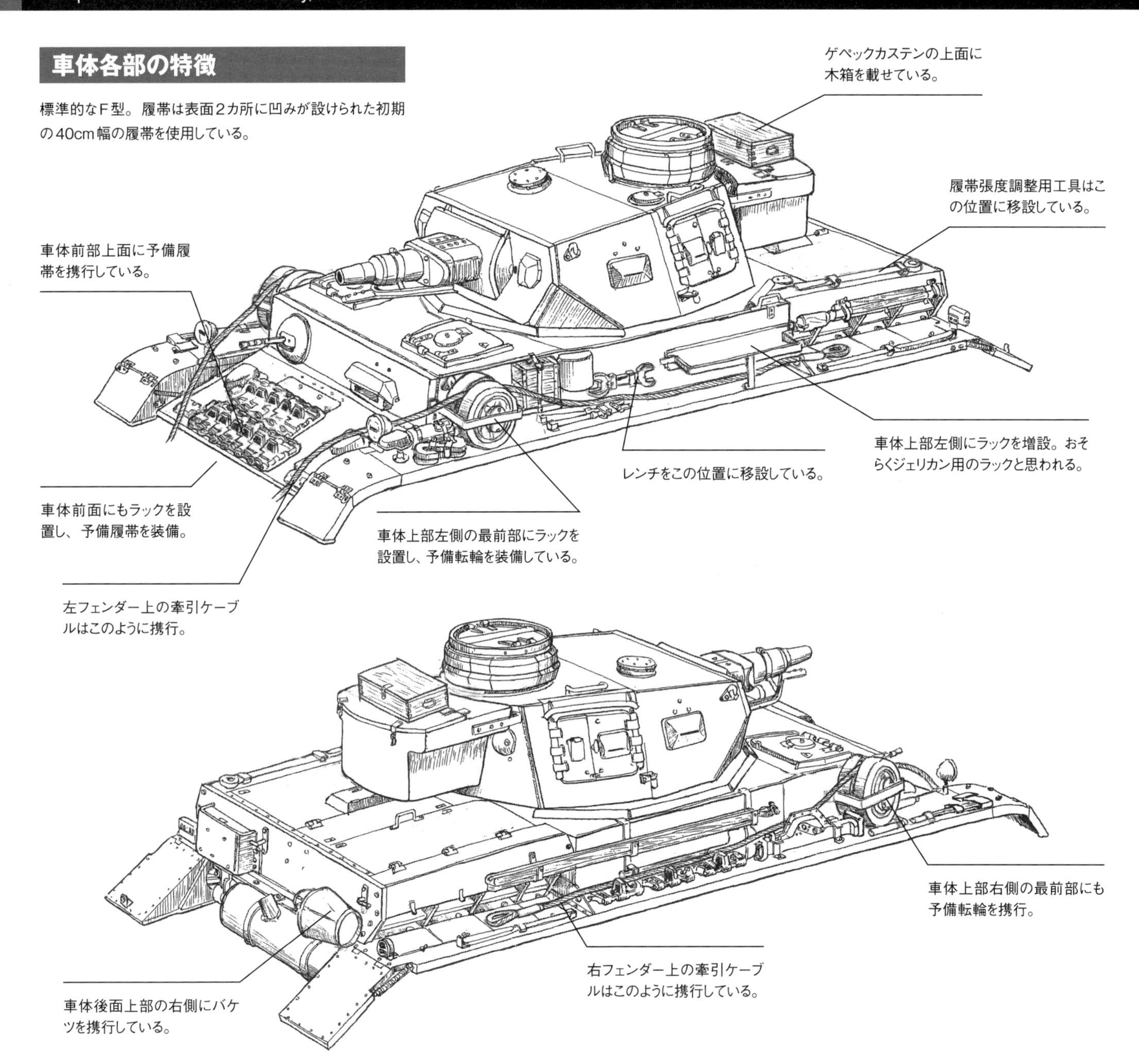
ゲペックカステンの上面に木箱を載せている。
履帯張度調整用工具はこの位置に移設している。
車体前部上面に予備履帯を携行している。
車体上部左側にラックを増設。おそらくジェリカン用のラックと思われる。
レンチをこの位置に移設している。
車体前面にもラックを設置し、予備履帯を装備。
車体上部左側の最前部にラックを設置し、予備転輪を装備している。
左フェンダー上の牽引ケーブルはこのように携行。
車体上部右側の最前部にも予備転輪を携行。
右フェンダー上の牽引ケーブルはこのように携行している。
車体後面上部の右側にバケツを携行している。

411号車の予備転輪ラック

図は、車体上部左側最前部に設置されたラック。右側も同様の造りになっている。

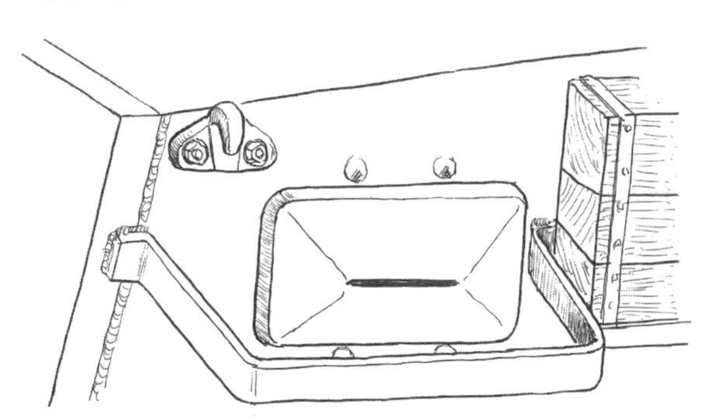

411号車の車体上部左側のラック

車体上部左側のやや後方よりに増設されたラックは、図のような造りになっている。ジェリカン用と思われる。

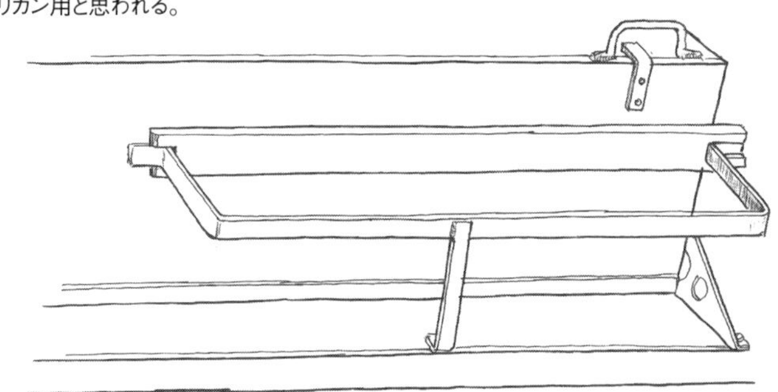

IV号戦車F型　第14SS警察連隊第13警察戦車中隊所属車
Pz.Kpfw.IV Ausf.F 13./Polizei Pz.Kp., SS.Polizei Regt.14

車体各部の特徴

標準的なF型。履帯は表面2カ所に凹みが設けられた初期の40cm幅の履帯を使用している。

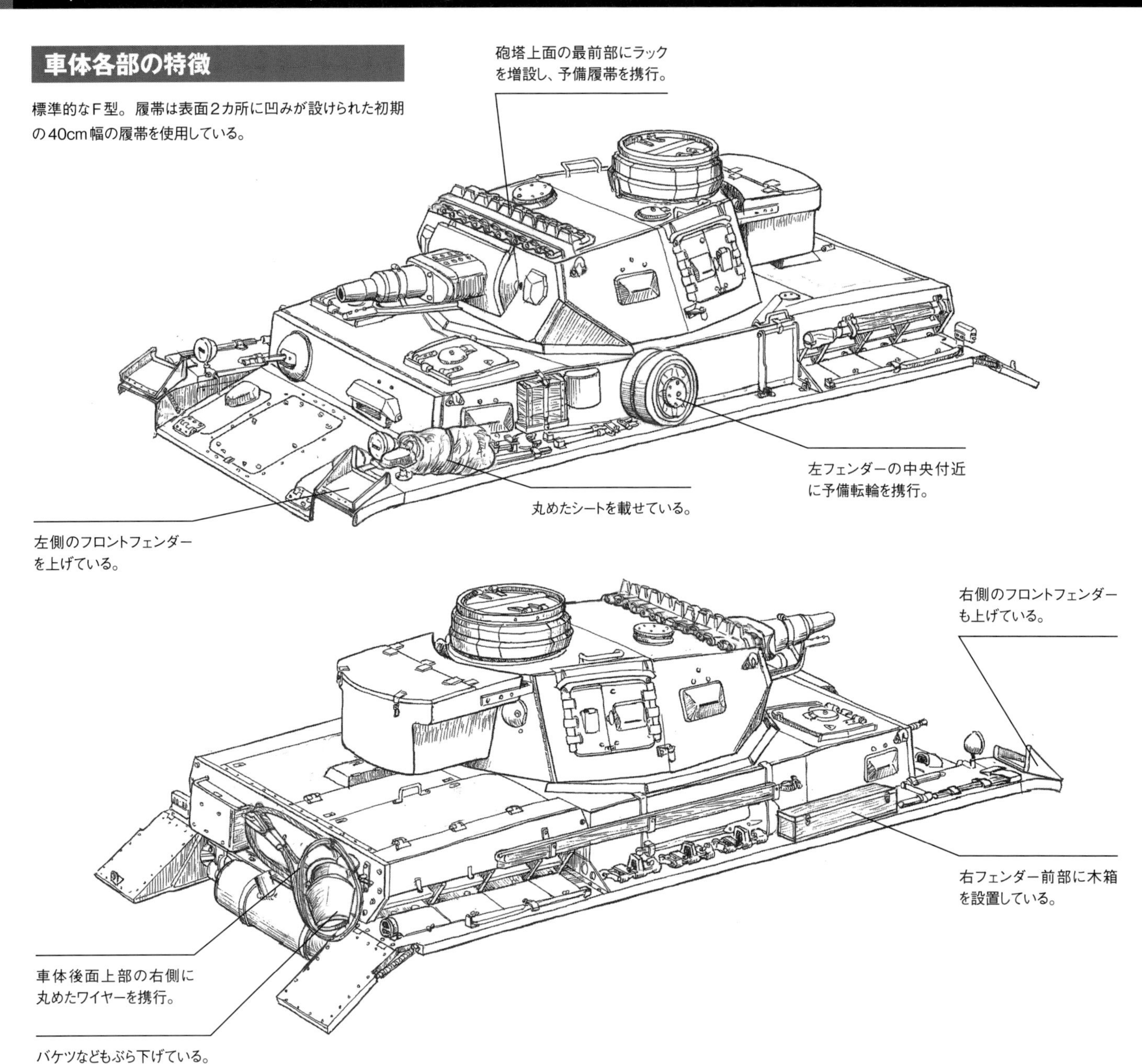

砲塔上面の最前部にラックを増設し、予備履帯を携行。
左フェンダーの中央付近に予備転輪を携行。
丸めたシートを載せている。
左側のフロントフェンダーを上げている。
右側のフロントフェンダーも上げている。
右フェンダー前部に木箱を設置している。
車体後面上部の右側に丸めたワイヤーを携行。
バケツなどもぶら下げている。

右フェンダー前部

右フェンダー前部に細長い木箱を設置している。

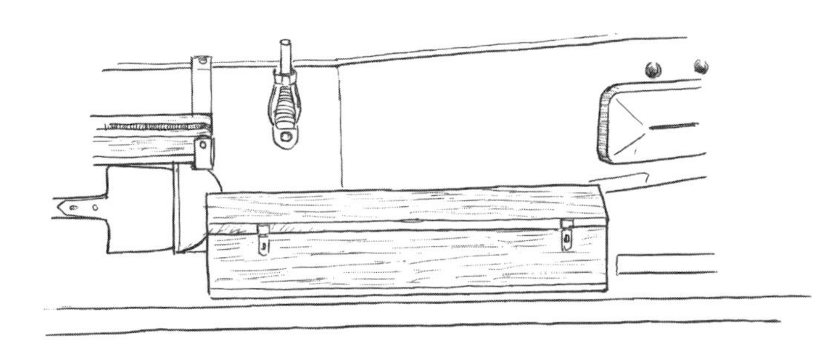

F型の車体後面

主エンジン用のマフラーが短くなり、補助エンジン用マフラーが角型となった。また、装甲カバー付きの発煙筒ラックは左端に移設されている。

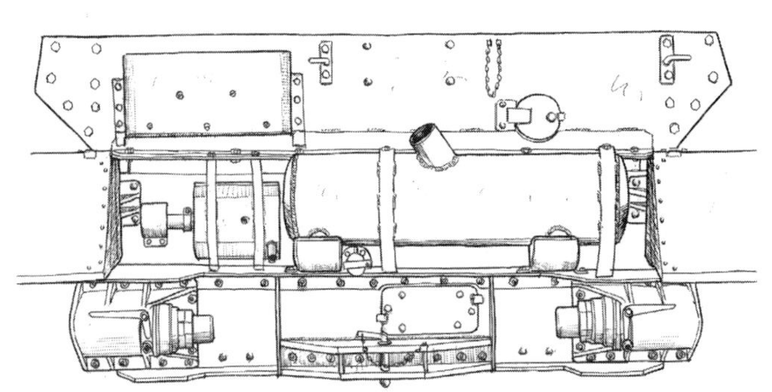

〔図43〕

Ⅳ号戦車F型

第 14SS 警察連隊第 13 警察戦車中隊所属車
1944 年 5 月　スロベニア

Pz.Kpfw.IV Ausf.F
13./Polizei Panzer Kompanie, SS.Polizei Regiment 14
May 1944 Slovenia

85 ページの図 42 と同じ部隊の車両だが、この車両は基本色 RAL7028 ドゥンケルゲルプと迷彩色 RAL6003 オリーフグリュン、RAL8017 ロートブラウンによる大戦後期の標準的な３色迷彩が施されている。国籍標識の表記方法は、図 42 と同じで車体前部上面、車体上部側面の前部、砲塔側面、車体後面上部左側の発煙筒ラックに白縁付き黒十字の国籍標識バルケンクロイツを記入。連隊マークは車体上部前面右端と右側のリアフェンダーに描かれている。さらに車体前面の左端上部には小さく５桁の番号（数字は読み取れず）も記している。

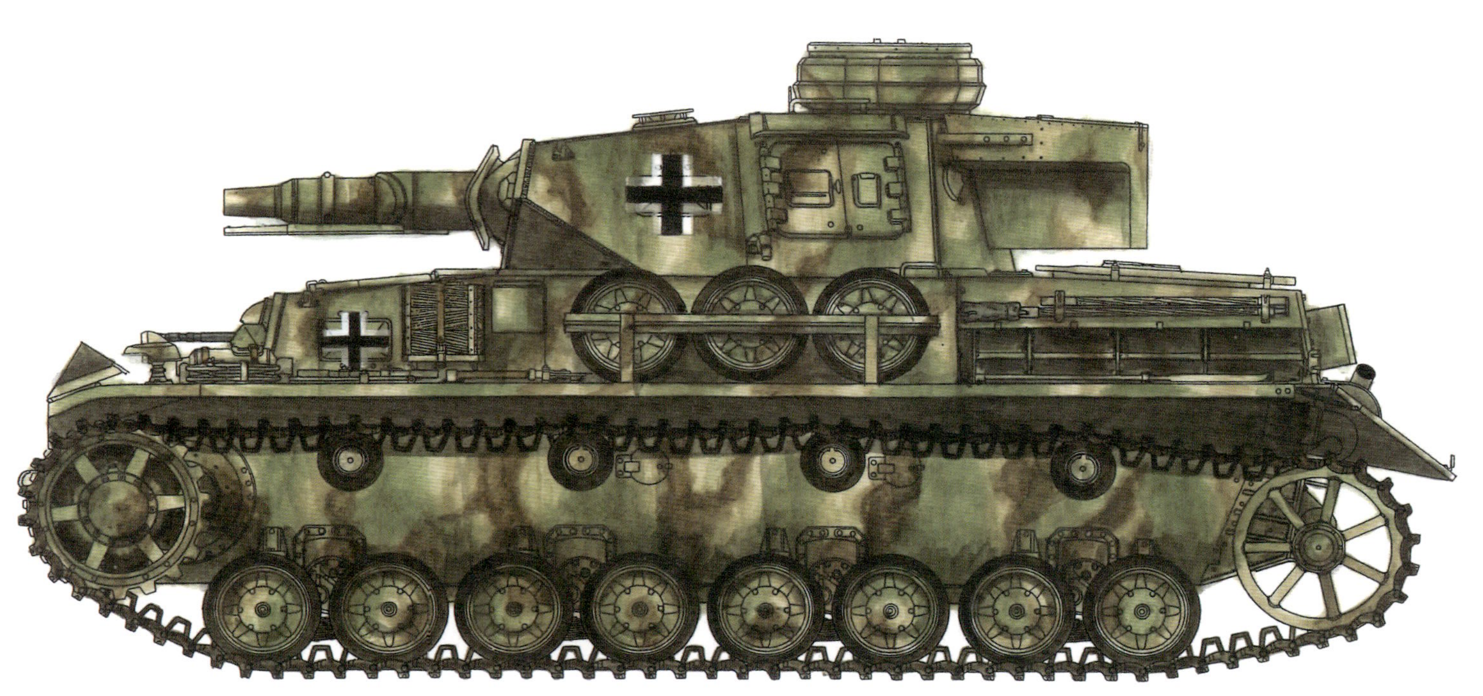

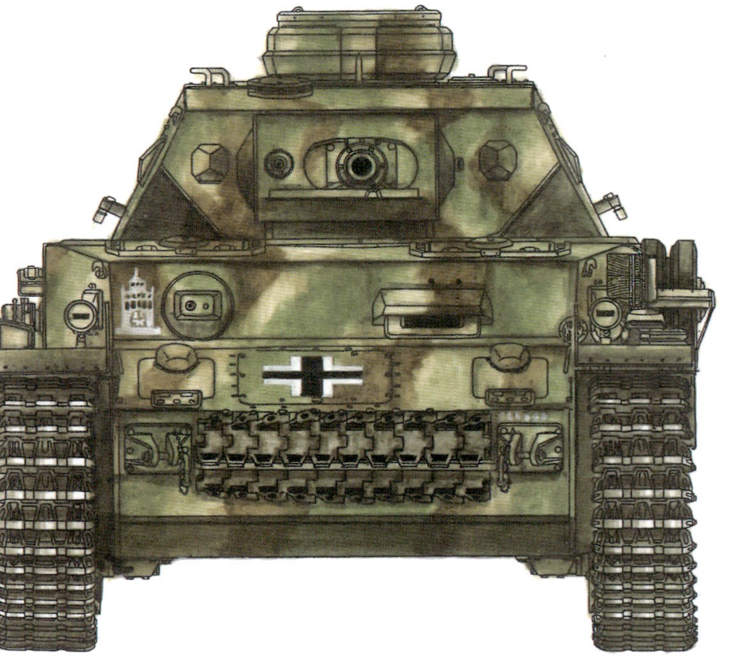

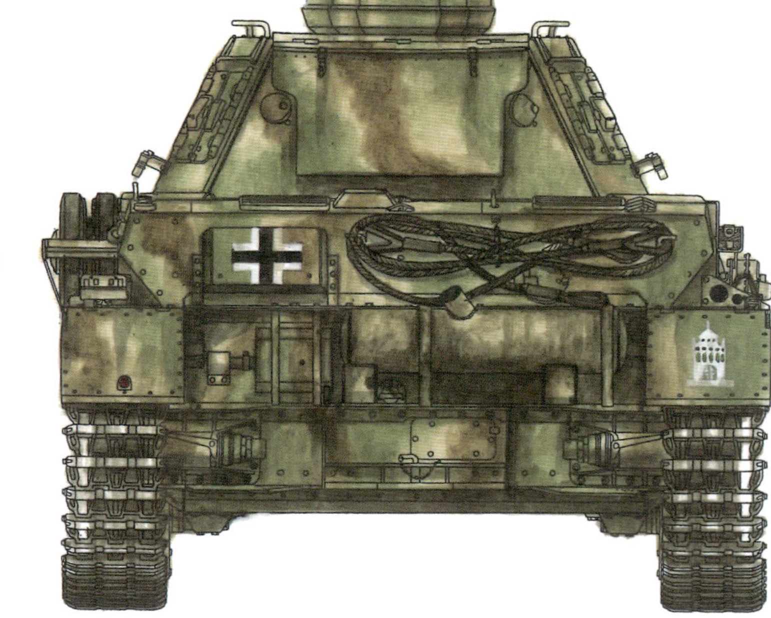

〔図44〕

Ⅳ号戦車F型

第280戦車大隊所属車
1944年夏　アドリア海沿岸作戦地域（OZAK）

Pz.Kpfw.IV Ausf.F

Panzerabteilung 280
Summer of 1944 Adriatic Sea Coast sector

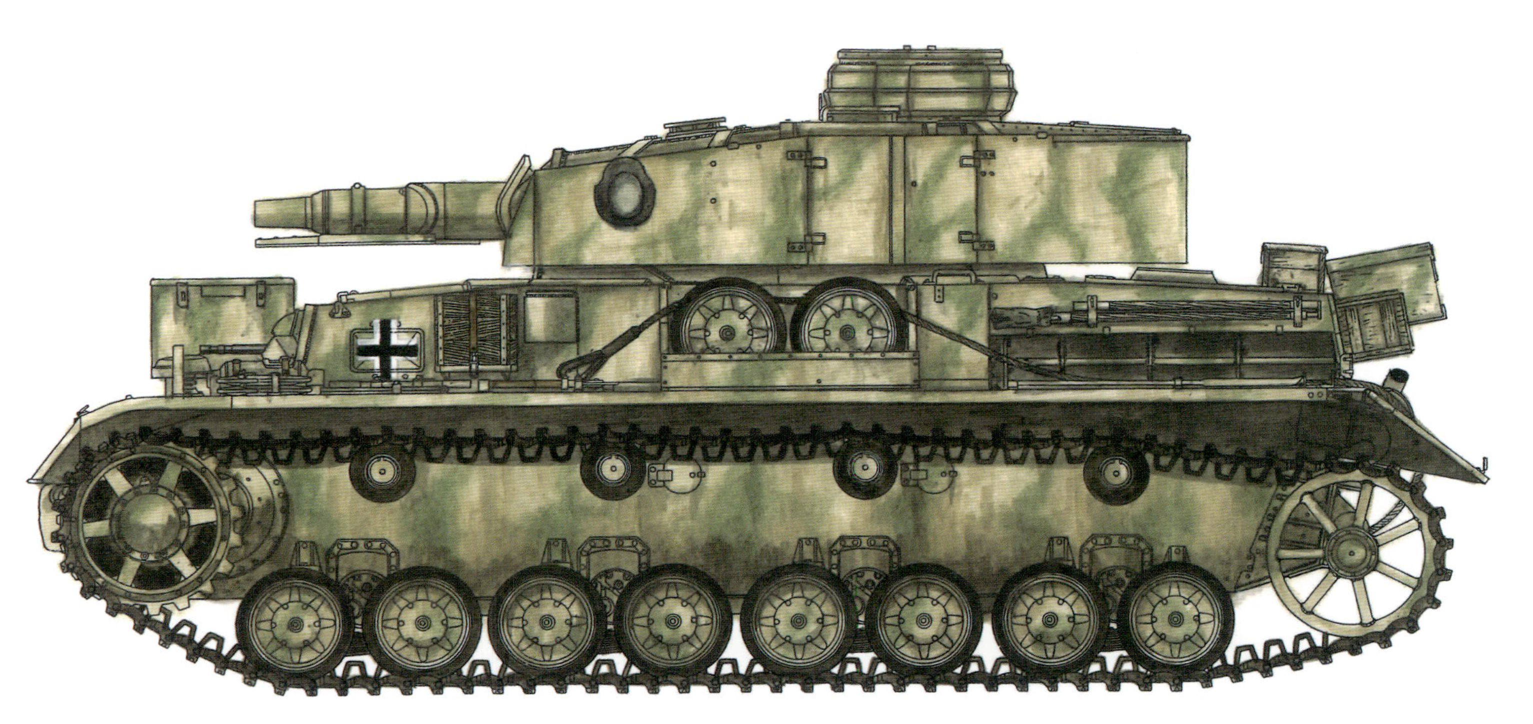

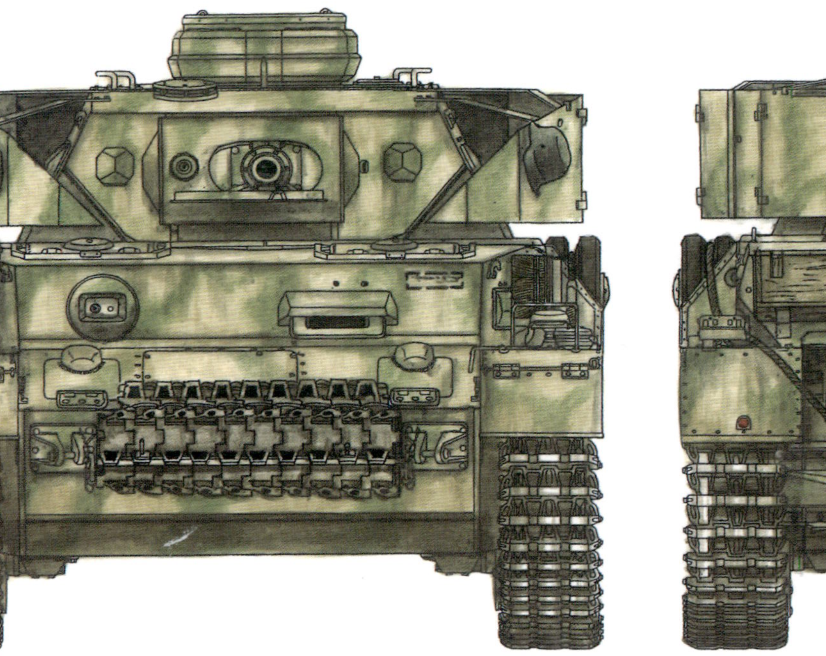

69ページの図34と同じ部隊のF型。写真では、RAL7028ドゥンケルゲルプの基本色の上にRAL6003オリーフグリュンで迷彩を施した2色迷彩に見えるが、RAL8017ロートブラウンも用いた3色迷彩の可能性もある。車体側面前部と車体後面右側上部に増設した木箱に白縁付き黒十字の国籍標識バルケンクロイツを描き、車体上部前面左端に車両規格の表示が描かれている。砲塔番号や部隊マークなどのマーキングは施されていない。

[図43]

Ⅳ号戦車F型　第14SS警察連隊第13警察戦車中隊所属車

Pz.Kpfw.IV Ausf.F 13./Polizei Pz.Kp., SS.Polizei Regt.14

車体各部の特徴

標準的なF型。履帯は表面2カ所に凹みが設けられた初期の40cm幅履帯を使用している。

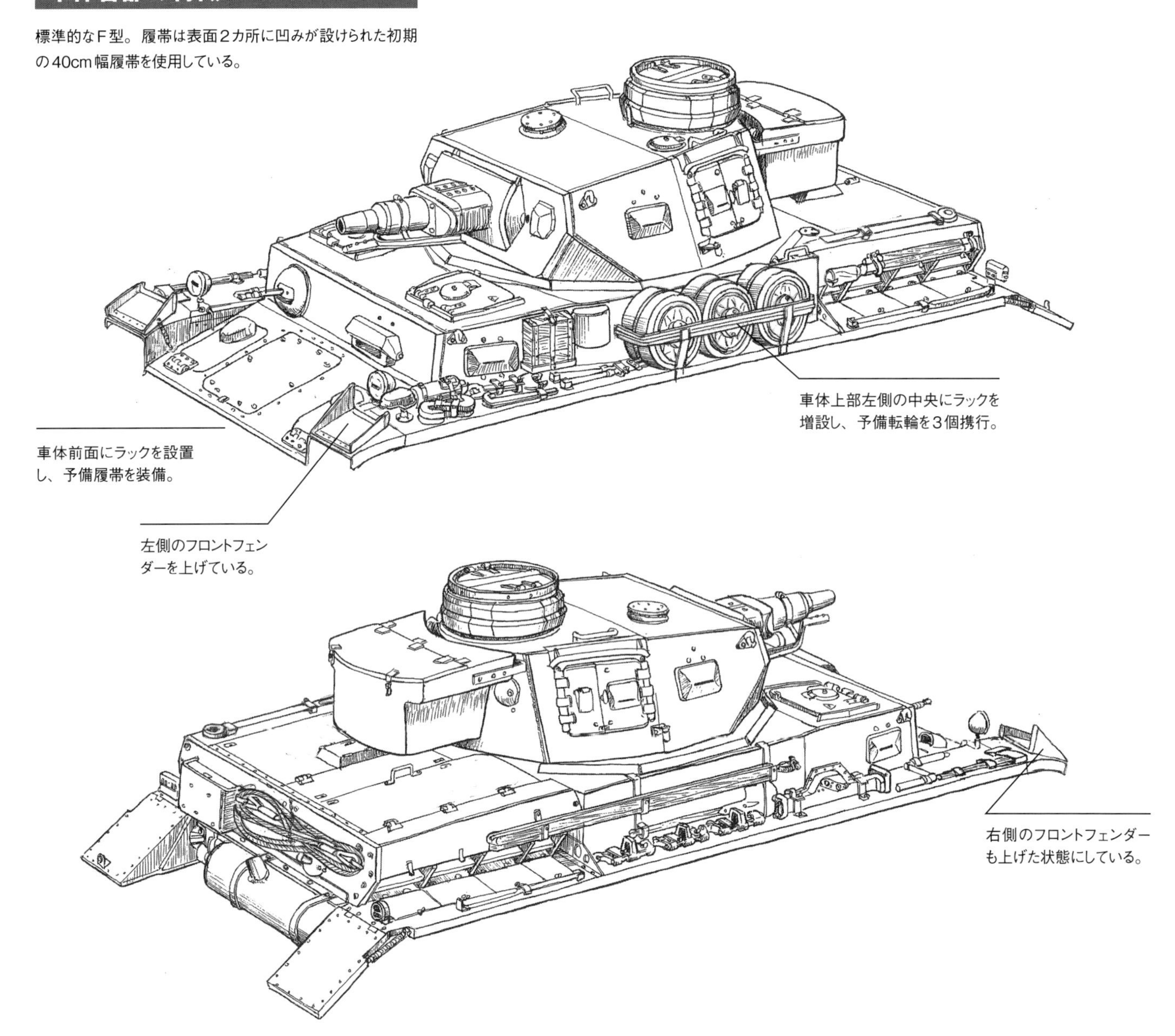

車体上部左側の中央にラックを増設し、予備転輪を3個携行。

車体前面にラックを設置し、予備履帯を装備。

左側のフロントフェンダーを上げている。

右側のフロントフェンダーも上げた状態にしている。

車体前面

車体前面には予備履帯ラックが設置されている。

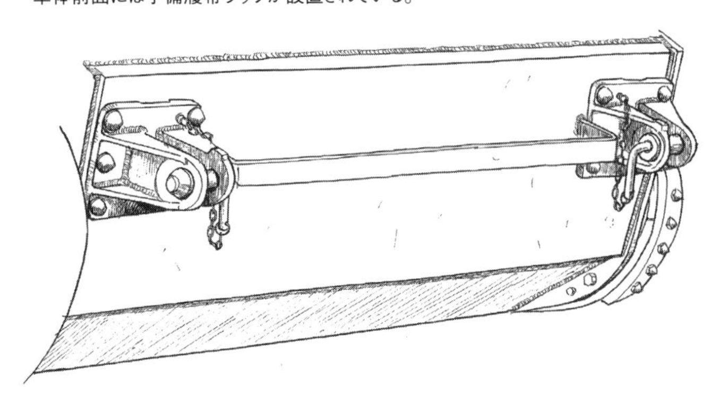

車体上部左側の中央付近

車体上部左側には予備転輪ラックが増設されている。このラックに3個の予備転輪を携行している。

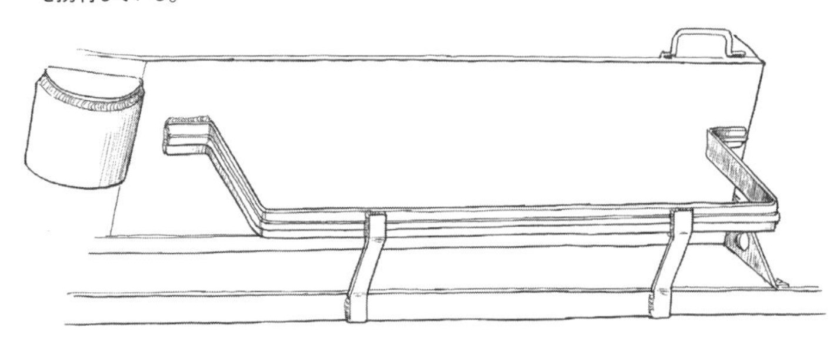

[図44]

Ⅳ号戦車F型　第280戦車大隊所属車

Pz.Kpfw.IV Ausf.F　Pz.Abt.280

車体各部の特徴

F型だが、砲塔にシュルツェン、車体上部左側に標準仕様の予備転輪ラックをレトロフィットしている。履帯は表面2カ所に凹みが設けられた初期の40cm幅履帯を使用している。

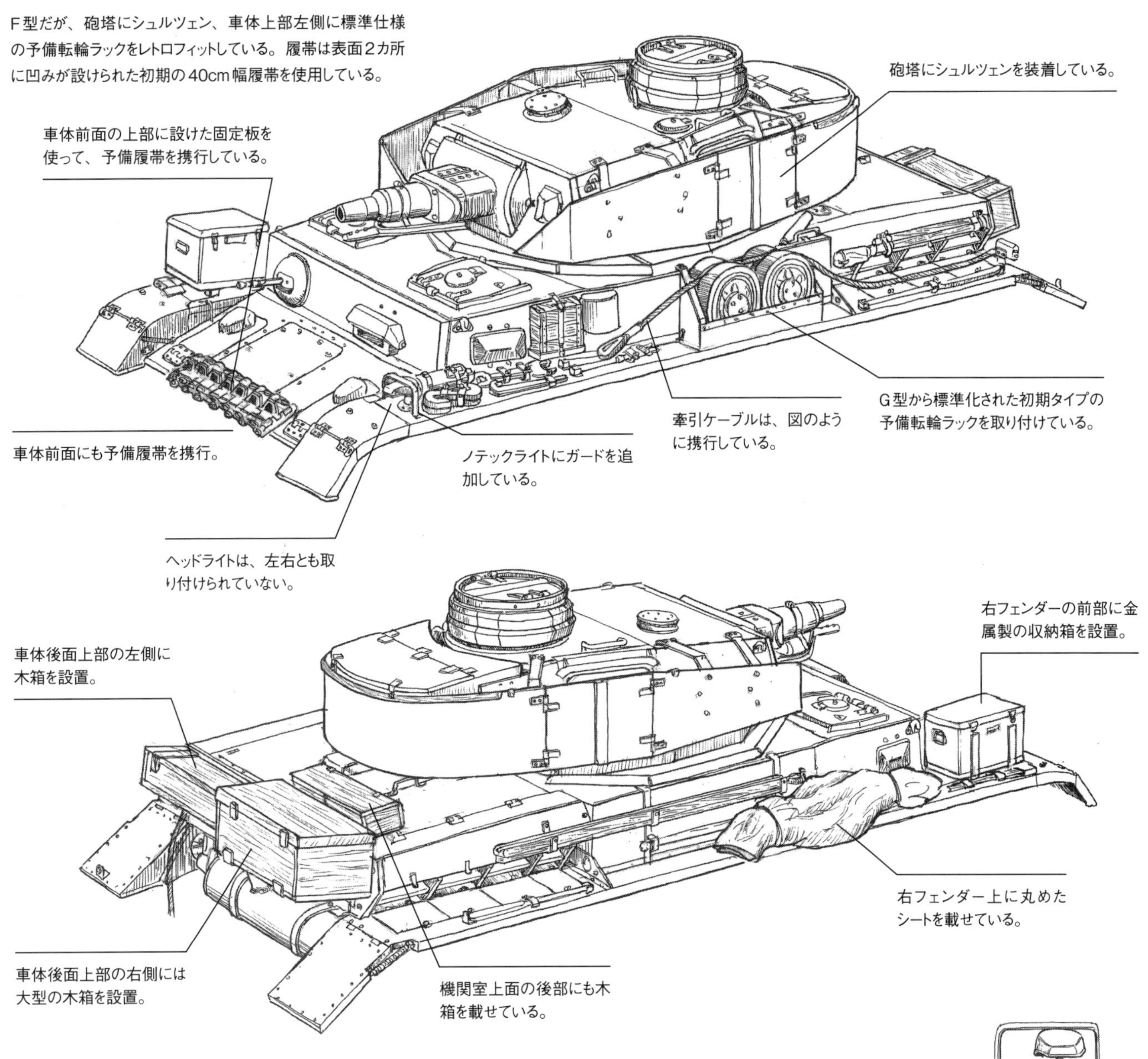
車体前面の上部に設けた固定板を使って、予備履帯を携行している。
砲塔にシュルツェンを装着している。
車体前面にも予備履帯を携行。
ノテックライトにガードを追加している。
牽引ケーブルは、図のように携行している。
G型から標準化された初期タイプの予備転輪ラックを取り付けている。
ヘッドライトは、左右とも取り付けられていない。
車体後面上部の左側に木箱を設置。
右フェンダーの前部に金属製の収納箱を設置。
右フェンダー上に丸めたシートを載せている。
車体後面上部の右側には大型の木箱を設置。
機関室上面の後部にも木箱を載せている。

車体前面

車体前面の予備履帯ラックはG型から標準化されたタイプ。さらに上部にも予備履帯を固定するための板が溶接されている。

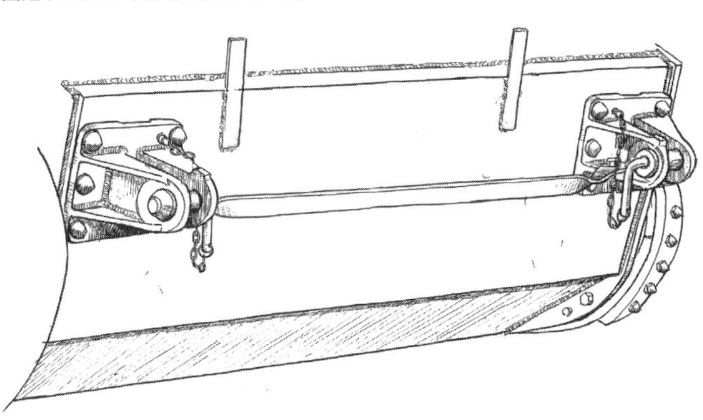

左フェンダー前部

ノテックライトのガードを追加。ヘッドライトは設置されていない。

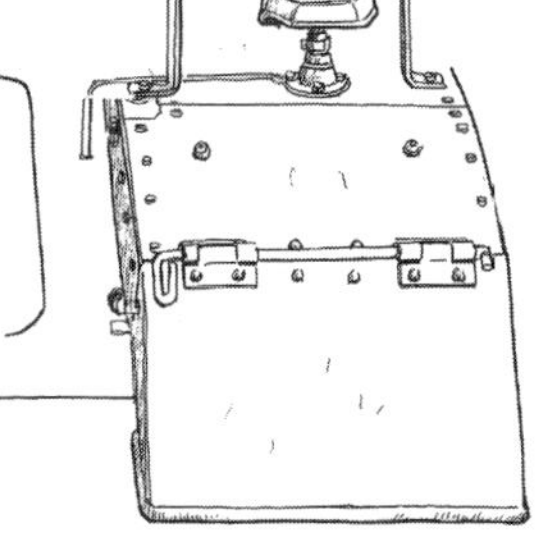

右フェンダーの収納箱

金属製の収納箱は、このような造りの台座に載せられている。

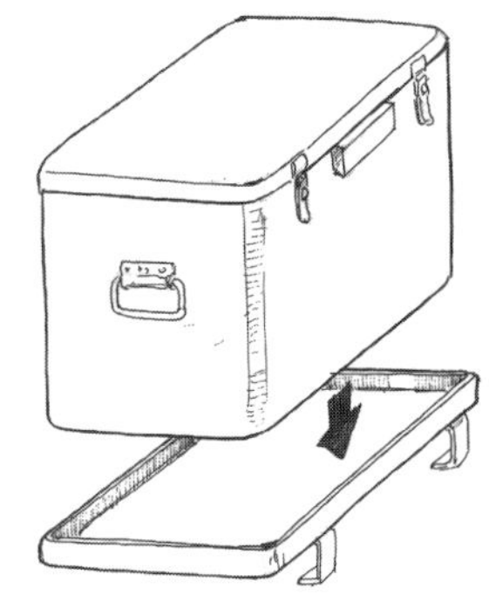

記録写真に残る各戦車を徹底的に図解!

ミリタリー ディテール イラストレーション

■定価：本体　2,300 ～ 2,700円（税別）　■A4判　96ページ

戦時中の記録写真に写った戦車各車両を多数のイラストを用いて詳しく解説。1/35（または1/30）スケールのカラー塗装＆マーキング・イラストと車体各部のディテールイラストにより個々の車両の塗装とマーキングはもちろんのこと、その車両の細部仕様や改修箇所、追加装備類、パーツ破損やダメージの状態などが一目瞭然！　戦車の図解資料としてのみならず、各模型メーカーから多数発売されている戦車模型のディテール工作や塗装作業のガイドブックとして活用できます。

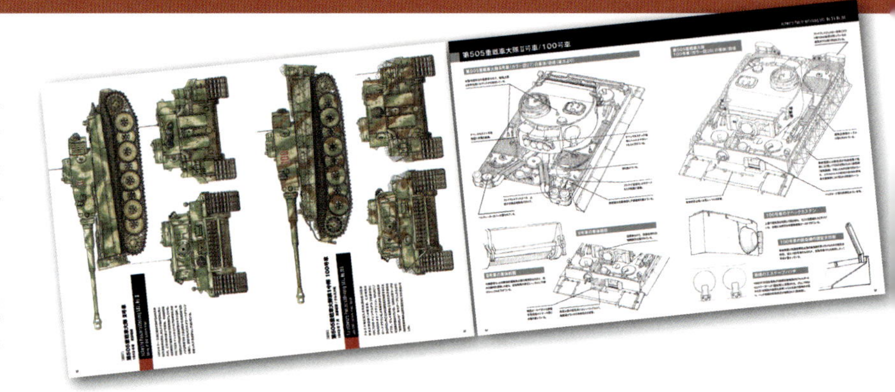

Military Detail Illustration
TIGER I Early Production Model
ミリタリー ディテール イラストレーション
ティーガーI
初期型
遠藤 慧 画
新紀元社

▌ティーガーI 初期型

Military Detail Illustration
TIGER I Middle & Late Production Model
ミリタリー ディテール イラストレーション
ティーガーI
中期/後期型
遠藤 慧 画
新紀元社

▌ティーガーI 中期/後期型

Military Detail Illustration
PANZERKAMPFWAGEN III Ausf.E-J
ミリタリー ディテール イラストレーション
III号戦車
E~J型
遠藤 慧 画
新紀元社

▌III号戦車 E~J型

Military Detail Illustration
PANZERKAMPFWAGEN V PANTHER
ミリタリー ディテール イラストレーション
パンター
遠藤 慧 画
新紀元社

▌パンター

Military Detail Illustration
PANZERKAMPFWAGEN IV Ausf.G-J
ミリタリー ディテール イラストレーション
IV号戦車
G~J型
遠藤 慧 画
新紀元社

▌IV号戦車 G~J型

Military Detail Illustration
STURMGESCHÜTZ Ausf.F-G
ミリタリー ディテール イラストレーション
III号突撃砲
F~G型
遠藤 慧 画
新紀元社

▌III号突撃砲 F~G型

数多くの車両の塗装とマーキングを解説

ミリタリー カラーリング&マーキング コレクション

第二次大戦のドイツ戦車やソ連戦車の塗装とマーキングを解説。大戦中に撮影された記録写真から描き起こしたカラーイラスト、さらに大戦時の記録写真も多数掲載し、各車両の塗装とマーキングを詳しく解説。■定価：本体　2,300～2,700円(税別)　■A4判　80ページ

Military Coloring & Marking Collection
The Ace's AFVs of WWII Panzerwaffe
ミリタリー カラーリング&マーキング コレクション
WWⅡドイツ装甲部隊のエース車両
作画：グルツェゴルツ・ヤコウスキ＆マリウス・フィリピュク
解説：プシェミスワフ・スクルスキ
新紀元社

WWⅡドイツ装甲部隊のエース車両

記録写真に見る
ドイツ装甲部隊のエースと搭乗車両

Military Coloring & Marking Collection
Soviet Medium Tank T-34
ミリタリー カラーリング&マーキング コレクション
T-34
作画：グルツェゴルツ・ヤコウスキ、マリウス・フィリピュク、セルゲイ・アニシモフ
解説：プシェミスワフ・スクルスキ
新紀元社

T-34

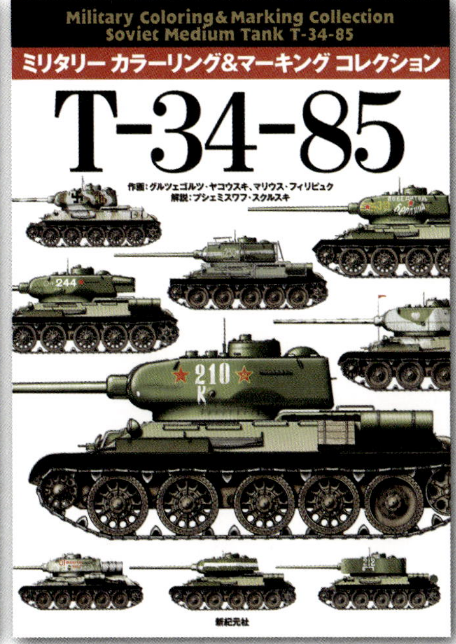

Military Coloring & Marking Collection
Soviet Medium Tank T-34-85
ミリタリー カラーリング&マーキング コレクション
T-34-85
作画：グルツェゴルツ・ヤコウスキ、マリウス・フィリピュク
解説：プシェミスワフ・スクルスキ
新紀元社

T-34-85

Military Coloring & Marking Collection
JS Stalin Heavy Tank
ミリタリー カラーリング&マーキング コレクション
JSスターリン重戦車
作画：グルツェゴルツ・ヤコウスキ
解説：プシェミスワフ・スクルスキ
新紀元社

JSスターリン重戦車

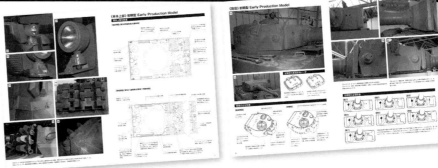

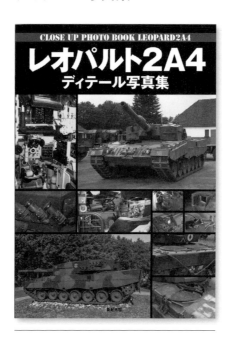

ミリタリー ディテール イラストレーション
Ⅳ号戦車A~F型

Military Detail Illustration
PANZERKAMPFWAGEN IV Ausf.A-F

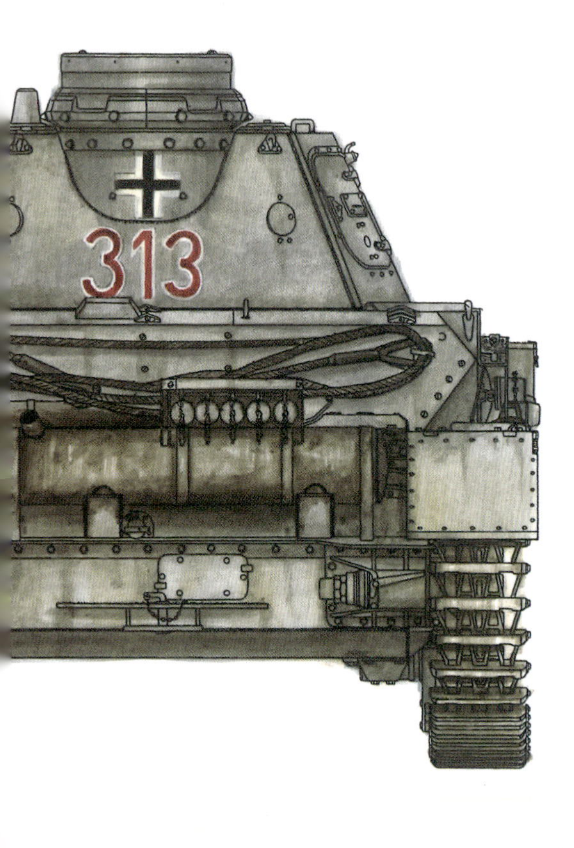
313

2017 年 4 月 27 日　初版発行
発行者　宮田一登志
発行所　株式会社 新紀元社
〒101-0054 東京都千代田区神田錦町
1-7 錦町一丁目ビル 2F
Tel 03-3219-0921　FAX 03-3219-0922
smf@shinkigensha.co.jp
http://www.shinkigensha.co.jp/
郵便振替　00110-4-27618
編集者　塩飽昌嗣
イラスト・解説　遠藤 慧
デザイン　今西スグル
矢内大樹〔リパブリック〕
印刷・製本　株式会社シナノパブリッシングプレス

ISBN978-4-7753-1493-7
定価はカバーに表記してあります。